现代设计方法及应用

王体春　编著

電子工業出版社
Publishing House of Electronics Industry
北京·BEIJING

内 容 简 介

本书是根据目前高等学校教学改革的实际需要，参照高等学校相关课程教学的基本要求，并结合课题组相关教学、科研成果编写而成的。

本书共7章：第1章为绪论，对现代设计方法与系统进行了概述；第2章介绍并行设计中的相关模型、关键技术与方法等；第3章介绍TRIZ中的基础知识、基本工具等；第4章介绍公理化设计的相关模型、设计定理等；第5章介绍可拓设计中的相关模型、可拓变换、推理方法等；第6章介绍遗传算法的基本原理与应用等；第7章介绍其他现代智能设计方法。为了便于学习，章后给出了工程案例分析。

本书可作为高等学校理工科类研究生或本科生的选修教材，也可供相关专业的工程技术人员、管理人员参考。

图书在版编目(CIP)数据

现代设计方法及应用 / 王体春编著. — 北京：电子工业出版社，2019.1
ISBN 978-7-121-35813-5

Ⅰ. ①现… Ⅱ. ①王… Ⅲ. ①设计学－高等学校－教材 Ⅳ. ①TB21

中国版本图书馆CIP数据核字(2018)第292022号

策划编辑：凌　毅
责任编辑：凌　毅
印　　刷：北京七彩京通数码快印有限公司
装　　订：北京七彩京通数码快印有限公司
出版发行：电子工业出版社
　　　　　北京市海淀区万寿路173信箱　邮编100036
开　　本：787×1 092　1/16　印张：12　字数：308千字
版　　次：2019年1月第1版
印　　次：2019年1月第1次印刷
定　　价：49.00元

凡所购买电子工业出版社图书有缺损问题，请向购买书店调换。若书店售缺，请与本社发行部联系。联系及邮购电话：(010)88254888，88258888。

质量投诉请发邮件至zlts@phei.com.cn，盗版侵权举报请发邮件至dbqq@phei.com.cn。

本书咨询联系方式：(010)88254528，lingyi@phei.com.cn。

前　言

随着科学技术的快速发展，现代设计越来越趋向于智能化，支持现代智能化设计的方法也不断地涌现和发展，不仅方法种类繁多，而且内容十分广泛。编者在汲取现有相关设计方法著作和教材的基础上，结合近年来从事教学和科研工作的经验，力争使本书在内容上更加强调设计方法的科学性、先进性、实用性等，在形式上注重理论与工程实践的融合，重点突出智能化设计方法的基本理论和思想、基本方法与步骤以及工程实践等。鉴于现代智能化设计方法的内容涉及广泛，发展迅速，本书将主要介绍并行设计、TRIZ、公理化设计、可拓设计、遗传算法、反求工程设计、模块化设计、绿色设计等内容，以期起到抛砖引玉的作用，进而使得读者开阔视野，对现代智能化设计方法有较全面的了解，并进行现代智能化方法的深化。

本书的编写得到了国家自然科学基金(编号:51775272;编号:51005114)、中国博士后科学基金(编号:2013M540445，一等资助)、中央高校基本科研业务费专项资金(编号:NS2014050)的资助。同时，还得到了江苏省研究生教育教学改革课题(编号:JGLX18_084)“《现代设计方法》课程研究型可拓创新教学模式研究与实践”、南京航空航天大学研究生教育教学改革研究项目“《现代设计方法》课程教材建设”以及南京航空航天大学三育人教改项目“大学生科技创新能力培养的可拓蕴含模式研究与探索”的支持。同时，在本书的编写过程中还借鉴了一些专家和同行的相关教学成果。此外，本书有些内容引用了研究生的课堂讨论、网络信息以及其他相关材料，无法在书中给出具体的出处(如有不妥之处，请联系本书作者)，对此特别感谢。课题组的研究生对本书的编写提供了大量的帮助，在此一并表示感谢。

本书面向智能设计领域，具有多学科交叉的特性，可作为高等学校理工科类研究生或本科生的选修教材，也可供相关专业的工程技术人员、管理人员参考。

由于现代智能设计方法在不断发展，加之作者水平和经验所限，书中难免有疏漏和不足，敬请广大读者不吝指正。

王体春

2018 年 12 月

目　录

第1章 绪 论

工程设计技术不仅是人类创造世界、改造世界的强力武器，而且是国家发展壮大成为强国的核心手段和基础支撑，同时也是企业提升核心竞争力的重中之重。一般而言，工程设计在产品的整个生命周期内占据着极其关键的位置。工程设计系统进行构思、规划、配置，并把基于工程需求的设想变为现实的工程技术实践活动，其目的是为了产品设计创新，改进产品性能，降低设计成本，缩短设计周期，提升设计的竞争力。设计的发展经历着不断演化的进程，并涌现出一系列的设计理论与方法。设计理论与方法指导着工程设计的实施，而其实践结果又不断地促进设计理论与方法进行深化。现代设计理论与方法是一门基于系统工程、管理工程、思维科学、信息科学、计算机技术、控制技术、人工智能技术等学科和技术，研究产品设计规律、设计技术、设计工具、设计实施方法的工程技术科学。

1.1 设计与设计方法

1.1.1 设计的概念和定义

设计是为了满足人类与社会的要求，将预定的目标通过人们的创造性思维，经过一系列挖掘、分析和决策，产生相应的文字、数据、图形等信息的技术文件，以取得最满意的社会效益与经济效益。设计是与需求紧密相关的，人类的需求是多样性的、不断发展的，因而，总结人类社会的需求是至关重要的，尤其是各种潜在需求。需求产生和满足需求的过程促进设计的发展，而设计的发展又创造需求和引导需求，从而形成一个链条式的循环发展，即需求→收集以往成功的经验→设计→制造→使用→新的需求。一般认为工程设计是一种始于辨识需求、终于需求的装置或系统的创造过程。在横向上，设计包括设计对象、设计进程、设计思路；在纵向上，设计贯穿于产品孕育至消亡的全生命周期，涵盖了需求辨识、概念设计、总体设计、技术设计、生产设计、营销设计、回收处理设计等活动，起到促进科学研究、生产经营和社会需求之间互动的中介作用。

下面介绍几种典型的定义。

(1) 美国工科硕士、博士学位授予单位资格审查委员会(ABET，Accreditation Board for Engineering and Technology)和美国机械工程师学会(ASME，American Society of Mechanical Engineers)定义工程设计是为适应市场明确显示的需求，而拟订系统、零部件、工艺方法的决策过程。在多数情况下，这个过程要反复进行，要根据基础科学、数学和工程科学为达到明确的目标对各种资源实现最佳的利用。

(2) 美国的研究学者 Wooderson 于 1966 年认为工程设计是一种反复决策，制订计划的活动，而这些计划的目的是把资源最好地转变为满足人类需求的系统或器件。

(3) 英国的 Fielden 委员会认为工程设计是利用科学原理、技术知识和想象力，确定最高的经济效益和效率实现特定功能的机械结构、整机和系统。

(4) 日本金泽工业大学的佐滕豪教授认为工程设计是在各种制约条件下为最好地实现给定的具体设计目标，制订机器、系统或工艺过程的具体结构或抽象体系。

1.1.2 设计的本质与类型

1. 设计的本质

设计的本质体现在以下多个方面。

(1) 存在着客观需求，需求是设计的动力源泉，而设计是对抽象需求的具体化及物化。

(2) 设计的本质是革新和创造，设计中必须突出创新的原则，通过直觉、推理、组合等途径，探求创新的原理方案和结构，做到有所发明、有所创造、有所前进。

(3) 设计是建立技术系统的重要环节，所设计的技术系统应能实现预期的功能，满足预定的要求，同时应是所给定条件下的最优解，同时在设计过程中应避免思维灾害。

(4) 设计是把技术成果转化为生产力的活动，在其实施的过程中，需要综合利用各种先进的科学技术、手段与成果，使设计出的技术系统具有时代性、先进性和可发展性。

(5) 设计不仅是计算和绘图，而是一项综合工作，包括设计规划、设计构思、分析、计算、绘图、加工制造、维护维修等许多环节。当前正逐步推广的并行工程(并行设计)并不是一种具体的工程设计方法，而是一种设计(哲学)理念，要求在设计过程中自始至终把产品的设计、制造和销售(市场需要)三方面作为整体考虑(甚至应考虑产品的销毁和回收)。只有广义地理解设计才能掌握主动权，得到既符合功能要求又成本低廉的创新设计。

(6) 设计是社会过程、认知过程和技术过程的融合，在社会的大环境下，设计者对设计对象的认知是由浅入深的过程，设计水平的高低与设计者的认知程度有着紧密的联系，并且，设计的终极目标一定是为人类社会服务的。

2. 设计类型

设计类型一般可以分为如下几类。

(1) 创新设计(或称原创性设计、开发性设计)：以机械产品设计为例，要求设计的产品或者系统要在功能、工作原理和主体结构 3 个方面至少有一项是以前没有的，是首创的。产品设计要想实现自主创新，要想拥有自主知识产权，必须要依靠创新设计。创新设计的创新性最强、过程最完整。

(2) 适应性设计(或称再设计、改进设计、变型设计等)：在保持产品或者系统的主体结构和原理方案不变的前提下，对其结构和性能进行局部的修改或增补，以此获得比产品或者系统更好的性能、结构及其他功能等。

(3) 参数化设计：在不改变产品或者系统的基本结构、功能、原理和方案的前提下，只改变产品或者系统的功能范围、控制尺度、结构性能参数、布局等，以使其满足各种设计的使用要求。

(4) 测绘与仿制：测绘是在对原型系统分析的基础上，获得关键的设计技术资料和信息，通过相关的技术处理手段而后形成的设计过程。仿制是基于原型系统的技术文件，对其工艺进行合适的变更并按照原型系统的图纸进行的设计过程。

1.2 传统设计与现代设计

1.2.1 设计的发展与变迁

归纳起来，设计的发展大致可以划分为 4 个阶段。

1. 直觉设计阶段

17 世纪以前的设计为这一设计阶段。在这个设计阶段，设计者进行设计活动主要是依靠个人的直觉来进行的。由于设计是社会过程、认知过程和技术过程的融合，由于人们在这个阶段的认知具有一定的局限性，并且设计往往也无法记录表达，因此产品设计比较简单，并且产品创新设计周期很长。

2. 经验设计阶段

这一设计阶段大致范围为 17 世纪到 19 世纪。在这个设计阶段，人类对社会的认知越来越多、越来越深。同时，各种学科和技术开始得到大力的发展和变革，如动力的变革、材料的变革、加工手段的变革、生产模式的变革、机构与传动的变革、机械理论和设计方法的建立等，特别是设计信息的载体——图纸出现了，使得人类设计活动由直觉设计阶段进步到经验设计阶段，但是由于设计过程仍建立在经验与技巧能力的积累之上，使得设计质量、成本、周期还都有很大的提升空间。

3. 半经验半理论设计阶段

这一设计阶段大致范围为 19 世纪末到 20 世纪中后期。人类对社会的认知在不断地深化，新型的设计手段、设计模式和设计技术不断涌现，加强了产品设计的标准化、通用化和系列化的研究与分析，特别是测试技术的出现，使得设计者开始采用局部试验、模拟试验、模型试验等作为设计的支撑手段，使得设计能获得可靠的设计数据，产品的设计质量、效率和开发周期有了很大提升。

4. 现代设计阶段

这一设计阶段大致范围为 20 世纪中后期至今。在这个设计阶段，科学技术发展史上划时代的产品——计算机发明了。计算机的出现、发展、普及、应用和深化，使得设计工作出现了革命性的改变：①计算机应用的普及极大地推动了产品分析与设计方法的革新；②计算机计算代替了手工计算法和图解方法；③计算机辅助设计、优化设计、有限元法、动态设计等现代设计方法迅速发展；④计算机和伺服电机的出现，使得机器人作为现代机器的代表走上了历史舞台，从而使现代机器向主动控制、信息化和智能化方向发展。计算机不仅大大地提高了计算速度，而且已成为产品分析与设计的前所未有的强大手段，现代意义上的设计已经根本离不开计算机了。

社会的发展和科学技术的进步，使人们对设计的要求发展到了一个新的阶段：设计对象由单机走向系统；设计要求由单目标走向多目标；设计所涉及的领域由单一领域走向多个领域；承担设计的工作人员从单人走向小组，甚至更大的群体；产品更新的速率加快；产品设计由自由发展走向有计划的发展；计算机技术的发展对设计提出了新要求。但是与人们对设计的要求相比，现阶段的设计相对而言却是落后的：对客观设计过程研究、了解不够，尚未很好地掌握设计中的客观规律；当前设计的优劣往往还取决于设计者的经验；设计生产效率较低，集成化程度不够；设计进度与质量不能很好地控制；智能化的设计手段与方法有待改进；复杂系统领域的产品设计，尚未形成能为大家接受、能有效指导设计实践、较系统的设计理论。

1.2.2　现代设计手段与特征

通常意义上，人们将直觉设计阶段、经验设计阶段和半理论半经验设计阶段统称为传统设计阶段。而随着计算机技术、系统工程技术、管理技术、电子技术、通信技术、网络技术等的迅猛发展，使人们以往的生活方式、工作方式和思维方式发生了巨大的改变，由此对设计方面产生了深远的影响。人类对社会发展的需求使得各种新思想、新观念、新方法、新技术、新工艺、新材料不断涌现，推动了设计方法和技术的进步，这也使得产品设计从传统的经验设计阶段进入现代设计阶段。现代设计的发展将逐渐地向创新设计、智能设计、协同设计、虚拟设计、绿色设计、全生命周期设计、集成化设计等方向深化。现代设计方法与理论将具有智能化、数字化、集成化、网络化、创新性、系统性、最优性等众多的优越之处。

1. 现代设计手段

现代设计手段主要体现在以下几个方面。

(1) 计算机辅助制图：采用计算机辅助技术代替以前的手工计算法和图解方法。

(2) 计算机辅助几何建模：采用计算机辅助技术对设计对象进行几何建模，实现零部件的装配和干涉检验。

(3) 计算机辅助工程分析：采用计算机辅助技术对设计对象进行复杂的工程计算、分析与优化等工作。

(4) 智能设计：将人工智能技术、神经网络技术、专家系统、知识工程等引入工程设计中，大大地提升设计的推理能力。

(5) 数据库与知识库管理系统：利用数据库管理系统和知识库管理系统对工程设计过程中存在的大量的设计知识和设计数据进行高效地管理、挖掘和分析，提升设计的效率和水平。

(6) 分布式协同设计：网络技术、信息技术以及电子科技的深入应用，使得现代设计逐渐成为全球化设计模式。

(7) 集成化设计：各种先进的设计技术、设计方法、设计平台、设计系统等的有效融合，提升现代产品设计的集成化能力。

2. 现代设计特征

现代设计具有一些鲜明的特征，主要表现在以下一些方面。

(1) 设计手段的智能化：计算机辅助技术使得设计手段完成了从手工向自动化、智能化的转变。

(2) 产品三维建模：将传统的产品表示从二维转向三维，不仅能表示产品的形状、尺寸等几何信息，还可以表示产品加工、制造、材料、工程分析、特性等方面的数据。

(3) 设计方法的多元性与先进性：计算机软硬件性能的提升使得一些先进的设计方法不断地得以应用、发展和深化，如有限元分析、模态分析、优化分析、计算机仿真、虚拟设计、并行设计等。

(4) 工作方式的转变：由传统的串行设计转变成并行设计。

(5) 集成化设计：CAD/CAM/CAE/CAPP/CIMS/PDM 等设计方法与技术的应用，使得现代设计集成度大幅提升。

(6) 管理水平与技术的提升：计算机技术和数据库技术的发展，促进了多种新型智能化设计管理系统的研发，如管理信息系统 MIS、产品数据管理系统 PDMS 等，极大地提升了设计管理水平和能力。

(7) 组织模式的开放性：计算机技术、网络技术和通信技术等的快速发展，使得现代设计组织模式更加开放，其共享性、分布式、协同性等方面的能力不断加强。

1.2.3 传统设计与现代设计的比较

传统设计基本上凭设计者依据直接的或间接的设计经验，通过类比来确定方案，然后以机械零件的强度和刚度理论对确定的形状和尺寸进行必要的计算和验算，以满足限制的约束条件。受到当时科学技术水平的限制，会疏忽许多重要的因素而造成设计结果的不确切和错误。此外，产品开发中要经过设计→试制→修改→再设计→再试制→再修改的反复循环，产品开发周期长。现代设计法是一门新兴的多元交叉学科，于 20 世纪 60 年代初开始孕育，经过美国、英国、德国、瑞典、丹麦、日本等国学者多年的探索、研究和实践，已形成概括为突变论、功能论、优化论、智能论、系统论、离散论、控制论、对应论、模糊论、艺术论等的科学方法学，是以设计产品为目标的一个知识群体的总称。现代设计运用了系统工程，实行人—机—环境系统一体化设计，使设计思想、设计进程、设计组织更合理化、现代化。现代设计大力采用许多动态分析方法，使问题分析动态化；设计进程和设计战略、设计方案和数据的选择广义优化；计算、绘图等计算机化，所以有人以动态、优化、计算机化来概括其核心。传统设计与现代设计的区别与联系如表 1-1 所示。

表 1-1　传统设计与现代设计的区别与联系

比较内容	传统设计	现代设计
设计性质	侧重技术	面向功能目标，将技术、经济和社会环境因素结合在一起统筹考虑
设计手段	计算器、图板加手册的个体手工作业	充分利用计算机进行计算、自动绘图和数据库管理，集团分工协作
设计进程	在战略进程和战术步骤上有随意性	强调设计进程及其步骤的模式化
设计方式	以经验总结，规范依据为主	强调预测与信号分析及创造性的相互配合
设计部署	只限于从方案到工作图这个阶段	贯穿产品开发的全过程，考虑产品全生命周期的质量信息反馈
设计思维	面向结构方案的“收敛性思维”	面向总体功能目标的“发散性思维”

续表

比较内容	传统设计	现代设计
设计方法	采用少数的验证性分析以满足限定的约束条件	综合应用多元性方法学，使其在各种条件下实现方案与全域优化目标
设计目标	局限在微观和结构	注重全局构成及协调，包括造型设计、宜人设计
考虑工况	考虑确定的工况与静态	研究动态的随机工况、模糊性及随机性
设计评估	采用单项与人为准则	采用科学的模糊综合评判

现代设计是传统设计的深入、丰富和完善，而非一种全新的设计。现代设计与传统设计既是一种继承的关系：包括设计的一般原则和步骤、价值分析、造型设计、类比原则和方法、相似理论和分析、市场需求调查、冗余和自助原则、积木式组合设计法等，也是一种共存与突破的关系：当前的现代设计方法和技术还远未达到成熟完善的阶段，许多方法的自身理论的建立及其可行性、适用性等还有待深入研究；一些成熟的内容还有待掌握和推广。目前正处于旧方法不断改善和新方法不断创建的历史时期，新的产品随着现代设计方法、技术和设计科学体系的完善必将有新的突破。

1.2.4 现代设计方法的内容与范畴

现代设计可以理解为是一种以客户需求为驱动，以知识获取为中心，以现代设计思想、方法和现代技术手段为工具，综合考虑产品全生命周期中的各种影响因素的智能化设计。现代设计方法包含的内容有如下几个方面。

1. 突变论

突变论的主要特点是用形象而精确的数学模型来描述和预测事物的连续性中断的质变过程。在设计分析中有智爆技术、激智技术、创造性思维与创造性设计等。突变创造是现代设计的基石。

2. 智能论

智能设计是指应用现代信息技术，采用计算机模拟人类的思维活动，提高计算机的智能水平，从而使计算机能够更多、更好地承担设计过程中的各种复杂任务，成为设计人员的重要辅助工具。

3. 信息论

设计信息的分析是现代设计的依据。常用：预测技术法、方差分析法、相关分析法、谱分析法、信息合成法等。

4. 系统论

系统分析是现代设计的前提。常用：系统分析法、聚类分析法、逻辑分析法、模式识别法、系统辨识法、人机工程等。

5. 控制论

动态分析是现代设计的深化。常用：动态分析法、振荡分析法、柔性设计法、动态优化法、动态系统辨识法等。

6. 优化论

广义优化是现代设计的宗旨。常用：优化设计法和优化控制法等。

7. **对应论**

相似模拟是现代设计的捷径。常用:相似设计法、模拟分析法、仿真技术、仿生技术等。

8. **功能论**

功能实现是现代设计的目标。设计时应保证有限使用期限内设计对象的经济有效功能,常用:功能分析设计法、可靠性分析预测、可靠性设计及功能价值工程等。

9. **离散论**

离散分析的主要方法有:有限单元法、边界元法、离散优化、子模态分析法及其他运用离散数学技术的方法等。

10. **模糊论**

模糊定量是现代设计的发展。其方法目前主要是隶属函数的论域法,可以进行模糊分析、模糊评价、模糊控制与模糊设计等。

11. **艺术论**

悦心宜人是现代设计的美感。任何设计都尽可能把设计对象形成一件艺术品,这是设计的重要观念。现代设计不仅如此,还采用技术美学、计算机造型、模糊艺术等处理方法。

和现代设计方法的内容相对应,现代设计方法的范畴分为可以独立形成体系的 11 类,均具有普遍性。其初步定义及应用范围如下:①突变论方法学;②功能论方法学;③系统论方法学;④信息论方法学;⑤优化论方法学;⑥对应论方法学;⑦离散论方法学;⑧控制论方法学;⑨模糊论方法学;⑩艺术论方法学;⑪智能论方法。

1.3 设计系统

设计系统是一种信息处理系统,输入的是设计要求和约束条件信息,设计者运用一定的知识和方法通过计算机、实验设备等工具进行设计,最后输出的是方案、图纸、程序、文件等设计结果,其基本框架如图 1-1 所示。

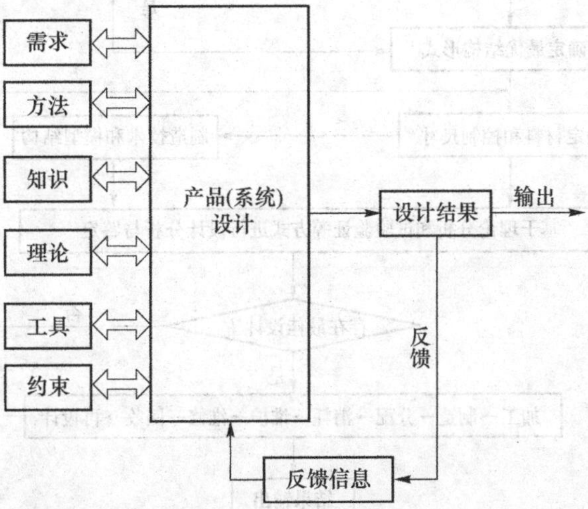

需求
方法
知识
理论
工具
约束
产品(系统)设计
设计结果
输出
反馈
反馈信息

图 1-1　设计系统的基本框架

从系统工程的观点分析，设计系统是一个由时间维、逻辑维和方法维组成的三维系统。时间维反映按时间顺序的设计工作阶段；逻辑维是解决问题的逻辑步骤；方法维列出设计过程中的各种思维方法和工作方法。设计过程中的每一个行为都反映为这个三维空间中的一个点。

1. 设计工作阶段——时间维

设计进程属于设计管理的内容，了解设计工作阶段有利于自觉掌握设计进程，尽量完成一个阶段的工作内容再进入下一阶段。掌握设计各阶段的任务，安排设计进程的时间表，使不同阶段都得到应有的时间、人力、物力保证，这是设计管理的重要内容。在我国一般把产品设计进程分为 5 个阶段：计划阶段、设计阶段、试制阶段、批量生产阶段、销售阶段。产品开发程序是一种垂直有序的直线结构，但又有不断循环反馈过程。设计者要按程序有步骤地进行产品设计，以提高设计质量，提高设计效率。每个设计阶段完成后，都要经过审查批准，所有图纸和技术文件都要由各种技术负责人签字，这种逐级负责的责任制度对产品设计少走弯路，防止返工浪费具有重要作用。一个典型的设计进程如图 1-2 所示。

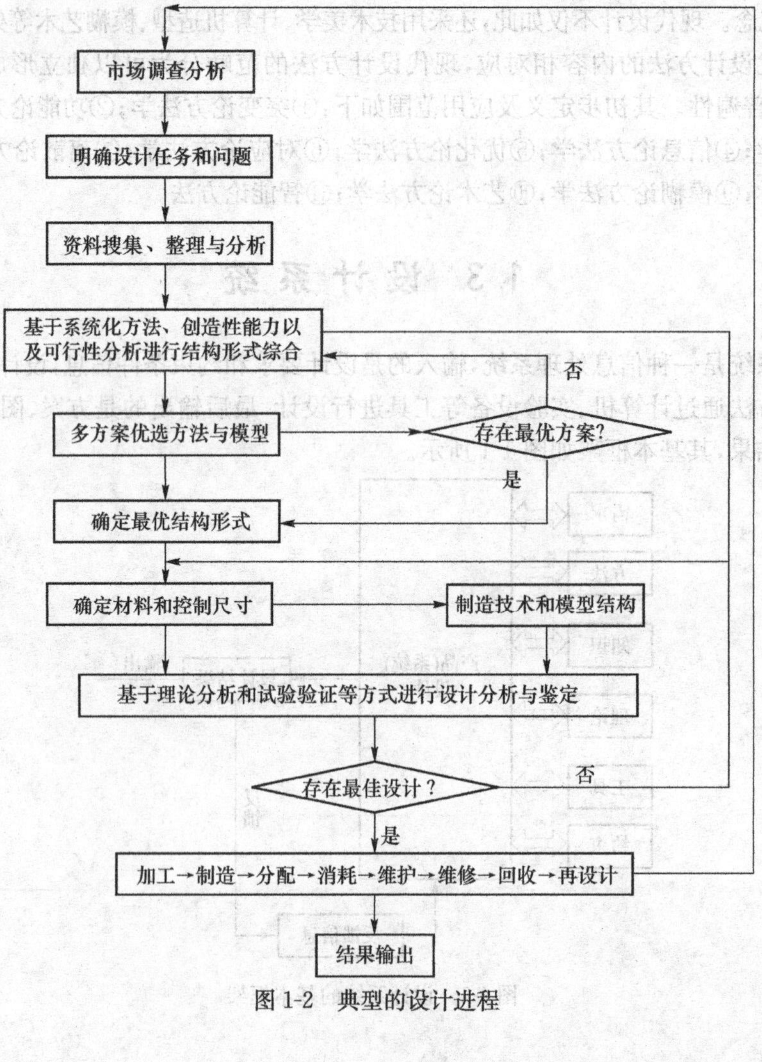

市场调查分析
明确设计任务和问题
资料搜集、整理与分析
基于系统化方法、创造性能力以及可行性分析进行结构形式综合
否
多方案优选方法与模型
存在最优方案?
是
确定最优结构形式
确定材料和控制尺寸
制造技术和模型结构
基于理论分析和试验验证等方式进行设计分析与鉴定
否
存在最佳设计？
是
加工→制造→分配→消耗→维护→维修→回收→再设计
结果输出

图 1-2　典型的设计进程

2. 解决问题的逻辑步骤——逻辑维

设计的目的是解决生产问题，而设计过程中要解决一个又一个的具体问题。解决问题的逻辑步骤如图 1-3 所示。

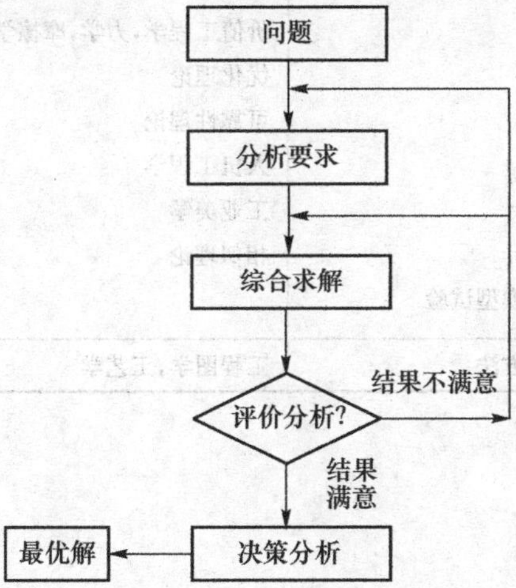

问题
分析要求
综合求解
评价分析?
决策分析
最优解
反馈修改
结果不满意
结果满意

图 1-3　解决问题的逻辑步骤

分析要求是解决问题的第一步，其目的是明确任务的本质要求。综合求解是在一定的条件下对未知系统探寻解法的创造性过程。评价分析是用科学的方法按评价准则对多方案进行技术经济评价和比较，同时针对方案的弱点进行调整和优化，直到得到比较满意的结果。评价分析的工作有下面 4 种类型：①评定方案的完善程度(整体的或局部的)；②评定方案与所提问题的要求的相符程度；③评定最优解答方案；④评定某项特性的最优值。决策分析是在评价分析的基础上根据已确定的目标作出行动的决定，即找出解决问题的最佳解法，对工程设计应选定多目标下整体功能最理想的最佳方案。根据设计工作本身的特点，要正确决策，一般应遵循以下基本原则：系统原则、可行性原则、满意原则、反馈原则、多方案原则。

3. 设计方法——方法维

设计方法是指达到预定设计目标的途径。产品设计方法和理论的具体内容如表 1-2 所示。

表 1-2　产品设计方法和理论的具体内容

设计阶段	设计方法	理论及工具
明确设计任务	预测技术与方法	技术预测理论，市场学，信息学
方案设计	系统化设计方法 创造性方法 评价与决策方法	系统工程学，图论，形态学 创造学，思维心理学 决策论，线性代数，模糊数学

续表

设计阶段	设计方法	理论及工具
技术设计	构形法 价值设计 优化设计 可靠性设计 宜人设计 产品造型设计 系列产品设计 模化设计及模型试验	系统工程学 价值工程学,力学,摩擦学,制造工程学 优化理论 可靠性理论 人机工程学 工业美学 相似理论
施工设计	系统化设计方法	工程图学,工艺学

第2章 并行设计

制造业是一个国家经济发展的核心动力，若没有强大的制造能力，一个国家将不可能成为经济强国。为了提升产品的核心竞争力，现代化制造业需要在产品的设计与制造质量、开发周期、成本、服务能力、环保性等多方面进行改进与提升，以期在激烈的市场竞争中处于不败之地，并能由此增强开发新产品的创新能力。21世纪是一个计算机技术、信息技术、控制技术等快速发展的时代，这些技术的发展必然会对传统的制造业模式带来猛烈的冲击，对传统的设计与制造模式进行改造，进而形成智能化的现代制造模式将成为一种发展的必然趋势。并行设计和并行工程则在这种发展的大环境下应运而生，并迅速成为现代设计与制造领域中的研究热点。

2.1 并行设计模型与方法

2.1.1 国内外发展概况

并行设计的概念很早就处于一种萌芽状态，在工程应用中就存在一些初始的并行设计思想。从20世纪50年代开始，一些制造企业开始应用结构工艺性审查及设计审查等，从设计的初始阶段就开始考虑设计下游各个环节可能存在的设计问题，进而针对设计问题进行决策分析，从而使得产品设计成功率得以提高，并且在这个阶段，已经开始出现面向DFX的技术研究，如面向制造的设计(DFM，Design For Manufacture)和面向装配的设计(DFA，Design For Assembly)等，但由于当时产品设计与制造、装配等主要过程中的信息集成、控制技术以及计算机辅助技术还不够成熟，阻碍了面向DFX技术的发展。20世纪70年代至20世纪80年代，质量功能展开(QFD，Quality Function Deployment)即一种把用户或市场的要求转化为设计要求、零部件特性、工艺要求、生产要求的多层次演绎分析方法在日本得以开展起来，该方法注重在产品开发过程中最大限度地满足用户需求的系统化，基于用户驱动保证产品质量。QFD方法在欧美得到了广泛的重视，并在许多世界知名企业和公司中得到工程应用，获得了巨大的经济效益，如丰田公司、福特、通用汽车、麦道、惠普、国际数字化设备公司等。QFD方法的应用领域涉及汽车、农业机械装备、船舶、家用电器、建筑设备、医疗设备、教育、软件系统、集成电路、服装行业等。从20世纪80年代开始，计算机技术、信息技术和知识经济的兴起与发展，使得信息化制造、智能化制造和知识型制造逐渐兴起，以知识为基础的产品竞争成为了制造业发展的核心内容。在此过程中，产品数据管理(PDM，Product Data Management)逐渐产生、发展与成熟，并应用到产品全生命周期开发过程中，实现产品数据在产品全生命周期的一致与共享。

随着计算机辅助设计与制造的发展以及相关计算机技术、信息技术、控制技术的不断改进与优化，计算机集成制造系统(CIMS，Computer Integrated Manufacturing System)产生了。CIMS是在信息技术、控制技术的基础上，通过计算机技术把分散在产品设计制造过程中各种孤立的自动化子系统有机地集成起来，形成适用于多品种、小批量生产，实现整体集成化和智能化的制造系统。CIMS作为一种先进的制造系统，以信息集成为基本手段，以全企业的优化运行为主要目标，对制造业持续发展产生了深刻影响。从体系结构特点上来看，CIMS的各个子系统相对独立自治、并发运行，不仅能够实现企业内部部门之间以及不同企业之间的计算机网络化通信，而且为制造企业在产品设计、制造生产、销售、维护维修以及经营管理过程中实施信息集成和过程集成提供了必要的技术支撑和先进的工作平台。在CIMS及PDM的发展和成熟过程中，与制造企业智能化制造相关的设计、制造、管理、维护以及产品更新换代升级等有关环节的技术获得较快的发展。

随着CIMS、PDM、CAX、DFX等的不断发展以及制造业信息化和智能化进程的不断推进，制造业在上述研究方面硕果累累，这些研究成果为并行工程概念的提出以及并行工程理论的形成和发展提供了充分的支持。1987年12月，美国国防高级研究计划局(DARPA，Defense Advanced Research Projects Agency)举行了并行工程专题讨论会，并行工程的概念首次被提出来。在此基础上，DARPA制定了发展并行工程的DICE(DARPA's Initiative in Concurrent Engineering)计划，美国防御分析研究所(IDA，Institute for Defense Analysis)对并行工程用于武器系统的可行性进行了调查研究，并于1988年12月在R-338研究报告中明确地给出了并行工程的定义以及并行工程实施的思想。在此之后，并行工程迅速被美国的企业公司、研究机构、学术组织以及工程人员接受和推广，并广泛地应用到工程领域中。例如，美国西弗吉尼亚大学(West Virginia University)设立了西弗吉尼亚大学并行工程研究中心(CERC，Concurrent Engineering Research Center)，对并行工程进行理论与工程应用研究。IBM公司、EDS/UG公司、HP公司、波音公司、通用电气公司等分别基于并行工程开展企业工程实践，开发工程应用软件系统，实现对并行工程设计的有效支持，获得了良好的经济效益。日本、德国、英国、法国、加拿大等国家也相继开展并行工程研究与应用，并取得了不错的应用效果。1992年，我国开始关注并行工程并对其迅速展开研究，国家科委、863/CIMS专家委员会、各种研究机构、高等学校、工程企业(如航空、航天、机械、电子等)以及学术组织从不同的视角展开了分析与探讨。同时，在国家科委、863/CIMS专家委员会的共同支持与协助下，国内一批高等学校和工程企业大力开展并行工程关键技术研究，在理论和工程应用方面获得了一系列的研究成果。如清华大学、北京航空航天大学、上海交通大学、华中科技大学和中国航天科工集团公司长峰机电技术研究设计院共同参与“863/CIMS关键技术攻关项目——并行工程”项目研究，对并行工程关键技术进行攻关，取得了重大的研究成果。目前，并行工程在我国众多的工程领域中有着广泛的应用，如航空、航天、航海、机械、电子、控制、建筑、交通、软件、农业、医疗、军事等，可以预见，随着相关科学技术的不断发展，并行工程将有着更为广阔的应用前景。

2.1.2 串行设计与并行设计

传统的产品设计一般采用串行设计模式，在该模式的指导下，产品设计过程是按照设计阶段依次进行的，只有当一个设计阶段的工作完成后，另一个设计阶段的工作才会开始，前一个设计阶段的设计输出结果是后一个设计阶段的设计输入。以典型的产品设计过程为例，串行设计基本流程如图 2-1 所示。

市场调研
需求分析
方案设计
结构设计
工艺设计
加工制造
产品销售
售后服务

图 2-1 串行设计基本流程

“泰罗制”产品开发进程是上述串行设计的典型代表。基于上述的基本流程可知，后续设计阶段一旦出现设计问题，往往将导致前面设计阶段的设计工作无效，为此需要重新对前面设计阶段的设计工作进行调整和修改，这样将会形成分析→设计→制造→再分析→再设计→再修改的产品设计循环过程。特别情况下，若问题的发现处于设计的下游阶段，将导致再分析→再设计→再修改的工作量十分巨大和烦琐。可以看出，串行设计模式将导致产品开发周期长，开发成本高，产品的质量无法得到有效保障，产品的市场竞争力以及企业的经济效益将受到很大的影响。

并行设计是充分利用现代计算机技术、现代通信技术、现代网络技术和现代管理技术对产品及其相关过程(包括制造过程和支持过程)进行并行、系统化、集成设计的一种现代产品开发模式。并行设计工作模式要求设计者在产品设计的初期就要考虑到产品的全生命周期，通过对各个层次的下游设计环节的可靠性、技术条件、生产条件、管理因素、性能参数、设计参数等多方面设计因素进行系统化、一体化的决策分析，并将其作为上游设计环节的设计约束，从而有效避免设计过程中存在的问题，并且能够早期发现设计过程中存在的问题，使得产品的开发周期缩短，开发成本降低，产品的质量能够得到有效保障，产品的市场竞争力以及企业的经济效益得以有效提升。

在并行设计中，为了缩短产品开发时间，人们首先从“硬件”入手，通过装备更先进的加工设备来提高加工效率，用计算机代替人工设计来提高设计效率。在取得了预期的效果后，人们进而又认识到要想大幅度缩短产品开发时间，还要从研究和改进产品开发过程本身入手，建立新的产品开发策略思想。可以看出，并行设计是硬件技术、软件技术以及管理技术的有效融合，并行设计的实施是站在产品设计、制造全过程的高度，打破传统的部门分割、封闭的组织模式，强调多功能团队的协同工作，重视产品开发过程的重组和优化。在并行设计过程中，产品开发的不同设计阶段交叉进行，每个设计阶段有自己的设计时间段，但有一部分设计时间段可能是重叠的(重叠表示设计进程是并行的)，一旦发现设计问题将能够及时地、快速地反馈给上游设计环节，通过相应的评估、决策和修改，对产品设计过程包括结构设计、工艺设计、加工制造、装配、检测、销售、维护等各个设计环节，及早发现与其相关过程不相匹配的地方并进行改正，从而达到最优的设计效果。以典型的产品设计过程为例，并行设计的基本流程如图 2-2 所示。

通过对比串行设计和并行设计的基本流程可知，串行设计是在前一个设计阶段输出

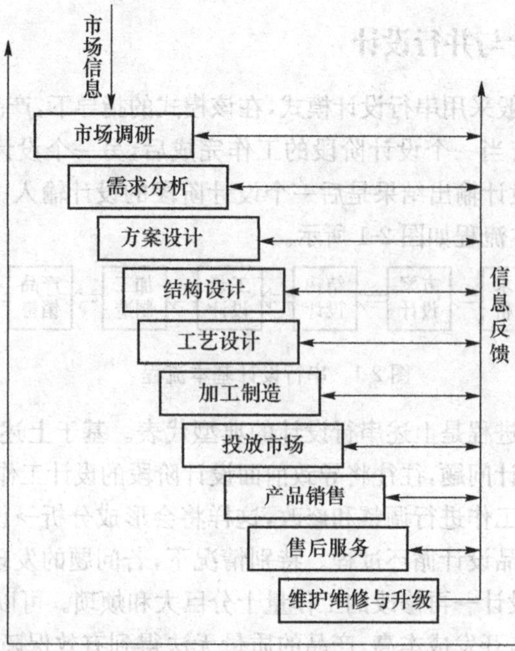
市场信息
市场调研
需求分析
方案设计
结构设计
工艺设计
加工制造
投放市场
产品销售
售后服务
维护维修与升级
信息反馈

图 2-2　并行设计基本流程

设计结果的情况下开始后一个设计阶段的设计工作，其设计信息输出是一次性的。而并行设计可以在前一个设计阶段没有完成的情况下开始后一个设计阶段的设计工作，设计信息虽然是不完备的，但是不同设计阶段之间的设计信息输入和输出却是持续的。上游的设计工作每完成一部分，将会把设计结果输出给下游的设计环节，设计工作得以持续完成和改善，由此可以看出，并行设计的产品设计周期要远小于串行设计的产品设计周期，如图 2-3 所示。

2.1.3　并行设计模型

并行设计的实施需要借助于并行设计模型。一个好的并行设计模型不仅要能够反映出产品设计过程中的设计对象、设计环境、设计约束、设计工具、设计属性、设计原理、设计规则等静态特性，还要能够反映出产品设计过程中的动态特性和蕴含关系，特别是设计属性的动态蕴含性。只有把产品设计的各种静态特性和动态特性以模型化的方式确定，才能够更好地确定最优的产品设计方案。由此不难看出，并行设计模型的建模出发点是将产品设计过程中的设计属性和设计顺序基于设计目标进行有效的并行协调，科学合理地描述并行设计的活动过程。有如下 3 种常用的并行设计模型。

1. 基于设计环节的重叠、压缩模型

该模型将产品并行设计的过程分解成不同设计环节的重叠、压缩的过程，各个设计环节的重叠、压缩部分是设计环节之间的设计工作交叉进行以及设计问题反馈的过程，这也是大多数并行设计实施所采取的一种模型，如图 2-4 所示。

2. 圆桌模型

并行设计过程中需要考虑的影响因素众多，除了设计本身所涉及的各种设计约束、设

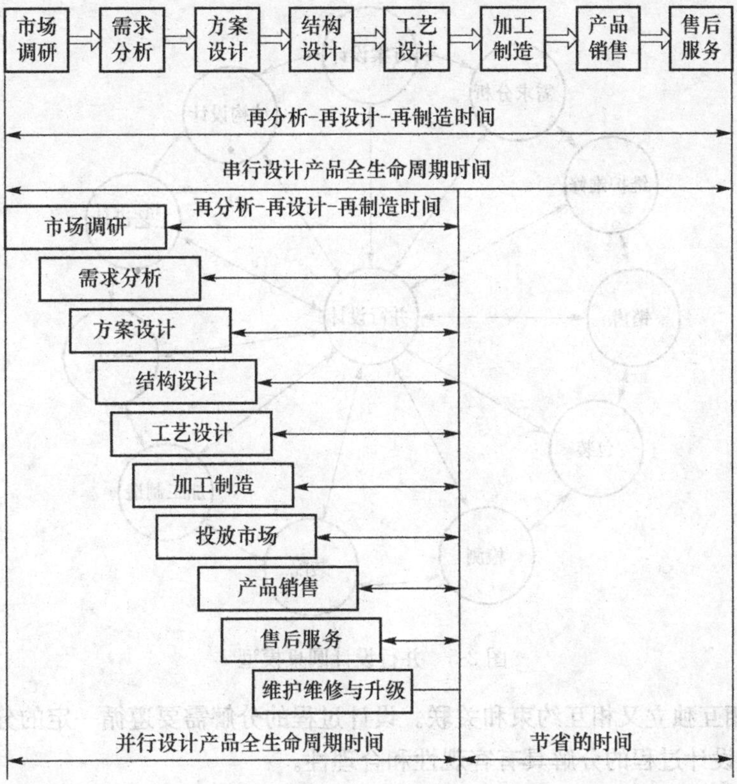

市场调研
需求分析
方案设计
结构设计
工艺设计
加工制造
产品销售
售后服务
再分析-再设计-再制造时间
串行设计产品全生命周期时间
再分析-再设计-再制造时间
市场调研
需求分析
方案设计
结构设计
工艺设计
加工制造
投放市场
产品销售
售后服务
维护维修与升级
并行设计产品全生命周期时间
节省的时间

图 2-3　并行设计和串行设计的产品设计周期

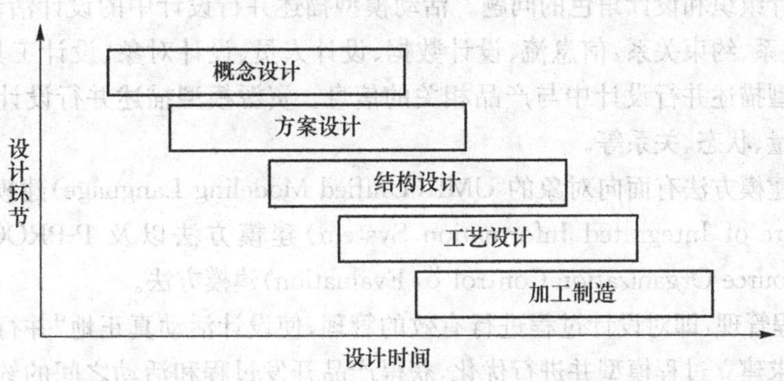

概念设计
方案设计
结构设计
工艺设计
加工制造
设计环节
设计时间

图 2-4　基于设计环节的重叠、压缩模型

计属性、设计环境等，还要考虑到设计角色、设计顺序等关联环节。然而，在实际的工程应用中，有时各个设计环节的顺序并不能有效分开，为此圆桌模型就提供了很好的借鉴作用，如图 2-5 所示。

3. 过程模型

上述两种模型基本属于描述性模型的范畴，在并行设计实施过程中，还需要对并行设计活动进行过程建模，形成并行设计过程模型，使得设计活动真正实现并行的效果。一般而言，并行设计过程模型的建立需要遵循以下几个步骤。

(1) 过程分解：将复杂的设计过程分解成若干个子过程或者设计环节，各个子过程或

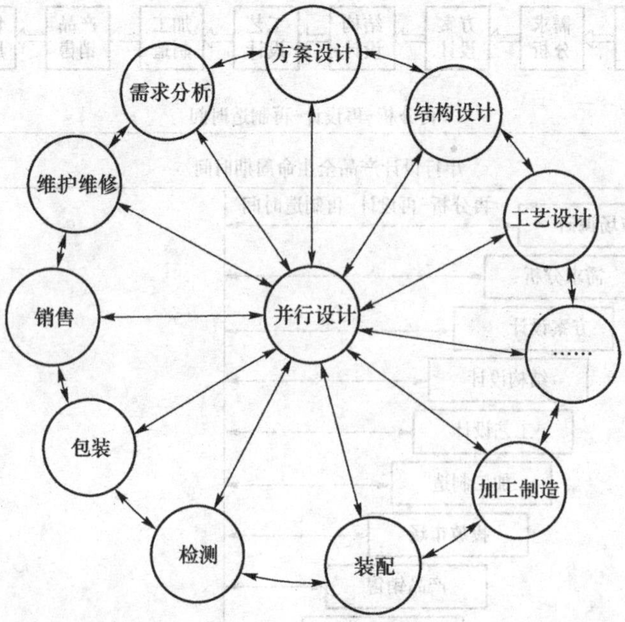
方案设计
需求分析
结构设计
维护维修
工艺设计
销售
并行设计
……
包装
加工制造
检测
装配

图 2-5　并行设计圆桌模型

者设计环节相互独立又相互约束和关联。设计过程的分解需要遵循一定的分解原则和层次关系，保证设计过程的分解具有客观性和合理性。

(2) 过程建模：包括组织模型、活动模型、产品模型、资源模型等。组织模型描述并行设计中的设计组织和设计角色的问题。活动模型描述并行设计中的设计活动，包括设计属性、设计关系、约束关系、信息流、设计数据、设计人员、设计对象、设计工具、设计环境等。产品模型描述并行设计中与产品相关的信息。资源模型描述并行设计中资源的种类、属性、数量、状态、关系等。

典型的建模方法有面向对象的 UML(Unified Modeling Language)建模方法、ARIS(ARchitecture of Integrated Information System)建模方法以及 P-PROCE(Process-Product Resource Organization Control & Evaluation)建模方法。

(3) 过程管理：即对设计过程进行有效的管理，使设计活动真正地"并行"起来，需要根据用户需求建立过程模型并进行优化，获得产品开发过程和活动之间的约束关系以及组成过程执行中的状态变化规则。若发现设计过程中有冲突，则进行协调，若协调成功，则基于协调结果进行优化，否则回到建模起点重新进行建模和优化。

2.1.4　并行设计方法

目前实现并行设计方法主要可以归纳为两个方面。

1. 通过人员的协同集成

这种方法需要一个研究领域覆盖很多方面的内部成员组成的团队，所有的成员都具有很强的意愿接收其他形式的信息并进行有效的沟通、交流和协作。虽然这种方法已经在很多地方得到了应用，但是还存在相当大的实现难度，团队成员之间的信息交互往往很难有效地实现。但是日益强大的计算机通信技术逐渐掩盖了这一问题，它能够更好地帮助设计人员完成交流协同任务。

2. 通过知识的协同集成

有很多种方法属于通过知识的协同集成，细节上可以将它们分成两类。第一类重点放在产品设计过程中一些下游的设计环节，比如制造、装配、环保、维护维修与升级等方面，可以命名为面向 X 的设计，因而一般称之为 DFX 方法，如面向装配的设计（DFA，Design For Assembly）、面向制造的设计（DFM，Design For Manufacture）、面向质量的设计（DFQ，Design For Quality）、面向环保的设计（DFE，Design For Environment）、面向采购的设计（DFP，Design For Procurement）、面向测试的设计（DFT，Design For Test）、面向服务的设计（DFS，Design For Serviceability）、面向诊断的设计（DFD，Design For Diagnosability）等。另外一类则将重点放在产品开发全生命周期中不同设计阶段存在的设计环节，并采用计算机技术将其并行起来，如结构设计、工艺设计、工程分析、加工制造等设计环节的集成，其可以命名为计算机辅助 X，因而一般称之为 CAX 方法，如计算机辅助设计（CAD，Computer Aided Design）、计算机辅助制造（CAM，Computer Aided Manufacturing）、计算机辅助工程（CAE，Computer Aided Engineering）、计算机辅助工艺设计（CAPP，Computer Aided Process Planning）、计算机辅助测试（CAT，Computer Aided Test）等。

在实际工程应用中，上述两种并行设计方法并没有明显的界限，而更多的是将不同的并行设计方法综合应用，从而获得更好的工程应用效果。但需要注意的是，无论是通过人员的协同集成进行并行设计还是通过知识的协同集成进行并行设计，都需要两者的有机融合和协调，并且需要计算机技术、信息技术、网络技术、控制技术等先进科学技术的支持，从而发挥最大的工程应用价值。

2.1.5 并行工程及其实现途径

1. 并行工程起源与发展

从 20 世纪 90 年代以来，并行设计的发展大致可以分为 4 个阶段：①第一阶段称为 DFX 阶段。20 世纪 80 年代初 Boothroyd 首先提出了面向装配的设计理念。IBM 公司成功应用了此项技术，设计制造了 Pro/Printer 针式打印机。相比当时由日本生产的同类产品，该产品的零件数目减少了 65%，装配所需时间减少了 90%。受到面向装配的设计理念的启发，出现了一系列的面向 X 的设计的概念，进一步扩大了并行设计理念的设计内涵。②第二阶段称为 CAX 阶段。在此阶段，计算机辅助技术开始和并行设计相结合，并由此产生了一系列融合计算机技术和智能技术的并行设计专家系统。③第三阶段可称为并行设计学科形成阶段。在这个阶段并行技术更加广泛地运用于企业生产过程中，而且，并行设计不再仅仅局限于并行设计技术本身，而是有相应的设计理论和方法对其进行指导，并逐渐形成了比较系统、科学和完整的并行设计学科。④第四阶段为当前阶段。在此阶段并行设计主要围绕着并行设计的自动化、智能化和集成化发展，强调人机集成和系统功能集成相融合的整体优化集成的工作形式。在这里需要说明的是，上述的几个阶段并没有明显的时间界限，因为它们往往都是相互重叠和交错发展的。

并行工程，作为系统工程学的一个名词，由美国在20世纪80年代末提出，其思想精髓是在产品设计之初就综合考虑产品的生产性、使用性、可靠性、保障性和维修性等因素。并行工程法的核心在于“并行”，它强调从产品设计之初就全面考虑全生命周期内的各种相关因素，并强调各部门的协同工作，通过建立各决策者之间有效的信息交流与通信机制，综合考虑各相关因素的影响，使后续环节中可能出现的问题在设计的早期阶段就被发现，并得到解决，从而使产品在设计阶段便具有良好的可制造性、可装配性、可维护性及回收再生等方面的特性，最大限度地减少反复设计，缩短设计、生产准备和制造时间。

21世纪市场竞争的主要矛盾已经从提高劳动生产率转变为以时间为核心的时间、成本和质量三要素的矛盾。面对激烈的全球市场竞争，企业的竞争能力体现在全新概念的时间、质量和成本上。为满足人们对于产品的个性化要求，缩短产品生命周期、提高质量、降低成本、个性化竞争，成了企业占领市场的重要策略。在尽量短的时间内，高效率、低成本地为客户提供个性化、高质量产品的能力已成为当今企业竞争能力的一个基本标志，企业的这一竞争能力是通过综合运用先进制造技术表现和增强的，而并行工程就是先进制造技术的一种典型模式。

2. 并行工程基本概念

并行工程是集成地、并行地设计产品及相关过程的系统化方法。通过组织多学科产品开发队伍、改进产品开发流程、利用各种计算机辅助工具等手段，使产品开发的早期阶段能及早考虑下游的各种因素，达到缩短产品开发周期、提高产品质量及降低产品成本，从而达到增强企业竞争能力的目标。这种方法要求产品开发人员从一开始就考虑产品整个生命周期中从概念形成到产品报废的所有因素，包括质量、成本、进度计划和用户要求，从全局的角度出发，对开发活动进行合理的集成，使开发过程不断优化和改进。这一过程称为产品开发过程重构。并行工程是产品开发过程重构的典型结果，同时它也是组织产品开发过程的一种新的工程哲理。

传统的串行工程设计过程如图2-6所示。对基于传统的串行工程设计过程进行分析与重构，可以提出并行工程设计过程，如图2-7所示。

通过两图比较可知，并行设计过程与串行设计过程的本质区别在于短周期的小循环取代长周期的大循环，增加了各种DFX工具及预发布等手段。正是由于这些区别，才使得并行设计可以实现缩短开发周期、提高设计一次性成功率及设计质量的目标。

3. 并行工程的特征和特点

并行工程具有以下两大特征。

(1) 并行交叉：它强调产品设计与工艺过程设计、生产技术准备、采购、生产等种种活动并行交叉进行。并行交叉有两种形式：一是按部件并行交叉，即将一个产品分成若干个部件，使各部件能并行交叉进行设计开发；二是对每单个部件，可以使其工艺过程设计、生产技术准备、采购、生产等各种活动尽最大可能并行交叉进行。需要注意的是，并行工程强调各种活动并行交叉，并不是违反产品开发过程必要的逻辑顺序和规律、取消或越过任何一个必经的阶段，而是在充分细分各种活动的基础上，找出各子活动之间的逻辑关系，将可以并行交叉的尽量并行交叉进行。

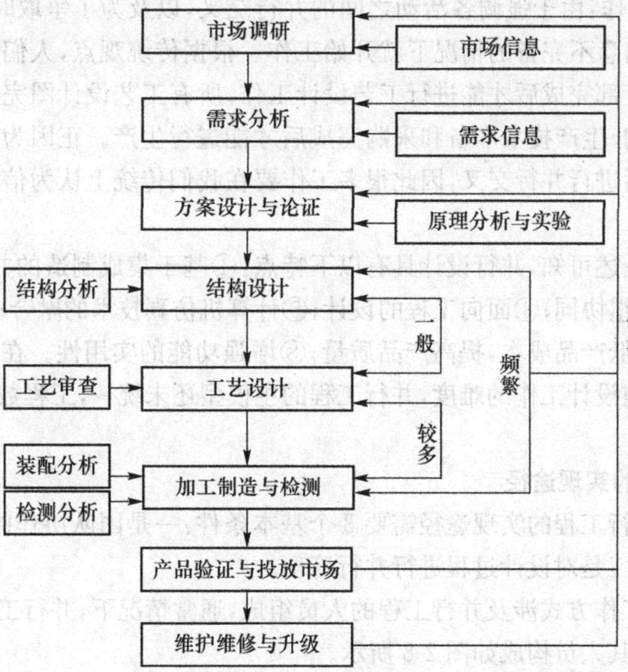
市场调研
市场信息
需求分析
需求信息
方案设计与论证
原理分析与实验
结构分析
结构设计
一般
频繁
偶尔
工艺审查
工艺设计
较多
装配分析
检测分析
加工制造与检测
产品验证与投放市场
维护维修与升级

图 2-6　串行工程设计过程

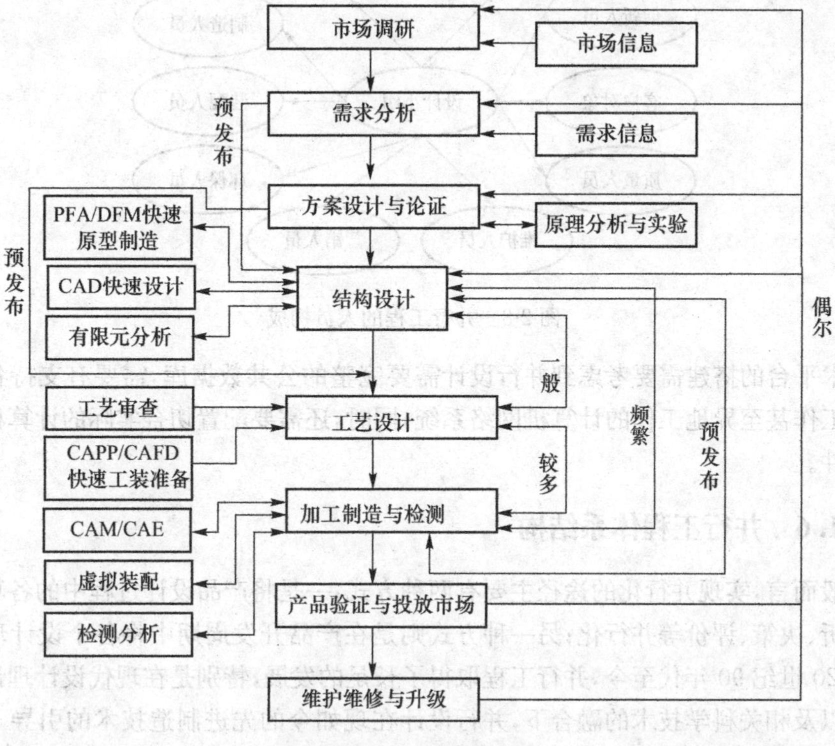
市场调研
市场信息
预发布
需求分析
需求信息
方案设计与论证
原理分析与实验
PFA/DFM快速原型制造
预发布
CAD快速设计
有限元分析
结构设计
偶尔
一般
频繁
预发布
工艺审查
工艺设计
CAPP/CAFD快速工装准备
较多
CAM/CAE
加工制造与检测
虚拟装配
检测分析
产品验证与投放市场
维护维修与升级

图 2-7　并行工程设计过程

(2) 预发布工作：由于强调各活动之间的并行交叉，以及为了争取时间，并行工程强调人们要学会在信息不完备的情况下就开始工作。根据传统观点，人们认为只有等到所有产品设计图纸全部完成后才能进行工艺设计工作，所有工艺设计图完成后才能进行生产技术准备和采购，生产技术准备和采购完成后才能进行生产。正因为并行工程强调将各有关活动细化后进行并行交叉，因此很多工作要在我们传统上认为信息不完备的情况下进行。

通过前面的论述可知，并行设计具有以下特点：①基于集成制造的并行性；②设计活动并行有序；③群组协同；④面向工程的设计；⑤计算机仿真技术的融合；⑥缩短产品投放市场的时间；⑦降低产品成本，提高产品质量；⑧增强功能的实用性。在设计中考虑到后续工作增加了当前设计工作的难度，并行工程的主模型还未统一，工程数据库还没有完全成型。

4. 并行工程的实现途径

一般而言，并行工程的实现途径需要 3 个基本条件：一是团队协作的工作方式；二是技术平台的搭建；三是对设计过程进行并行管理。

团队协作的工作方式涉及并行工程的人员组成，通常情况下，并行工程的实施以设计小组为单位进行，其人员构成如图 2-8 所示。

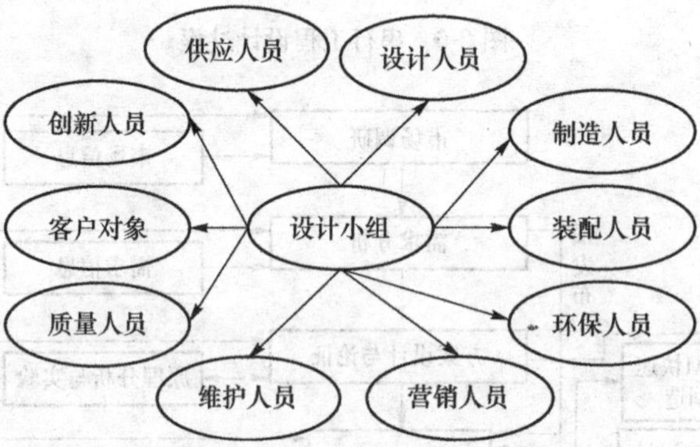

供应人员
设计人员
创新人员
制造人员
客户对象
设计小组
装配人员
质量人员
环保人员
维护人员
营销人员

图 2-8 并行工程的人员构成

技术平台的搭建需要考虑到并行设计需要完整的公共数据库，需要有支持各方面人员并行工作甚至异地工作的计算机网络系统，同时，还需要配置切合实际的计算机仿真模型和软件。

2.1.6 并行工程体系结构

一般而言，实现并行化的途径主要有两种方式：一是将产品设计过程中的各项设计活动如分析、决策、评价等并行化；另一种方式则是在产品开发周期中将各个设计环节并行化。从 20 世纪 90 年代至今，并行工程取得了长足的发展，特别是在现代设计理论学科的指导下以及相关科学技术的融合下，并行设计在现如今的先进制造技术的引导下已经形成了基本的体系结构框架，其包含 4 个层次：并行设计模型与设计理论、并行设计方法、并行设计技术与环境以及工程应用。并行设计的体系结构框架如图 2-9 所示。

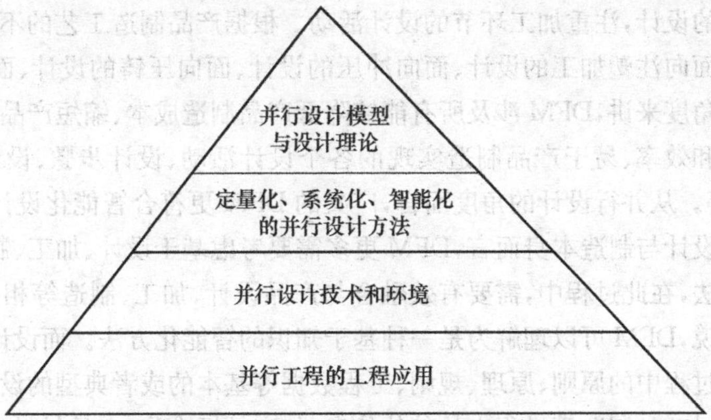
并行设计模型
与设计理论
定量化、系统化、智能化
的并行设计方法
并行设计技术和环境
并行工程的工程应用

图 2-9 并行设计的体系结构框架

随着并行设计的广泛实施与发展,并行工程在工程应用领域中取得了一系列的应用成果,特别是在计算机集成制造技术逐渐成熟和完善的进程中,其应用前景将更加广阔。我国已故"863"首席专家蒋新松教授认为,并行工程是 CIMS 的第二阶段。由此可以看出并行工程在其体系结构框架的支持下,智能化和集成化是其后续发展的趋势所在。智能化需要并行工程更多地依赖智能设计技术、计算机技术、信息技术、控制技术以及先进的管理技术等。集成化需要并行工程进行技术的集成、管理的集成以及技术与管理的集成等,而这 3 个方面集成的本质是知识的集成,即知识表现形式的集成。21 世纪,知识是推动科技发展的最重要的因素之一,我们有理由相信,制造技术、计算机技术、信息技术、管理科学与有关科学技术的集成,并以此推动并行工程的发展与完善,将是一项复杂的系统工程和知识工程。

2.2 并行设计中的关键技术

2.2.1 并行设计中的 DFX

所谓 DFX(Design for X)是面向产品生命周期各环节的设计的缩写,其中,X 可以代表产品生命周期或其中某一环节,如制造、装配、加工、测试、使用、维修、回收、报废等,也可以代表产品竞争力或决定产品竞争力的因素,如质量、成本、时间等。这里的设计不仅仅指产品的设计,也指产品开发过程和系统的设计。在产品设计时,不但要考虑产品的功能和性能要求,同时还需要考虑与产品整个生命周期各个设计阶段相关的因素,包括设计、制造、加工、维护、维修等的可能性、高效性和经济性等,其目标是在保证产品质量的前提下缩短开发周期、降低成本,这是一项产品设计中的并行工程。

1. 面向制造的设计(DFM)

DFM(Design For Manufacture)是指产品设计需要满足产品制造的要求,具有良好的可制造性,使得产品以最低的成本、最短的时间、最高的质量制造出来,其目的是在设计阶段就充分考虑下游制造环节的可行性问题。从狭义的角度来讲,DFM 主要是指单个零部件加工过程的设计，注重加工环节的设计活动。根据产品制造工艺的不同，面向制造的设计可以分为面向注塑加工的设计、面向冲压的设计、面向压铸的设计、面向焊接的设计等。从广义的角度来讲，DFM 涉及所有能够降低产品制造成本、缩短产品制造周期、提升产品制造质量和效率、易于产品制造实现的各个设计活动、设计步骤、设计方法、设计环节、设计系统等。从并行设计的角度而言，广义的 DFM 更符合智能化设计的发展趋势与要求。但若从设计与制造本身而言，DFM 更多需要考虑基于设计、加工、制造问题的制造工艺和制造方法，在此过程中，需要有效融合与产品设计、加工、制造等相关的设计知识，从这个意义上说，DFM 可以理解为是一种基于知识的智能化方法。而设计知识不仅包括产品制造工艺过程中的原则、原理、规则、工程数据等基本的或者典型的设计知识，同时涉及与产品设计、加工、制造等过程中的其他信息，如产品标准化、产品材料、公差要求、结构要求等。除此之外，随着现代化制造技术的发展，产品设计和制造过程日趋融合，产品制造工艺不再是单一、孤立的设计环节，产品设计与加工、生产的整体最优性已是产品设计的追求目标。为此，DFM 也需考虑到现代设计、加工、制造与现有制造过程、生产系统、生产批量、加工平台等的匹配性。

DFM 的典型设计原则有：设计中要尽量减少零部件的种类和个数，尽量使用标准件；产品中相似的特征尽量设计成统一的尺寸；避免内表面加工而采用外表面加工设计；避免使用单独的紧固件；在可能的条件下尽量采用成组设计方法；减少对零部件的搬运次数等。以印制电路板（PCB，Printed Circuit Board）设计为例，其 DFM 主要包括 PCB 器件选择、PCB 设计物理参数选择、PCB 设计细节确定等方面。PCB 器件选择一般是指选择采购、加工、维修等方面综合起来比较有利的器件，如采用常规器件、粗间距的器件，而不采用特殊器件、细间距的器件等，而且 PCB 器件选择需要 PCB 设计人员与采购工程师、硬件工程师、工艺工程师等协商决定。PCB 设计物理参数选择主要涉及板厚孔径比、线宽间距、层叠设计、焊盘孔径等的设置，需要设计人员在深入了解 PCB 的制造工艺、制造方法、产品加工参数以及单板的实际情况的基础上进行确定，尽量增加 PCB 生产的工艺窗口，采用最成熟的加工工艺和参数，降低加工难度，提高成品率，减少后期 PCB 制作的成本和周期。PCB 设计细节确定则涉及器件的摆放位置、间距、走线的处理、铜膜的处理等，这与设计工程师的经验具有一定的关系。由此也可以看出，DFM 使产品设计更加适合加工、制造、生产的要求，能够使设计的产品在加工、制造、生产上有更多的选择，从而降低产品成本。

产品设计与制造是产品生命周期中最重要的两个环节，并行工程就是在开始设计时就要考虑产品的可制造性和可装配性等因素。所以，DFM 不仅是并行工程实施中的关键和核心的技术，也是并行工程中最重要的支持工具。DFM 的关键是设计信息的工艺性分析、制造合理性评价和改进设计的建议。但是随着制造理念的发展，产品全生命周期的概念逐渐被制造业所接受，制造的概念正在扩大，不仅包括原材料到成品的加工过程，还泛指存储运输、销售与维护、回收与拆卸，以及产品的需求分析和设计等。

2. 面向装配的设计（DFA）

DFA（Design For Assembly），是指在产品设计阶段设计产品，使得产品具有良好的可装配性，确保装配工序简单、缩短产品装配时间、提高装配效率和装配质量、降低装配不良率和装配成本、减少产品设计修改、提高现有设备使用率等。DFM 的实现步骤一般以 Boothroyd 提出的面向装配为基本框架，虽然后来许多研究者提出了很多其他的面向装配的设计方法，但本质上与 Boothroyd 方法没有区别，其实现步骤大致包括装配方法确定、装配顺序分析、装配操作数确定、装配效率分析、装配时间分析、最少装备零件数确定、装配成本分析、基于装配过程的再设计等多个方面。基于装配过程的再设计是一个反复的分析、论证、设计的过程，直到最终获得最优的设计结果。为了保证 DFA 的工程分析结果的可靠性和准确性，Boothroyd 方法实施的关键是要求制造业企业具有能够反映出该企业在一定生产条件或者工况下的设计制造成本、装配时间、加工过程、工艺分析等的数据和信息。而在针对产品结构设计的改进方面，更多地还需要借鉴一些指导原则和设计规则，并且往往要依据工程设计人员的设计经验和设计创意进行实施。然而，规则式的设计指导往往无法充分考虑到装配过程中几何细节的影响，因此，随着 CAD 软件平台的不断升级和完善，特别是大型计算机系统的应用，开始出现基于 CAD 软件平台的虚拟环境下产品装配仿真分析模型、方法和系统，包括考虑到产品装配特征、几何约束、产品功能约束的装配模型建立，考虑到产品装配序列规划、装配路径规划、工装夹角规划和公差分析与综合等方面的装配工艺规划分析，以及虚拟装配过程中装配干涉分析等。

国内外关于 DFA 的研究很多。从国外的有关 DFA 研究成果以及 DFA 实施的过程来看，由于受到当时串行设计思想的制约，同时在设计手段上 CAD 方法也没有被广泛地应用，研究者在相当长一段时间内对 DFA 的研究都是在可装配性的评价方面。随着并行工程的提出以及现代设计手段的出现和应用，特别是一些大型的 CAD/CAM 集成软件的出现，基于 CAD 软件平台进行产品不同设计阶段和设计环节的 DFA 的评价，并进而保证产品的可装配的研究逐渐成为研究的热点。研究的内容也具有多样性，如从现有的零件模型中提取特征参数来对零件进行可装配评价计算，从装配模型中提取装配结构的一些参数来对整个装配结构进行评价分析，从产品的装配模型进行自动的装配系统规划及对装配成本进行分析等。国内学者关于 DFA 的研究也具有多个视角，如装配模型的特征提取技术、面向集成的装配模型、基于知识处理的 DFA 评价方法、装配序列的自动规划等。在此过程中，出现了一些比较有代表性的研究成果，如清华大学的研究学者提出的基于广义设计的同步 DFA，强调 DFA 不仅需要进行产品自身的定义，同时还需要对装配工艺和装配系统的可行性进行度量分析，选择合适的装配工艺和装配系统，同时，DFA 活动分为可装配性设计指南和可装配性分析评价两个部分，并且设计活动与产品设计过程要同步递进，基于 DFA 设计指南进行产品设计的指导工作，将产品可装配性的实现过程和产品设计过程当作一个由粗到精、由抽象到具体的逐渐完善的过程。随着并行工程的实施，中国纺织大学的研究者对并行工程下的 DFA 框架进行了探讨，认为并行工程下的 DFA 可以直接从 CAD 系统获取装配信息，实现可装配性评价的自动化，同时，并行工程下的 DFA 支持 CAPP，能够通过相关的决策分析、评价以及其他相关技术系统，如面向装配的 CAD 系统、特征造型和特征识别以及专家系统技术等，选择合理的产品装配工艺或对给定的产品装配工艺进行优化。华中科技大学的研究者也提出了一个在并行工程环境下的面向集成的装配模型，该模型以产品功能为着眼点，采用自顶向下的设计思想和参数化特征造型，进而在进行产品装配设计的同时进行零件的详细设计，实现产品设计的并行化。

3. 面向质量的设计(DFQ)

DFQ是Design For Quality的缩写。近年来，由于产品质量对产品竞争力起着决定性的作用，质量问题越来越受到工业界和学术界的重视。DFQ是指在产品的开发和设计过程中，要根据一定的准则和方法将各种需求转化为产品的质量特性，即性能、可信性、安全性、适合性、经济性和时间性。其中Q表示两个方面的含义：一个是最终产品表现出来的相关产品特征和产品特性，即所谓的外部质量；另一个是企业内部在进行生产活动过程中所表现出来的设计环节的质量，如采购、设计、加工、装配、维修等。

一般而言，DFQ对产品设计的设计需求和设计要求体现在以下几个方面：满足用户对产品功能的需求，满足安全性的要求，满足对环境影响或生态影响的要求，满足不同状态下用户的适应性需求，满足运输、安装、调试及修复的需求等。为了能够实现DFQ的目标和需求，需要采用一些策略、方法和工具来进行分析和实施。DFQ所涉及的方法和工具有如下几个方面。

(1) 质量目标确定的方法和工具

其主要目标是将产品设计需求和设计要求有效地转化成产品的技术特征和技术规范。质量功能配置(QFD，Quality Function Deployment)是这类工具和方法的典型代表，QFD是一种在设计阶段应用的系统方法，它采用一定的方法保证将来自用户或市场的需求准确无误地转移到产品全生命周期每个阶段的有关技术和措施中。本书将在后续章节对QFD进行相关介绍和说明。

(2) 质量分解、合成与综合分析的方法和工具

质量分解、合成与综合分析的方法和工具的实施使得工程设计人员在进行产品方案设计和详细设计时能够综合考虑与产品设计相关的多方面因素。这类设计方法和工具较多。稳健设计法(也叫三次设计法，或者田口方法)，通过运用正交表来确定产品设计实验方案，通过设计过程中误差因素模拟各种干扰因素，并以信噪比作为产品质量评价体系，同时引入灵敏度分析，来寻求最佳的产品设计参数组合，使得产品设计的稳健性达到最优。稳健设计法的实施包括系统设计、参数设计和公差设计3个基本步骤。相应模型法是应用统计学模型通过对设定的设计参数名义值及其误差大小对功能值表的影响，以及产品质量指标的精确分析来选定设计方案。公理和原理设计方法即通过设计原理、公理、准则和规则指导以产品质量控制为目标的设计，以信息原理来在设计可行域内寻求最优解。其他的方法还有分类分析法、适应性分析法等。

(3) 质量决策、评价与验证的方法和工具

质量决策、评价与验证的方法和工具的实施也就是评价和验证已设计的产品结构、性能、规范是否符合质量要求。常用的方法和工具有很多，如失效模式和效应分析(Failure Mode and Effects Analysis)、故障树分析(Fault Tree Analysis)、设计评审(Design Review)、多目标优化等。失效模式和效应分析侧重在产品设计过程中，通过对产品各个

组成部分潜在的相关失效模式及其对产品功能的影响产生后果的严重程度进行分析，进而提出可行的预防改进措施，从而提高产品的可靠度。故障树分析是根据产品可能产生的故障类型或模式，建立产品故障树图，并基于此找出产品故障产生的原因。设计评审是运用科学原理和工程方法，发挥集体智慧，在设计的各个阶段对设计进行评议审查，及早发现和消除设计缺陷，以便对设计提出改进或为转入下一阶段提供决策依据。其他的方法还有模糊综合评价、灰色关联决策分析、价值工程、数据包络分析法、神经网络法等，本书的后续章节将对相关的方法进行介绍。

DFQ 的实施有两种模式，即串行设计的 DFQ 模式和并行设计的 DFQ 模式，其具体结构分别如图 2-10 和图 2-11 所示。DFQ 的实施使产品开发由单纯地满足产品性能指标的设计阶段，进入到一个在进行产品总体优化设计的阶段就能够综合考虑产品全生命周期设计的诸多特性的新阶段，通过一系列系统的、科学的设计工具去指导产品开发和设计过程，提升企业的研发能力及竞争力。

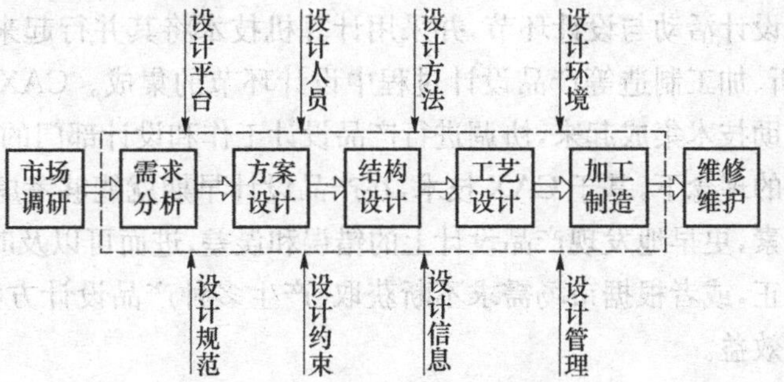
设计平台
设计人员
设计方法
设计环境
市场调研
需求分析
方案设计
结构设计
工艺设计
加工制造
维修维护
设计规范
设计约束
设计信息
设计管理

图 2-10　串行设计的 DFQ 模式

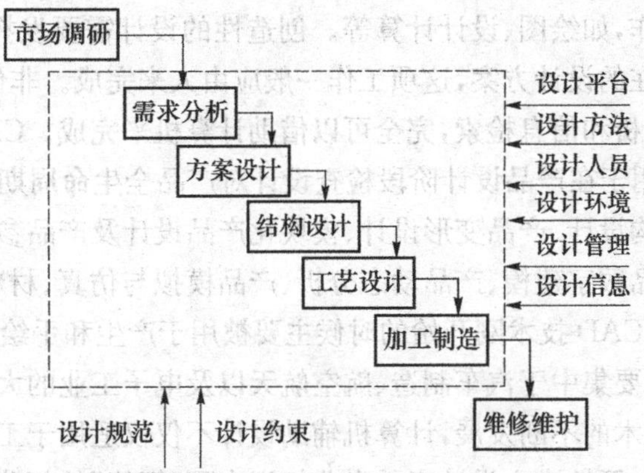
市场调研
需求分析
方案设计
结构设计
工艺设计
加工制造
维修维护
设计平台
设计方法
设计人员
设计环境
设计管理
设计信息
设计规范
设计约束

图 2-11　并行设计的 DFQ 模式

4. 其他 DFX 简介

面向环保的设计（DFE，Design For Environment）要求在设计过程中考虑产品全生命周期内的环境质量问题，包括产品原材料生产过程对生态及环境的影响，产品加工制造过程中产生的废水、废气、废渣、振动、噪声等对生态及环境的影响，产品装配、运输、拆卸及销售过程中产生的废弃物对生态及环境的影响，产品使用过程中产生的有害物质对生态及环境的影响，以及产品维修、维护和废弃（包括废弃物分解、分类、回收、重用等方面）过程中产生的有害物质对生态及环境的影响等多个方面。

还有其他一些涉及产品下游设计环节的 DFX，如面向采购的设计（DFP，Design For Procurement）、面向测试的设计（DFT，Design For Test）、面向服务的设计（DFS，Design For Serviceability）、面向诊断的设计（DFD，Design For Diagnosability）等。对于产品下游设计的 DFX，除产品本身设计技术外，在并行工程实施的大环境下，还需要有效融入管理技术、计算机技术、数据库技术、网络技术、人工智能等，以实现对 DFX 的充分支持。

2.2.2 并行设计中的 CAX

CAX 技术主要是指一系列计算机辅助技术，包括 CAD、CAM、CAE、CAPP、CIMS、CAS、CAT、CAI 等，这些计算机辅助技术最初并不是专门为并行工程开发的，多数是在计算机集成制造系统（CIMS）发展的过程中逐渐形成的，重点放在产品全生命周期中不同设计阶段存在的设计活动与设计环节，并采用计算机技术将其并行起来，如结构设计、工艺设计、工程分析、加工制造等产品设计过程中设计环节的集成。CAX 的实施能够把多元化的计算机辅助技术集成起来，协调进行产品设计工作和设计部门的管理工作，特别是在并行工程实施的理念下，基于 CAX 技术，在产品设计早期就能够考虑到产品全生命周期的各种影响因素，更早地发现产品设计上的错误和误差，进而可以及时在设计过程中对产品设计进行修正，或者根据市场需求不断获取、产生多种产品设计方案，从而获得最优化的设计成果和效益。

1. 计算机辅助设计（CAD）

在工程设计中，一般包括两种内容：带有创造性的设计（方案的构思、工作原理的拟订等）和非创造性的工作，如绘图、设计计算等。创造性的设计需要发挥人的创造性思维能力，创造出以前不存在的设计方案，这项工作一般应由人来完成。非创造性的工作是一些烦琐重复性的计算分析和信息检索，完全可以借助计算机来完成。CAD 是 Computer Aided Design 的缩写，用于在产品设计阶段检查设计对产品全生命周期的影响，通常包括产品外形设计、产品结构设计、产品变形设计、模块化产品设计及产品参数化设计等，其功能包括计算机绘图、产品数字建模、产品动态分析、产品模拟与仿真、材料清单（BOM）生成、工程数据库生成等。CAD 技术刚开始的时候主要被用于产生和手绘的图纸相仿的图纸，其最早的工程应用主要集中于汽车制造、航空航天以及电子工业的大公司中，但随着计算机软件技术和硬件技术的不断发展，计算机辅助设计不仅仅适用于工业，还被广泛运用于平面印刷等诸多领域，开始进入设计者的专业知识中更“智能”的部分。

由于利用 CAD 技术，在产品设计过程中设计流程规范，文档格式统一，产品开发周期缩短，生产成本降低，科技成果转化能力和技术创新能力提升，计算机交互能力和信息反馈能力增强，产品的设计成果如几何形状、力学分布、运动仿真等的可见性增强，企业产品设计资料、数据、信息集成化程度提高，使得 CAD 具有规范化、高质量、可视化、高效性、交互性、资源共享性等优点。并且，随着计算机技术、信息技术、网络技术等的快速发展，CAD 将向标准化、智能化、集成化、网络化和虚拟化的方法深入发展。标准化即是指在 CAD 实施过程中为了实现产品的数据交换与共享，必须对不同系统间的信息交换设定标准，目前在我国常用的有 DXF（Autodesk 标准）、IGES（美国标准）、PDES/STEP（国际标准化组织标准）。智能化是指使得 CAD 系统不仅能够处理传统的产品设计工作，而且还能够和人工智能技术相融合，进而在产品设计方案的构思、推理、决策中，对产品概念设计、方案设计以及其他下游设计环节提供更高效的智能支持。集成化是指通过 CAD 技术将产品全生命周期和各种计算机辅助系统集成在一起，使得原本各自作业的系统不仅追求单一技术的最优化，而是追求协同工作，实现无纸化生产。网络化是指基于 CAD 平台与系统将企业的产品设计数据、信息、资源、管理等有效共享，实现协同设计和分布式设计。虚拟化是指基于 CAD 平台与系统采用虚拟现实技术和三维建模技术，如虚拟场景建模、图形图像整合建模等，使得 CAD 平台与系统的设计能力和手段进一步提升，CAD 平台与系统的交互能力和适应性能力进一步增强。

CAD 的基本功能包括几何造型、计算分析、系统模拟与仿真、工程制图、人机交互、设计知识管理等方面。人机交互即工程设计人员以计算机为媒介，进行产品设计并反馈产品设计的过程和结果，包括产品设计、计算、分析、图形处理等。几何造型是指根据具体的产品设计任务需求或要求，建立产品设计的几何模型、数学模型和物理模型等。计算分析是指根据已经建立的产品模型，对产品的设计参数、性能参数及相关特性进行分析，如基本设计参数计算、结构分析、力学分析、振动分析、热变形分析、磁场分析等。系统模拟与仿真是指以计算机为媒介，对与实际产品相一致的模型进行试验和分析，通过模拟的结果检验产品设计的合理性、可靠性和准确性。同时，也可以基于模拟的结果对后续的设计工作进行指导，对设计状态或运行状态进行预测分析，通过产品模拟与仿真可以修改设计参数和系统方案，从而减少样机试制和试验次数。工程制图是指进行产品设计工程图纸的设计，如零件图、部件图、装配图、BOM 表、设计说明书等。设计知识管理是指对产品设计过程中产生的设计数据、知识、信息、规则、规范、原理、标准、实例等进行存储、管理、传递和共享。随着科学技术的发展，现代 CAD 在设计组件重用、标准组件的自动产生、装配件自动设计、工程文档的输出、设计到生产设备的直接输出、无物理原型的设计模拟等方面有着快速的发展。机械产品的 CAD 是现代机械产品设计过程的重要内容，CAD 技术在机械工程领域有着广泛的应用，其一般设计流程如图 2-12 所示。

CAD 的实施需要计算机辅助设计系统的支持，一个好的计算机辅助设计系统既能充分发挥人的创造性作用，又能充分利用计算机的高速分析、计算能力，即要找到人和计算机的最佳结合点，有以下几个方面的内容需要进行关注。

(1) CAD 系统的硬件和软件

一个 CAD 系统由硬件和软件两部分组成，要想充分发挥 CAD 的作用，必须要有高性能的硬件和功能强大的软件。

(2) 计算机辅助绘图

计算机辅助绘图是 CAD 中计算机应用最成熟的领域。计算机辅助绘制二维图形常用的方法有 4 种。

第一种是直接利用图形支撑系统提供的各种功能，利用人机交互的方式将图形一笔

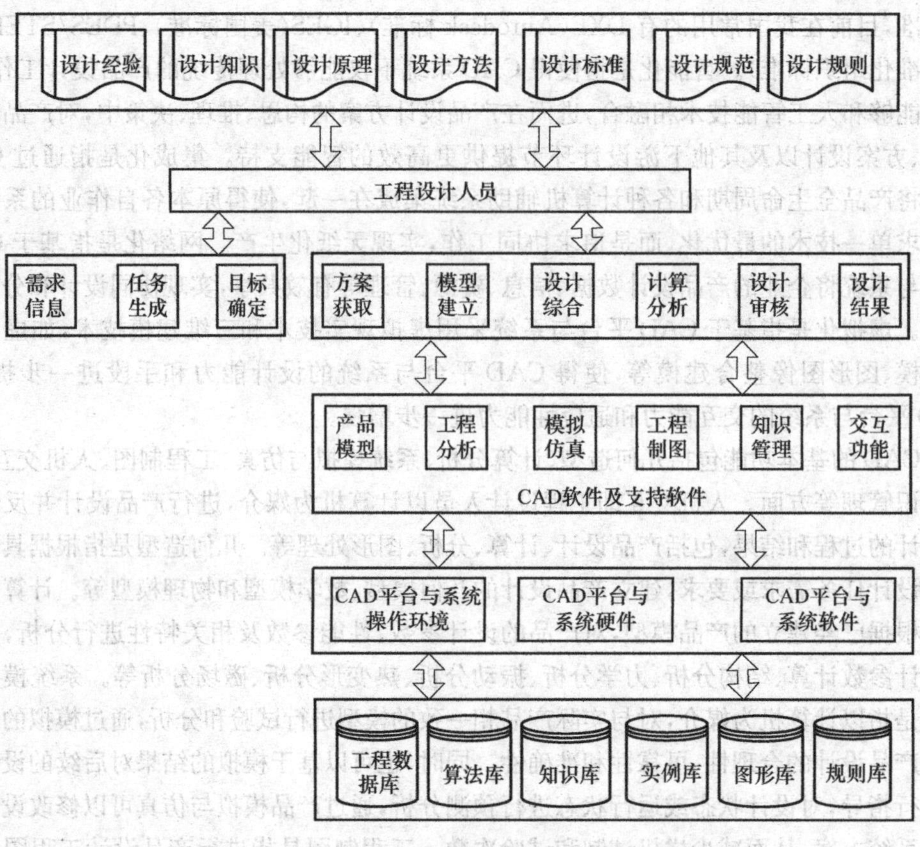
设计经验
设计知识
设计原理
设计方法
设计标准
设计规范
设计规则
工程设计人员
需求信息
任务生成
目标确定
方案获取
模型建立
设计综合
计算分析
设计审核
设计结果
产品模型
工程分析
模拟仿真
工程制图
知识管理
交互功能
CAD软件及支持软件
CAD平台与系统操作环境
CAD平台与系统硬件
CAD平台与系统软件
工程数据库
算法库
知识库
实例库
图形库
规则库

图 2-12　CAD 技术在机械工程领域的一般设计流程

一笔勾画出来。

第二种是利用图形支撑系统提供的尺寸驱动方式进行绘图(又称为参数化绘图),比较先进的图形支撑系统都提供这种功能。

第三种是利用图形支撑系统提供的二次开发工具,将一些常用的图素参数化,并将这些图素保存在图库中。绘图时,根据需要从图库中按菜单调用有关图素,并将之拼装成所需要的零件图形。

第四种是采用三维造型系统完成零件的三维立体模型,然后采用投影和剖切的方式由三维模型生成二维图形,最后再对二维图形进行必要的修改和补充并标注尺寸、公差等其他技术要求。

(3) 几何建模

对于现实世界中的物体,从人们的想象出发,利用交互的方式将物体的想象模型输入计算机,而计算机以一定的方式将模型存储起来,这个过程称为几何建模。几何建模主要处理零件的几何信息和拓扑信息。几何信息一般是指物体在欧氏空间中的形状、位置和大小。拓扑信息则是指物体各分量的数目及其相互间的连接关系。目前常用的建模系统是三维几何建模系统,一般常用 3 种模型:线框模型、表面模型和实体模型。

2. **计算机辅助制造(CAM)**

CAM是Computer Aided Manufacture的缩写，用于在产品设计、加工制造阶段自动生成所设计的零件加工方法并分析设计对制造的影响。CAM利用计算机辅助完成从生产准备到产品制造整个过程的活动，即通过直接或间接地把计算机与制造过程和生产设备相联系，用计算机进行制造过程的计划、管理以及对生产设备的控制与操作的运行，处理产品制造过程中所需的数据，控制和处理物料(毛坯和零件等)的流动，对产品进行测试和检验等。狭义CAM仅指数控程序的编制，可以进行刀具路径规划、刀位文件的生成、刀具轨迹仿真以及数控编程和数控后置处理等。

CAM与CAD采用的产品模型有基于结构的产品模型、基于几何的产品模型、基于特征的产品模型、基于知识的产品模型以及集成产品模型。基于结构的产品模型采用结构材料清单、结构分类、产品结构树等表达产品结构，产品结构是表达的核心。基于几何的产品模型采用线框模型、表面模型、实体模型及其混合模型在计算机内部表达产品的几何形状，但所表达的产品几何信息是抽象的、缺少工程语义的，在表达产品非几何信息(公差和表面粗糙度等)方面则较困难。基于特征的产品模型则是通过设计特征，如形状特征、精度特征、材料特征、技术特征、管理特征、装配特征等进行产品设计描述和操作，可以采用边界/实体混合特征表达方式、基于面和体积的特征表达方式、基于图的特征表达方式、面向对象的特征表达方式进行设计特征表达，弥补基于几何的产品模型的不足。基于知识的产品模型是综合应用智能技术、面向对象技术、知识工程等技术和方法，基于推理的形式对产品设计进行处理和分析。集成产品模型则是多种产品模型的综合应用。有些CAM与CAD系统集成在一起，每一个CAM软件首先要解决CAD数据交换的问题，因为生成数据的CAD系统就像文字处理软件那样经常按照它自己的专有格式保存数据。目前，CAM与CAD技术已经应用到全球化产品协同设计中，这就需要一个适应集成、开放、标准化和并行工程的支持环境。为此，CAM与CAD技术的集成需要遵循图形和产品数据交换等国际标准，建立为产品全生命周期服务的统一的全局信息模型。产品数据交换标准是与具体的硬件设备无关的通用标准化软件接口，能够实现不同CAM与CAD系统和平台之间的信息共享和信息集成。

CAM与CAD图形交换标准包含图形系统交换标准、图形数据交换标准、产品数据交换标准等方面的内容。在CAM与CAD图形系统交换标准方面，需要考虑图形系统的接口(包括应用编程接口、图形设备接口、数据交换接口等)与标准化、图形标准与图形软件的标准化(可移植性好、交互性好、图形与图像编码标准化)等方面。图形数据交换标准应用较为广泛的是IGES(Initial Graphics Exchange Specification)，它是国际上产生最早且应用成熟的图形数据交换标准，用于定义产品的实体集合，即通过实体对产品的形状、尺寸、特性及其他信息进行描述。产品数据交换标准STEP(Product daTa Exchange Standard)是指国际标准化组织(ISO)制定的系列标准ISO 10303《产品数据的表达与交换》，这个标准的主要目的是解决制造业中计算机环境下的设计和制造(CAD/CAM)的数据交换和企业数据共享的问题。STEP标准的体系结构可分为4个层次。第一层主要是应用需求，基于形式化语言描述产品设计、开发、制造等产品全生命周期中所包含的各种信息，包括产品形状、解析模型、材料、加工方法、组装分解顺序、检验测试等必要的数据定义和交换的描述。第二层主要是应用协议。第三层是标准的资源，是应用协议的基础，可基于需求模型进行设计协调与分析。第四层主要是标准的原理和方法，用于给出形式化的需求规格的实施机制。

3. 其他CAX简介

计算机辅助工程(CAE，Computer Aided Engineering)，是采用计算机辅助技术进行复杂工程和产品结构强度、刚度、振动性、动力响应、热传导、三维多体接触、弹塑性、电磁性能等力学、热学、电磁学性能分析、计算以及产品系统结构性能优化设计与求解等问题的一种近似数值分析方法。CAE进行工程问题分析和求解的基本思想是将一个形状复杂的连续体求解区域分解为有限个形状简单的子区域，即将一个连续体简化为由有限多个单元组合的等效组合体，通过将连续体离散化，把求解连续体的场变量(应力、位移、压力和温度等)问题简化为求解有限的单元节点上的场变量值。

计算机辅助工艺设计(CAPP，Computer Aided Process Planning)，通过采用计算机辅助技术对产品设计工艺路线制订、工序设计、加工方法选择、工时定额计算，包括工装、夹具设计、刀具和切削用量选择、工艺卡和工艺文件的生成等内容进行处理和分析，其功能是将企业产品设计数据转换为产品制造数据，辅助工艺设计人员完成从毛坯到成品的设计。

目前，由于计算机技术、通信技术等的快速发展，并行设计的CAX技术的应用多是集成化模式，而在集成方法上有多种形式，如通过专用数据格式文件交换产品信息的集成模式、通过标准数据格式的文件交换产品信息的集成模式(见图2-13)、通过中性文件进行数据交换的集成模式(见图2-14)、以工程数据库(EDB)为核心进行数据交换的集成模式(见图2-15)。

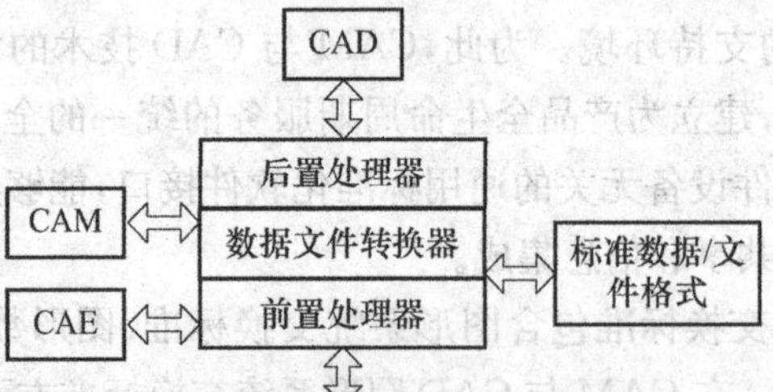
CAD
后置处理器
CAM
数据文件转换器
标准数据/文件格式
CAE
前置处理器
CAPP

图2-13　通过标准数据格式文件交换产品信息的集成模式

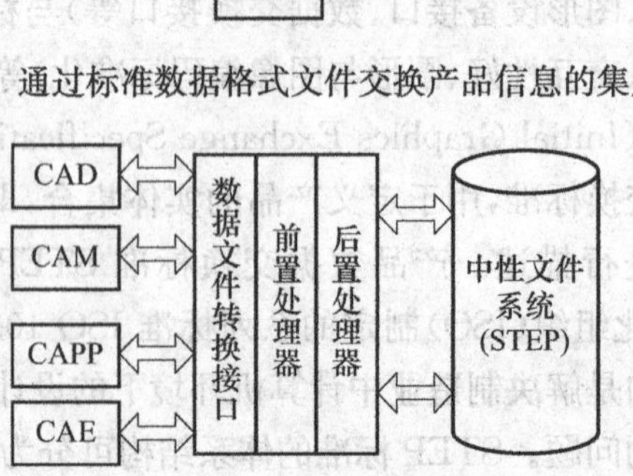
CAD
CAM
CAPP
CAE
数据文件转换接口
前置处理器
后置处理器
中性文件系统(STEP)

图2-14　通过中性文件进行数据交换的集成模式

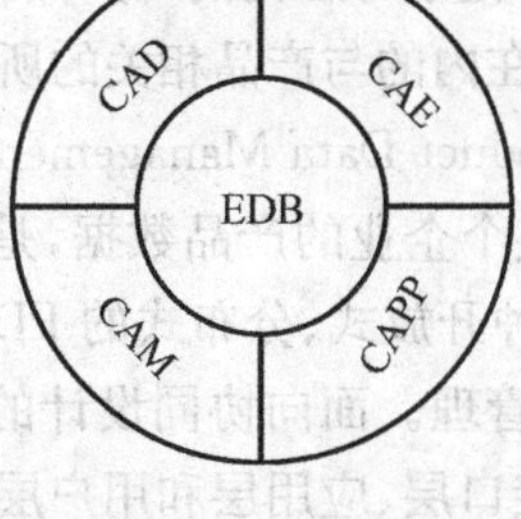

CAD
CAE
EDB
CAM
CAPP

图 2-15　以工程数据库为核心进行数据交换的集成模式

随着网络技术及数据管理技术的发展，并行设计下的智能化的 CAX 集成框架可分为用户层、应用层、集成层、协议层、网络层等，具体结构如图 2-16 所示。

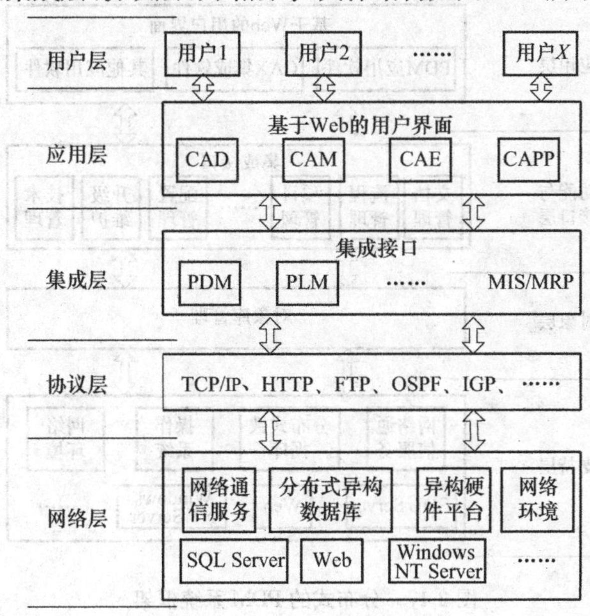

用户层
用户1
用户2
……
用户X
基于Web的用户界面
应用层
CAD
CAM
CAE
CAPP
集成接口
集成层
PDM
PLM
……
MIS/MRP
协议层
TCP/IP、HTTP、FTP、OSPF、IGP、……
网络通信服务
分布式异构数据库
异构硬件平台
网络环境
网络层
SQL Server
Web
Windows NT Server
……

图 2-16　CAX 集成框架

2.2.3　并行设计中的 PDM

PDM(产品数据管理)是 Product Data Management 的缩写。国际权威咨询公司 CIM data 一直致力于研究 PDM 技术和相关计算机集成技术，其在 20 世纪末对 PDM 进行了定义：PDM 是管理所有与产品相关信息包括零件信息、配置信息、结构信息、权限信息、设计文档、CAD 文件、工程数据、产品信息等和所有与产品相关过程包括过程定义、管理等的一门技术。通常意义上，工程数据管理(EDM，Engineering Data Management)、技术信息管理(TIM，Technical Information Management)、文档管理(DM，Document Management)、技术数据管理(TDM，Technical Data Management)、图像管理(IM，Image Management)等都属于产品数据管理(PDM)的范畴。随着产品数据管理技术的应用和深化，现阶段的 PDM 可以描述为：以计算机软件技术、网络信息技术等为基础，综合管理包括电子文档、数字化文档数据库记录等在内的与产品相关的所有信息和包括审批发放、工程更改、一般流程、配置管理等在内的与产品相关的所有过程的一门技术。协同产品数据管理（CPDM，Collaborative Product Data Management）是其中一个典型的产品数据管理技术发展的成果。PDM 管理整个企业的产品数据，是一种企业级的应用管理工具，特别是 CPDM 的实施，使得构建一种开放式、分布式的 PDM 体系结构更加迫切，以便更有利于和适应于产品全生命周期的管理。面向协同设计的分布式的 PDM 系统一般包括 5 个层次：支持层、对象层、功能与接口层、应用层和用户层，其结构如图 2-17 所示。

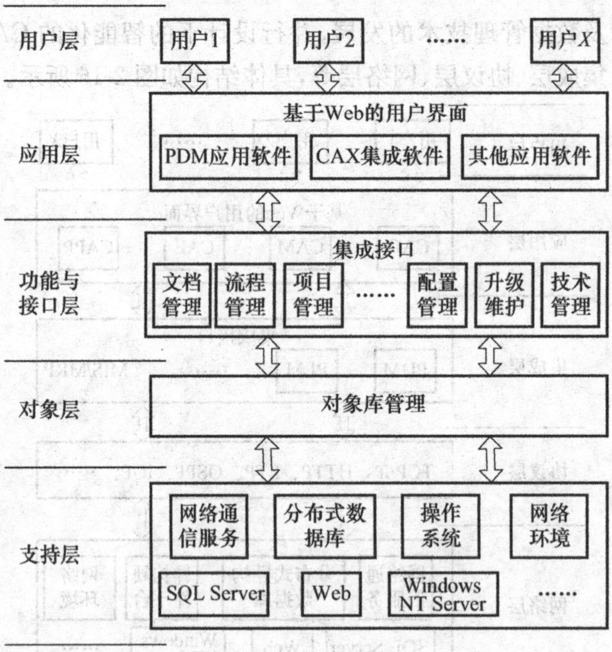
用户层
用户1
用户2
……
用户X
基于Web的用户界面
应用层
PDM应用软件
CAX集成软件
其他应用软件
集成接口
功能与接口层
文档管理
流程管理
项目管理
……
配置管理
升级维护
技术管理
对象层
对象库管理
支持层
网络通信服务
分布式数据库
操作系统
网络环境
SQL Server
Web
Windows NT Server
……

图 2-17　分布式的 PDM 系统框架

一般情况下，PDM 的基本功能包括如下几个方面：①数据仓库和文件管理，用于提供存储和检索产品信息的服务。②工作流和设计过程管理，用于控制处理成品数据的过程，提供以信息驱动业务活动的机制。③产品结构与配置管理，用于管理材料报表、产品结构配置以及产品设计修改和版本更新。④零件管理，用于提供关于零件标准化的信息，以提高产品设计的重用率。⑤程序与项目管理，用于提供任务分解构造，在与产品有关的过程中，在资源安排调度、项目跟踪、计划管理、资源配置管理、时间管理、人员管理、质量管理和成本管理等方面实施协调与管理。在实现上述基本功能的前提下，需要一些应用和实施机制的有效支持，包括传送信息和有关事件的通信方式、跟踪记录数据存储位置并在不同应用程序或不同地理位置之间进行数据传送、基于合适的数据文件格式的数据翻译、图像服务（即存储、提取、观看标记产品的图形信息）以及控制和监控系统的运行与安全管理等方面。PDM 的实施必然会在产品设计领域、产品制造过程领域、采购和合同供应商方面、销售和营销领域、维护和维修以及产品系统升级方面带来效益。

PDM的实施需要PDM系统的支持，而一个理想的PDM系统一般需要包括以下组成要素：①信息仓库。其作用是存储所有有关产品的信息，由信息管理模块加以整理。②信息管理。从物理存储的角度管理和控制信息仓库的信息，具体任务包括数据访问、存储、调用，维护信息安全性和一致性，控制并发访问、存档和恢复以及跟踪对数据所进行的所有操作过程。③基础体系结构。其是一个网络化的计算环境，为用户和应用程序方便访问信息仓库提供了物质条件。④接口模块。用户和应用程序通过接口模块访问系统。⑤信息结构定义模块。信息结构定义模块从逻辑结构上对数据进行管理，使用户可以自行定义信息的逻辑结构，以满足其特定应用的需求。⑥信息结构管理模块。针对信息的逻辑结构的动态变化特性，信息结构管理模块从逻辑结构上对数据进行管理，保证信息结构内在的一致性、完整性等。⑦工作流定义模块。其作用是管理过程结构，工作流包括一系列活动以及伴随这些活动的各种信息和活动的任务。⑧工作流控制模块。其负责控制工作流的执行，在各种工程过程之间进行协调，并负责管理工程改变的过程以及版本控制等。⑨系统管理模块。其负责管理整个系统，包括建立和维护系统的配置、指定修改访问权限等。产品数据管理系统的组成要素如图2-18所示。

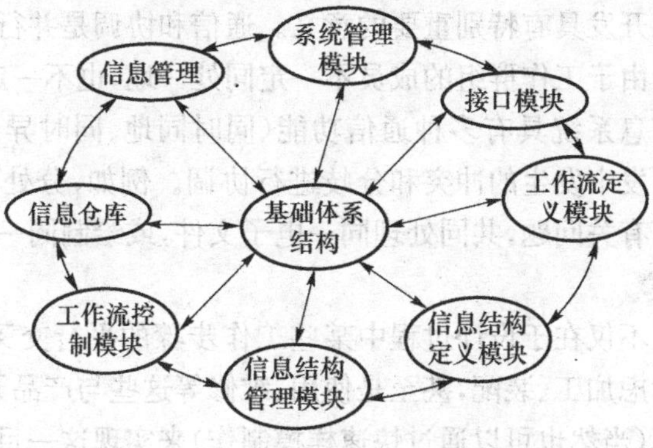
系统管理
模块
信息管理
接口模块
工作流定
义模块
信息仓库
基础体系
结构
工作流控
制模块
信息结构
定义模块
信息结构
管理模块

图2-18　产品数据管理系统的组成要素

在计算机技术和信息技术快速发展的大环境下，PDM技术将会在电子商务和合作商务、虚拟产品开发管理和支持供应链管理等方面取得长足的发展。从产品设计的角度而言，PDM的发展将使得在网络环境下可以快速便捷地获得产品数据信息，通过从产品及相关产品配置中选择参数，就可得到产品模型。在这一领域的深入发展，将会使网络完全能提供产品服务选择、准备和订购过程。虚拟产品开发管理融合了Web、PDM、CAX和DMU等技术，不仅能够作为一个知识库和渠道将不同阶段的产品信息转化为连续的信息状态，而且使企业具有更好的产品革新能力，并在产品概念设计期的高灵活性、不可预测性的环境下，为数据变化的管理提供经典的管理框架，使得在虚拟设计、虚拟制造和虚拟产品开发环境中，通过一个可以即时观察、分析、互相通信和修改的数字化产品模型，并行、协同地完成产品开发过程的设计、分析、制造和市场营销及其服务。在供应链管理方面，计算机技术和网络技术的不断深入发展和应用，使得PDM系统能够很容易在虚拟企业中实施，PDM技术中各个系统间的通信和数据交换，使得产品开发时在原始设备制造商(OEM，Original Equipment Manufacturer)间进行合作，并能随时在整个供应链(包括虚拟企业个体、供应商、合作伙伴和其他关联关系)中得到产品信息,这使得进一步发展的PDM系统将是完整意义上的供应链管理系统。

2.2.4 并行设计中的其他关键技术

综上所述,并行设计的基本技术包括DFA、DFM、DFE、DFQ、CAD、CAPP、CAM、CAE、PDM、PLM等,除此以外,还有一些其他的关键技术。

1. 产品并行开发过程建模及优化

产品开发过程是一个基于约束的技术信息创成和细化的过程,这些约束包括:目标约束、市场的需求、用户的要求、设计性能指标等;环境约束:可选材料、加工设备、工艺条件等;耦合约束:各子过程之间的约束。按约束的性质又可分为数值型约束、逻辑型约束、刚性约束、柔性约束、模糊约束等。各种约束通过共有变量连成约束条件网络,在产品的并行开发中,工作群组从市场用户的需求(初始约束)出发开展设计工作,同时从不同专业的角度对设计活动提出约束,这些约束协调和优化后形成约束条件网络。

2. 支持并行设计的计算机信息系统

信息交流对产品开发具有特别重要的意义。通信和协调是并行设计中计算机信息系统的两个主要功能。由于工作群组的成员不一定同处一地,也不一定同时工作。因此,并行设计要求计算机信息系统具有多种通信功能(同时同地、同时异地、异时同地、异时异地),并且能对产品开发中发生的冲突和分歧进行协调。例如,分处两地的群组成员可以通过计算机通信协商有关问题,共同处理同一电子文件,或绘制同一张图样。

3. 模拟仿真技术

并行设计的含义不仅在于设计过程中某些工作步骤的平行交叉,而且还在于在产品设计阶段就能充分考虑加工、装配,甚至是使用、维修等这些与产品开发相关的后续过程。通过计算机模拟仿真(当然也可以通过快速样模制作)来实现这一目的。例如,虚拟制造、虚拟装配、结构有限元计算、产品静动态性能仿真,直至应用虚拟现实技术,让用户“身临其境”地体验产品的各项性能。

4. 产品性能综合评价和决策系统

并行设计作为现代设计方法,其核心准则是“最优化”。在对产品各项性能进行模拟仿真的基础上,要进行产品各项性能的综合评价和决策,包括可加工性、可装配性、可检验性、易维护性等,这是并行设计系统不可缺少的模块。常用的评价方法有模糊评价法、灰色关联评价法、AHP法、可拓评价法、熵权法、信息量法、神经网络法、数据包络法(DEA)、价值工程法等,本书将在后续章节选择一些进行简要介绍。

5. 并行设计中的管理技术

并行设计系统是一项复杂的人机工程,不仅涉及技术科学,还涉及管理科学。目前的企业组织机构是建立在产品开发的串行模式基础上的,并行设计的实施势必导致企业的机构设置、运行方式、管理手段发生较大的改变。具体结构形式如图2-19所示。

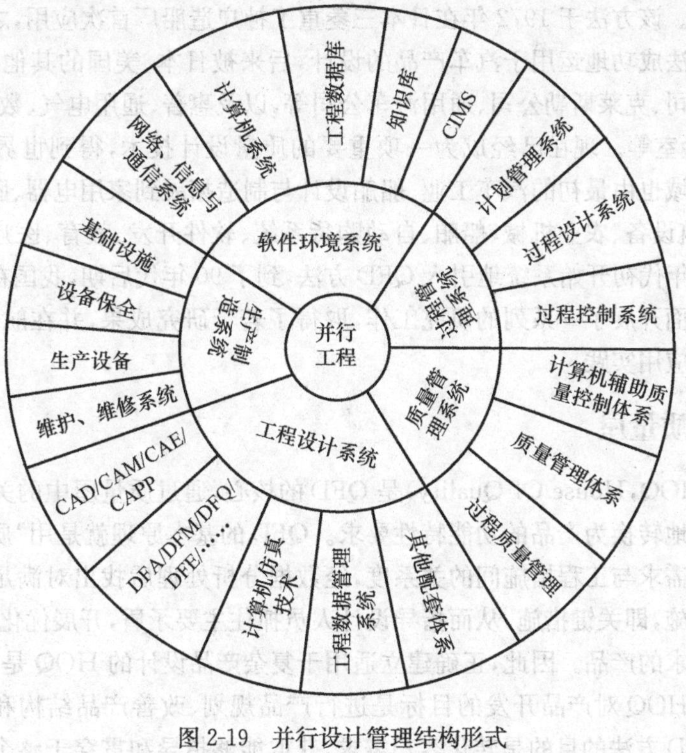
并行
工程
软件环境系统
过程管理系统
质量管理系统
工程设计系统
生产制造系统
工程数据库
知识库
CIMS
计划管理系统
过程设计系统
过程控制系统
计算机辅助质量控制体系
质量管理体系
过程质量管理
其他配套体系
工程数据管理系统
计算机仿真技术
DFA/DFM/DFQ/DFE/……
CAD/CAM/CAE/CAPP
维护、维修系统
生产设备
设备保全
基础设施
网络、信息与通信系统
计算机系统

图 2-19 并行设计管理结构形式

2.3 质量功能展开(QFD)

2.3.1 QFD 基本概念

质量功能展开(QFD,Quality Function Deployment),也称质量功能配置、质量机能展开、质量功能部署,既是一种在产品开发过程中最大限度地满足用户需求的系统化方法,也是一种在产品设计阶段进行质量保证的方法。该方法从质量保证的角度出发,通过一定的市场调查方法获取用户需求,并采用矩阵图解法将用户需求分解到产品开发的各个阶段和各职能部门中,通过协调各部门的工作以保证最终的产品质量,使得设计和制造的产品能真正地满足用户的需求。QFD 是一种系统方法,它将来自用户或市场的要求准确无误地转移到产品全生命周期每个阶段的有关技术和措施中。QFD 的主要目标是通过对产品的设计活动及设计过程实施系统的质量规划和控制,更有效地组织和实施产品设计,使产品更接近期望的目标——用户需求。QFD 被认为是并行工程环境下质量保证的基本方法,是 DFQ 的最有力的工具,也是企业全面质量管理与产品质量改进的有效方法,对提高产品质量、缩短开发周期、降低开发成本和提高用户满意度有极大帮助,使得产品能以最快的速度、最低的成本和最优的质量占领市场。

QFD 于 20 世纪 60 年代末至 70 年代初起源于日本的三菱重工,由日本质量管理大师赤尾洋二(Yoji Akao)和水野滋(Shigeru Mizuno)提出,旨在时刻确保产品设计满足用户需求和价值。该方法于1972年在日本三菱重工神户造船厂首次应用，之后丰田及其供应商又将该方法成功地运用于汽车产品的设计，后来被日本、美国的其他公司广泛采用，如福特汽车公司、克莱斯勒公司、通用汽车公司等，以及惠普、通用电气、数字设备公司、宝丽来、Bell实验室等。现在已经成为一项重要的质量设计技术，得到世界各国的普遍重视。其应用领域也由最初的汽车工业、船舶设计与制造拓展到家用电器、服装、集成电路、合成橡胶、建筑设备、农业机械、船舶、自动购货系统、软件开发、教育、医疗等领域。我国在20世纪90年代初开始系统地引入QFD方法，到了90年代后期，我国在QFD的理论、方法和应用方面开展了一系列的研究工作，取得了若干研究成果，并在航空、机械和教育等领域进行了应用实践。

2.3.2 质量屋

质量屋（HOQ，House Of Quality）是QFD的核心，通过质量屋中的关系矩阵能够将客户需求有效地转换为产品的功能特性要求。QFD的基本原理就是用“质量屋”的形式，量化分析用户需求与工程措施间的关系度，经数据分析处理后找出对满足用户需求贡献最大的工程措施，即关键措施，从而指导设计人员抓住主要矛盾，开展优化设计工作，开发出满足用户需求的产品。因此，正确建立适用于复杂产品设计的HOQ是QFD方法成功应用的关键。HOQ对产品开发的目标是进行产品规划、改善产品结构和开发新的产品系列，运用QFD方法的目的是转化客户需求，获取能够指导和贯穿于整个产品设计过程的设计信息。

质量功能配置的基本工具是“质量屋”。质量屋是由若干个矩阵组成的外形像一幢房屋的平面图形。利用一系列的相互关联的质量屋，可以将用户的需求最终转换成零件的制造过程。一个典型的质量屋由6个矩阵组成，如图2-20所示。

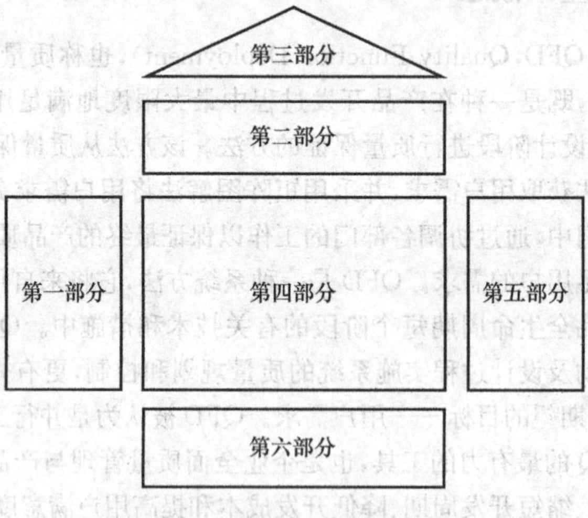
第三部分
第二部分
第一部分
第四部分
第五部分
第六部分

图2-20 HOQ的基本结构

第一部分是一个列矩阵，它反映了用户的需求，这些需求可以通过市场调研得到。第二部分是一个行矩阵，它反映了产品的工程特性。一个用户的需求可以对应几个工程特性，也就是说，可以用几个工程特性来满足用户的某一项需求。第三部分即屋顶，是一个三角形，它表示了各个工程特性之间的相互关系。它们之间的相互关系有 3 种形式：正相关、不相关和负相关。第四部分称为关系矩阵，它表示工程特性和用户需求之间的关系。这种关系也可分为 3 种形式：强相关、一般相关和弱相关。第五部分为市场评估矩阵，在这个矩阵中填写将要开发的产品的竞争能力评估数据（对于每项用户的需求），同时也有主要竞争对手产品的竞争能力评估数据。第六部分为技术和成本评估矩阵，矩阵中的数据都是相对于每项工程特性的。

用户的需求可以归纳为 5 个方面：完善实用的功能（Function）、尽可能短的交货时间（Time-to-Market）、高的质量（Quality）、低的价格（Cost）、优质的服务（Service）。质量屋不仅可以用于产品计划阶段，还可以应用在产品设计阶段（包括部件设计和零件设计）、工艺计划阶段、生产计划阶段和质量控制阶段。在设计阶段，它可以保证将用户的需求准确转换成产品定义（具有的功能，实现这些功能的机构和零件的形状、尺寸及公差等）；在生产准备阶段，它可以保证将反映用户需求的产品定义准确无误地转换为产品制造工艺过程；在生产加工阶段，它可以保证制造出的产品能满足用户的需求。这些阶段的质量屋连在一起，就构成一个完整的 QFD 系统。这样一个系统可以保证将用户的需求准确无误地转移成产品工程特性直至零部件的加工制造，最后取得功能实用、交货期短、质量优良、价格低的效果，从而大大增强产品的市场竞争力。

2.3.3 QFD 分解模型

HOQ 中的不同部分之间具有关联关系，如何构建这种关联关系与不同部分的属性或特性具有直接的联系，因此，QFD 分解就具有重要的意义。典型的 QFD 瀑布式分解模型如图 2-21 所示。

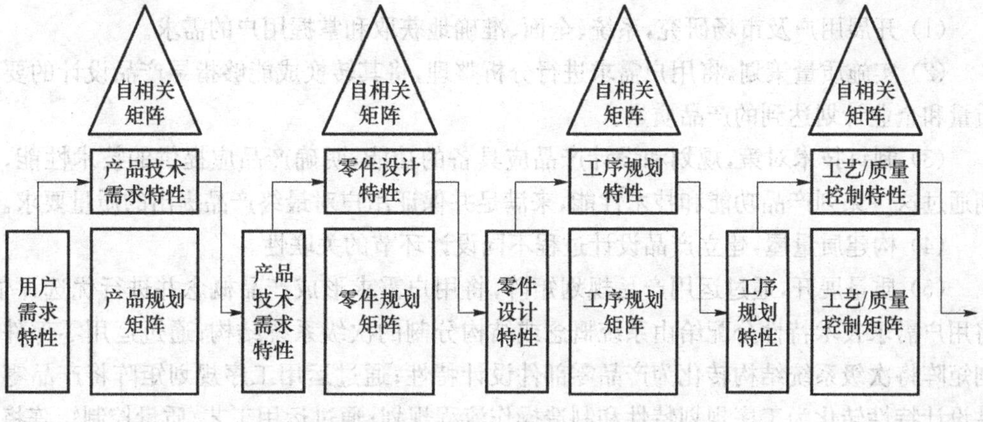

自相关矩阵
产品技术需求特性
用户需求特性
产品规划矩阵
自相关矩阵
零件设计特性
产品技术需求特性
零件规划矩阵
自相关矩阵
工序规划特性
零件设计特性
工序规划矩阵
自相关矩阵
工艺/质量控制特性
工序规划特性
工艺/质量控制矩阵

图 2-21　典型的 QFD 瀑布式分解模型

该模型按用户需求特性→产品技术需求特性→零件设计特性→工序规划特性→工艺/质量控制特性的方式进行分解，最终将需求特性分解为 4 个质量屋矩阵。类似地，采用上述的分解模式和过程，可以获得更多的质量屋矩阵。而在 QFD 分解的具体实施过程中，可以遵循一些基本的步骤。

(1) 确定用户需求:通过各种调研、统计分析方法获取用户需求,并将其进行有效的归纳、整理和分类。

(2) 产品规划:将用户需求转化为产品设计的技术需求特性,并结合用户需求的竞争性评估和技术需求的竞争性评估,确定不同技术需求特性的目标值。

(3) 产品设计方案生成:依据产品设计的技术需求特性,进行产品的概念设计和方案设计,并优选出一个最佳的产品整体设计方案。

(4) 零件规划:基于优选出的产品整体设计方案,并按照在产品规划矩阵所确定的产品技术特性需求,确定对产品整体组成有重要影响的关键部件子系统及零件的特性。

(5) 零件设计与工艺过程设计:基于零件设计特性参数进行产品零部件子系统的详细设计,选择好产品工艺实施方案,完成产品工艺过程设计,包括制造工艺和装配工艺。

(6) 工艺规划:基于产品工艺规划矩阵确定产品设计的关键工艺步骤和设计特性。

(7) 工艺质量控制:基于工艺/质量控制矩阵将工艺设计技术特性和相关参数转换为具体的工艺质量控制方法,包括控制参数、控制点、样本容量及检验方法等。

2.3.4 QFD 实施步骤

QFD 方法一般具有以用户为核心的新产品开发质量战略和理念、系统化和用户驱动式的产品设计方法、整体部署和综合优化为质量管理思想等的特征。QFD 的实施具有很多优势:能够有助于确定用户的需求特征,挖掘用户的需求信息并进行有效的转化分析,以便于更好地满足和开拓市场;能够关注产品设计、发展的各个环节,优化产品设计方案;缩短产品设计时间;减少产品设计变动;降低产品设计和制造成本;提高产品的质量等。但这些 QFD 的优越之处与 QFD 的正确实施有着紧密的联系,如何实施 QFD 是关键。

QFD 的实施步骤一般可从如下几个方面进行。

(1) 开展用户及市场研究,系统、全面、准确地获取和掌握用户的需求。

(2) 实施质量策划,将用户需求进行分析整理,将其转换成能够指导产品设计的要求质量和企业计划达到的产品质量。

(3) 制订技术对策,规划和设计产品应具备的功能,明确产品应提供的技术性能,以期通过这一系列产品功能和技术性能,来满足并保证用户对最终产品提出的质量要求。

(4) 构建质量屋,建立产品设计过程不同设计环节的关联性。

(5) 质量展开,通过运用产品规划矩阵,将用户需求形成产品概念并进行优选评估,将用户需求技术特性分配给由系统概念或结构分割的次级系统结构;通过运用零部件规划矩阵将次级系统结构转化为产品零部件设计特性;通过运用工序规划矩阵将产品零部件设计特性转化为工序规划特性和制造操作流程规划;通过运用工艺/质量控制矩阵将工序规划特性转化为工艺/质量控制特性。

(6) 质量职能展开,依次对产品开发过程的各活动进行质量职能配置或部署,依次确定产品设计及后续各阶段、各环节关键的质量职能,并进行严格的监控。

(7) 产品实现过程及产品质量形成过程的综合优化,实现产品形成过程和产品质量形成过程的最优化,并形成产品实现过程及产品质量形成过程的优化模型。

2.4　常用的评价与决策技术

2.4.1　层次分析法

层次分析法(AHP,Analytic Hierarchy Process)是一种将与决策总有关的元素分解成目标、准则、方案等层次,在此基础之上进行定性和定量分析的决策方法。AHP实施的基本思想是将一个复杂的多目标决策问题作为一个系统,将目标分解为多个目标或准则,进而分解为多指标(或准则、约束)的若干层次,通过定性指标模糊量化方法算出层次单排序(权数)和总排序,以作为目标(多指标)、多方案优化决策的系统方法。

AHP方法实施的一般步骤可描述如下:

(1) 针对产品设计决策问题,确定决策分析的目标层、准则层和方案层,获取相应的属性集或者指标集。

(2) 采用1~9比率标度进行专家判断打分,获得针对不同属性集或者指标集的判断矩阵 $\boldsymbol{A}$。其中

$$\boldsymbol{A}=\begin{bmatrix} a_{11} & a_{12} & \cdots & a_{1(n-1)} & a_{1n} \\ a_{21} & a_{22} & \cdots & a_{2(n-1)} & a_{2n} \\ \vdots & \vdots & \cdots & \vdots & \vdots \\ a_{(n-1)1} & a_{(n-1)2} & \cdots & a_{(n-1)(n-1)} & a_{(n-1)n} \\ a_{n1} & a_{n2} & \cdots & a_{n(n-1)} & a_{nn} \end{bmatrix}$$

式中,a_{ij} 表示属性或指标 i 对属性或指标 j 的相对重要程度,$1\leqslant i,j\leqslant n$,且满足 $a_{ii}=1$,$a_{ij}=1/a_{ji}$,a_{ij} 的取值采用1~9比率标度进行描述,其具体含义如表2-1所示。

表 2-1　AHP 评判 1~9 比率标度

比率标度 a_{ij}	内容与含义
1	指标 i 与指标 j 同等重要
3	指标 i 比指标 j 稍微重要
5	指标 i 比指标 j 明显重要
7	指标 i 比指标 j 十分重要
9	指标 i 比指标 j 极为重要
2,4,6,8	处于上述相邻状态之间
倒数	$a_{ij}=1/a_{ji}$

(3)在判断矩阵 $\boldsymbol{A}$ 的基础上进行列归一化处理,使得 $\bar{a}_{ij}=\dfrac{a_{ij}}{\sum\limits_{i=1}^{n}a_{ij}}$。

(4) 对归一化后的判断矩阵 $\boldsymbol{A}$ 的行向量元素进行和处理,获得行向量元素的均值 $\bar{w}_j=\sum\limits_{i=1}^{n}\bar{a}_{ij}$。

(5) 将$\bar{w}_j$ 进行归一化处理，$w_j=\bar{w}_j/\sum_{j=1}^{n}\bar{w}_j$，$\boldsymbol{w}=\{w_1,w_2,\cdots,w_{n-1},w_n\}^{\mathrm{T}}$ 即为所求特征向量。

(6) 获得判断矩阵 $\boldsymbol{A}$ 的最大特征根 $\lambda_{\max}=\sum_{j=1}^{n}\frac{(\boldsymbol{A}\boldsymbol{w})_j}{nw_j}$。

(7) 进行判断矩阵 $\boldsymbol{A}$ 的一致性检验，即一致性指标 $\mathrm{CI}=\frac{\lambda_{\max}-n}{n-1}$，一致性比率 $\mathrm{CR}=\frac{\mathrm{CI}}{\mathrm{RI}}$，其中，一致性指标 RI 的值可查表 2-2 获取。

表 2-2　一致性指标 RI 的值选取

阶数 n	1	2	3	4	5	6	7	8	9	10	11
RI	0	0	0.58	0.90	1.12	1.24	1.32	1.41	1.45	1.49	1.51

(8) 一致性比率检验，若满足 $\mathrm{CR}<0.1$，说明判断矩阵 $\boldsymbol{A}$ 具有较好的一致性；若 $\mathrm{CR}\geqslant 0.1$，需要对判断矩阵 $\boldsymbol{A}$ 进行适当的调整。

(9) 假设进行决策分析或者优化分析的层次数为 K，则最终计算得到的决策或者优选方案的优先次序的组合权重为 $\boldsymbol{w}=\prod_{k=1}^{K}\boldsymbol{w}^k$。

AHP 方法在进行多属性决策分析时，其一些优点比较明显：①AHP 方法是一种系统性的分析方法，能够在决策分析过程中不割断各个因素对结果的影响，而且在每个层次中的每个因素对结果的影响程度都是量化的，非常清晰、明确。②AHP 方法计算简单、实用，既不单纯追求高深数学，又不片面地注重行为、逻辑、推理，而是把定性方法与定量方法有机结合起来，使复杂的系统分解，将人们的思维过程数学化、系统化，便于人们接受，且能把多目标、多准则又难以全部量化处理的决策问题化为多层次单目标问题，通过两两比较确定同一层次元素相对上一层次元素的数量关系后，最后进行简单的数学运算获得决策与优选结果。③所需定量数据信息较少，AHP 方法从评价者对评价问题的本质、要素的理解出发，比一般的定量方法更讲求定性的分析和判断，往往能够处理一些优化方法和技术无法处理的问题。但同时，AHP 方法的缺点也比较明显，如：①层次分析法只能从原有方案中进行选取，而不能为决策者提供解决问题的新方案；②由于定性的描述较多、定量数据较少，导致其主观性较强，客观性较差；③可调节性较差，特别是当评价属性或者指标数量较多时，判断矩阵的一致性比较难以协调，而且基于判断矩阵往往也不知是哪一个或者哪些因素导致一致性不符合要求；④对于多阶的 AHP 方法的判断矩阵，其特征值和特征向量的精确求法比较复杂，不过，随着计算数学的不断发展，这方面的劣势已不太明显。

2.4.2　熵权法

熵是热力学中对系统混乱度或无序度进行度量的一个物理概念。熵的大小表示系统所带信息量的多少，熵越大表示系统携带的信息越少、系统越混乱，熵越小表示系统携带的信息越多、系统越有序。信息熵借鉴了热力学中熵的概念，对事件信息量的期望进行描

述，其信息熵的公式可以描述为

$$E=\sum(\text{事件发生概率})\times(\text{事件包含的信息量})$$

事件包含的信息量与事件发生的概率 P 有关，采用不确定性函数可进行信息量的计算，即

$$I=\log\left(\frac{1}{P}\right)=-\log(P)$$

式中对数一般取 2 为底数，但也可以取其他对数底数，它们之间可用换底公式进行换算。该公式的应用一方面可以保证事件包含的信息量是事件发生概率 P 的单调递减函数，另一方面可以保证两个独立事件所产生的不确定性应等于各自不确定性之和，即信息量具有可加性。由此，信息熵的计算公式可以写成

$$E=-\sum_{i=1}^{n}P_i\cdot\log P_i$$

式中，n 表示独立事件个数，P_i 表示事件 i 发生的概率。

因而，根据信息论基本原理的解释，信息熵可用于复杂系统的决策分析中，可以用信息熵值来判断复杂系统某个指标的离散程度。如果该决策指标的信息熵越小，则该指标提供的信息量越大，在综合决策分析中所起作用越大，权重就应该越高。相反地，如果该决策指标的信息熵越大，则该指标提供的信息量越小，在综合决策分析中所起作用越小，权重就应该越小。

熵权法实施的一般步骤可描述如下：

(1) 确定决策分析对象集合 $S=\{s_i\}$ 和决策分析指标集合 $R=\{r_j\}$，以及决策分析对象 s_i 关于决策分析指标 r_j 的量值 x_{ij}，形成初始数据矩阵 $\boldsymbol{X}$

$$\boldsymbol{X}=\begin{bmatrix} x_{11} & x_{12} & \cdots & x_{1(n-1)} & x_{1n} \\ x_{21} & x_{22} & \cdots & x_{2(n-1)} & x_{2n} \\ \vdots & \vdots & \cdots & \vdots & \vdots \\ x_{(m-1)1} & x_{(m-1)2} & \cdots & x_{(m-1)(n-1)} & x_{(m-1)n} \\ x_{m1} & x_{m2} & \cdots & x_{m(n-1)} & x_{mn} \end{bmatrix}$$

(2) 对初始数据矩阵 $\boldsymbol{X}$ 进行无量纲处理，使得所有决策分析指标具有统一的度量标准。决策分析指标一般分为两种类型：成本型指标和效益型指标。

成本型指标属于越小越好型的指标，其无量纲化表示为

$$v_{ij}=\frac{\max\limits_{1\leqslant i\leqslant m}(x_{ij})-x_{ij}}{\max\limits_{1\leqslant i\leqslant m}(x_{ij})-\min\limits_{1\leqslant i\leqslant m}(x_{ij})}$$

效益型指标属于越大越好型的指标，其无量纲化表示为

$$v_{ij}=\frac{x_{ij}-\min\limits_{1\leqslant i\leqslant m}(x_{ij})}{\max\limits_{1\leqslant i\leqslant m}(x_{ij})-\min\limits_{1\leqslant i\leqslant m}(x_{ij})}$$

由此获得无量纲化的数据矩阵 $\boldsymbol{V}$

$$V=\begin{bmatrix} v_{11} & v_{12} & \cdots & v_{1(n-1)} & v_{1n} \\ v_{21} & v_{22} & \cdots & v_{2(n-1)} & v_{2n} \\ \vdots & \vdots & \cdots & \vdots & \vdots \\ v_{(m-1)1} & v_{(m-1)2} & \cdots & v_{(m-1)(n-1)} & v_{(m-1)n} \\ v_{m1} & v_{m2} & \cdots & v_{m(n-1)} & v_{mn} \end{bmatrix}$$

(3) 获取决策分析对象 s_i 关于决策分析指标 r_j 的特征比重

$$P_{ij}=\frac{v_{ij}}{\sum_{i=1}^{m} v_{ij}}$$

(4) 获取决策分析指标 r_j 的信息熵值

$$E_j=-1/\ln(m)\sum_{i=1}^{m} P_{ij}\cdot \ln P_{ij}$$

(5) 获取决策分析指标 r_j 的差异系数

$$D_j=1-E_j$$

差异系数 D_j 的引入能够表示信息量的大小，差异系数 D_j 越大，决策分析指标 r_j 提供的信息量越多，其所占的权重就越大。反之，差异系数 D_j 越小，决策分析指标 r_j 提供的信息量越小，其所占的权重就越小。

(6) 获取决策分析指标 r_j 的权重

$$W_j=D_j/\sum_{j=1}^{n} D_j$$

(7) 获取决策分析对象 s_i 的决策分析结果

$$\phi_i=\sum_{j=1}^{n} W_j\cdot P_{ij}$$

采用熵权法进行复杂系统决策分析与评价具有自身的一些优点，如：①能够深刻反映出决策分析与评价指标的区分能力；②由于是基于客观信息进行的决策分析，因此是一种客观赋权法，对比一些主观赋权法具有较高的可信度和精确度；③计算过程较简单，物理意义明确。但采用熵权法进行复杂系统决策分析与评价也具有一些局限性，如：①未能有效考虑不同决策分析与评价指标之间的关系和影响，如相关性、层级性等，智能性有待提升；②决策分析与评价指标权重需要一定的业务经验指导；③决策分析与评价指标权重需要一定数量的样本支持，并且会随着建模样本的变化而有所波动。

2.4.3 模糊综合评价法

通常，机械产品的设计方案存在较多评价指标，各评价指标的相对重要性各不相同，且有时所涉及的评价指标会具有模糊性，如经济性、安全性等，这类评价指标无法进行定量的分析。传统评价方法如试验评价法、经验评价法等对多指标的总体评价也都存在着一定的不足。试验评价法不仅需要的评价周期较长，而且评价费用、成本也会随之增高；经验评价法对产品设计方案只能给出定性的评价，无法客观地考虑多个评价指标的综合影响，并且其影响程度随着评价目的的改变而变化，这种方法虽然较易实施，但主观性较大并且评价不全面。

模糊综合评价法是模糊评价的一种，主要针对具有多属性，且有的属性具有模糊性的评价对象。由于这种评价对象的属性较多，所以评价时需要兼顾对象的各个方面，对其作出整体的评价。一个模糊综合评价的实例通常由 5 个部分组成：被评价对象、评价对象的评价指标、评价指标的权重系数、评价时采用的数学模型以及评价者。其一般步骤如下：

(1) 确定模糊评价分析对象的方案集。

(2) 确定评价指标选取原则，根据模糊评价分析对象的实际问题建立模糊评价指标体系。

(3) 获取模糊评价分析对象的初始数据，对模糊评价指标体系下的评价指标进行规范化处理，使其具有统一的量纲。

(4) 采用合适的权重分配方法对模糊评价指标体系下各个层级的评价指标进行权重分配。

(5) 建立模糊评价分析的计算模型。

(6) 基于模糊评价指标体系的层次性结构，对不同层次的评价指标进行综合加权分析，获取最终计算结果。

(7) 根据最终的计算结果进行评价对象的优选分析。

在模糊综合评价法实施的过程中，建立模糊评价分析的计算模型是其中十分重要的一个环节。通常情况下可以采用两种方式建立计算模型，一种是基于模糊隶属函数，一种是基于模糊距离。若评价指标能够有效地建立对应的模糊隶属函数，则可代入不同评价对象关于评价指标的量值，继而获得评价对象关于评价指标的模糊隶属度。若评价指标不能够有效地建立对应的模糊隶属函数，可考虑采用模糊距离的形式进行分析，即若存在两个模糊区间数

$$A=[a^L,a^R],a^L\leqslant a^R,B=[b^L,b^R],b^L\leqslant b^R$$

则两者的模糊距离为

$$D_p(A,B)=[|a^L-b^L|^p+|a^R-b^R|^p]^{1/p}/\sqrt[p]{2}$$

特别地，若 $p=1$ 时，模糊距离为海明距离

$$D_1(A,B)=[|a^L-b^L|+|a^R-b^R|]/2$$

若 $p=2$ 时，模糊距离为欧氏距离

$$D_2(A,B)=[|a^L-b^L|^2+|a^R-b^R|^2]^{1/2}/\sqrt{2}$$

2.4.4 灰色关联决策分析法

灰色系统理论针对处理信息贫乏的情况，能在信息不足、缺少资料的处境下建模、预测和决策。它建立在对客观数据的分析上，实际上是用灰数的白化数进行分析，对数据本

身的精确性不敏感,因此在方案决策中具有较好的实用价值。灰色系统理论提出了对各子系统进行灰色关联决策分析的概念,意图透过一定的方法,来寻求系统中各子系统(或因素)之间的数值关系。灰色关联决策分析用于态势变化分析,基本思路是依据各个线条形状的相似程度,来推断它们之间的关系是否密切。关联性实质上是曲线几何形状的差别,几何形状越相似,则相应成员之间关系就越密切,变化趋势越接近,关联程度越大,相反则越疏远,关联程度越小。

灰色关联决策分析法实施的一般步骤可描述如下:

(1) 确定灰色关联分析对象的方案集。

(2) 确定评价指标选取原则,根据灰色关联分析对象的实际问题建立评价指标体系。

(3) 获取灰色关联分析对象的初始数据,对评价指标体系下的评价指标进行规范化处理,使其具有统一的量纲。

(4) 采用合适的权重分配方法对评价指标体系下各个层级的评价指标进行权重分配。

(5) 确定面向评价方案集的灰色关联分析的灰色参考数列和灰色比较数列。灰色参考数列是反映系统行为特征的数据序列,灰色比较数列是影响系统行为的因素组成的数据序列。

(6) 获取灰色参考数列与灰色比较数列之间的灰色关联系数 ξ_{ij},即

$$\xi_{ij}=\frac{\min\limits_i\min\limits_j|x_{oj}-x_{ij}|+\rho\cdot\max\limits_i\max\limits_j|x_{oj}-x_{ij}|}{|x_{oj}-x_{ij}|+\rho\cdot\max\limits_i\max\limits_j|x_{oj}-x_{ij}|}$$

式中,x_{oj} 为灰色参考数列关于评价指标 j 的量值,x_{ij} 为灰色比较数列 i 关于评价指标 j 的量值,ρ 为分辨系数,一般情况下取 $\rho=0.5$。

(7) 灰色关联系数是灰色比较数列与灰色参考数列在各个分散时刻的关联程度值,所以不止一个。由于灰色信息过于分散,不便于进行整体性比较,所以需要将各个时刻的灰色关联系数集中为一个值,作为灰色比较数列与灰色参考数列之间关联程度的数量表示,即灰色关联度。获取灰色参考数列与灰色比较数列之间的灰色关联度 δ_i,即

$$\delta_i=\sum_{j=1}^{n}w_j\cdot\xi_{ij}$$

式中,w_j 为评价指标 j 的权重。

特别地,若所有的权重相同,评价指标个数为 n,则灰色关联度 δ_i 又可以表示成

$$\delta_i=\frac{1}{n}\cdot\sum_{j=1}^{n}\xi_{ij}$$

(8) 基于评价指标体系的层次性结构,对不同层次的评价指标进行综合加权分析,获取最终的加权综合灰色关联度。

(9) 基于灰色关联度进行评价对象的优选决策分析。

2.5 工程应用案例

2.5.1 案例1：并行工程在汽车制造领域的应用

一般来讲，汽车整车产品开发共有4个大的阶段，即策划阶段、设计阶段、样品试制阶段和小批试制阶段。传统的汽车设计与制造一般采用的是经典的串行设计模式，即将汽车产品方案设计、初步设计、详细设计、加工制造与试验试制等设计阶段按照顺序的方式进行，这种设计模式使得整车产品设计的周期大概持续34周左右的时间。以某公司汽车产品设计过程为例，其串行设计过程如图2-22所示。

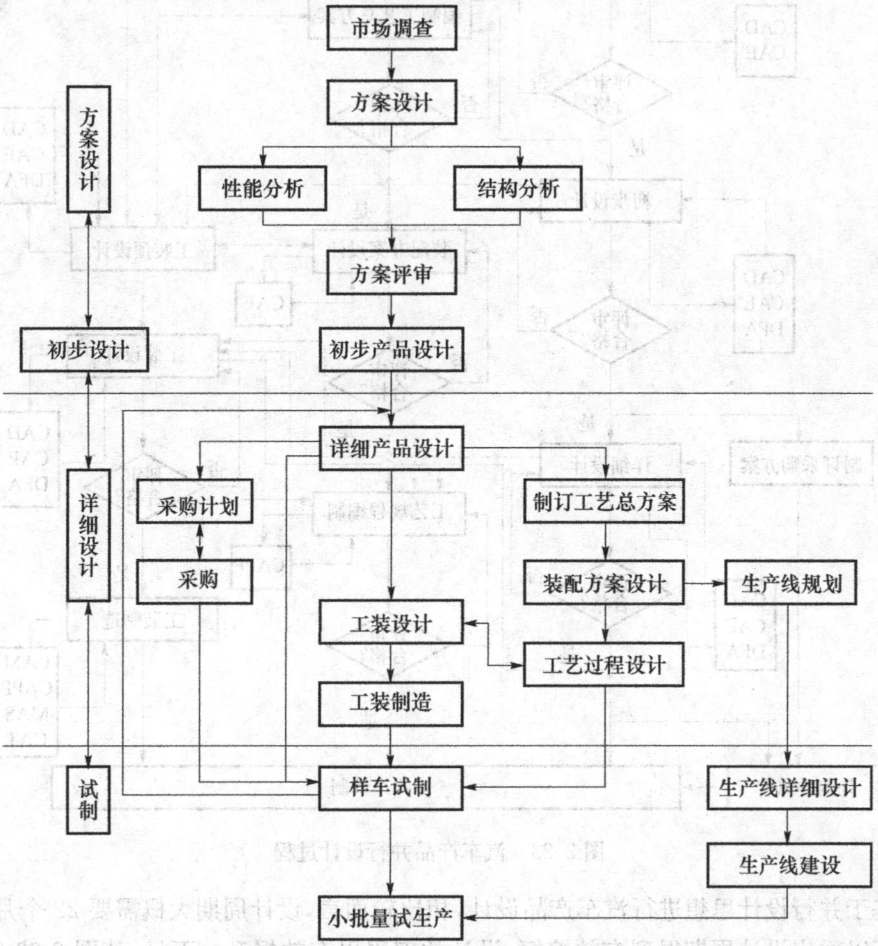

市场调查
方案设计
方案设计
性能分析
结构分析
方案评审
初步设计
初步产品设计
详细产品设计
详细设计
采购计划
采购
制订工艺总方案
装配方案设计
生产线规划
工装设计
工艺过程设计
工装制造
试制
样车试制
生产线详细设计
生产线建设
小批量试生产

图2-22 汽车产品串行设计过程

从图2-22可以看出，汽车产品串行设计模式使得与汽车产品相关的信息主体只能实现单向传递，产品下游开发环节的互反馈常常是大跨度的，容易造成大返工。而且，由于汽车产品开发过程没有进行统一管理，汽车产品设计的整个开发过程无法进行有效统一管理，其产品开发的各个环节中的设计活动难以做到一致性和规范化，设计工作变得比较烦琐，并且往往设计的协调工作难以有效实施，导致设计风险性增加，设计周期加长，设计效率降低，设计质量受到一定的影响，特别是对产品的市场竞争力产生了很大的影响。为了增强企业的竞争能力，使设计、试制周期越来越短，在汽车产品开发的早期阶段解决下游设计可能存在的问题越发显得重要，为此，该公司对原有的串行设计模式进行了改进，引入了并行设计思想，其并行设计框架如图 2-23 所示。

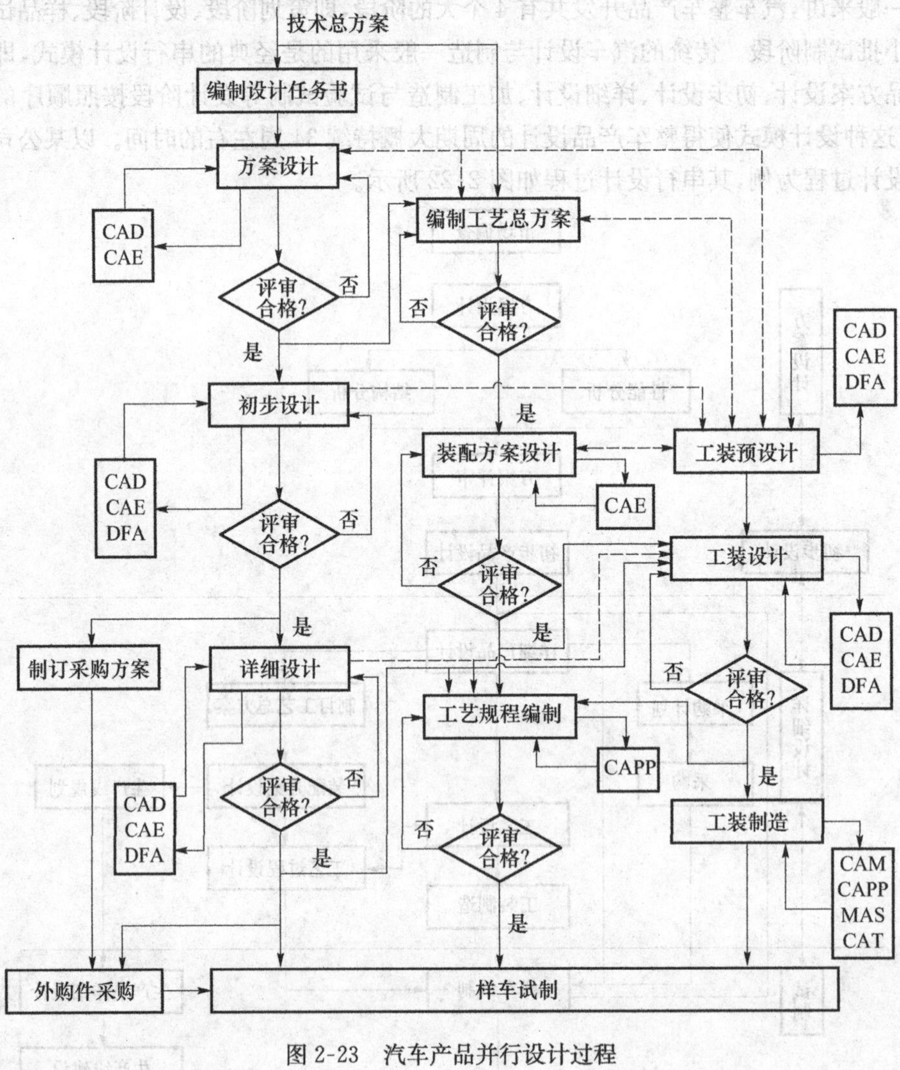

技术总方案
编制设计任务书
方案设计
CAD
CAE
编制工艺总方案
评审
合格?
否
是
初步设计
CAD
CAE
DFA
装配方案设计
工装预设计
CAE
工装设计
制订采购方案
详细设计
工艺规程编制
CAPP
工装制造
CAM
CAPP
MAS
CAT
外购件采购
样车试制

图 2-23　汽车产品并行设计过程

基于并行设计思想进行汽车产品设计，相比较而言，设计周期大概需要 22 个月左右，由此可以看出设计周期得到有效缩短，设计效率得以有效提升。而且，从图 2-23 给出的汽车产品并行设计过程也可以看出，汽车整车设计将产品方案设计、初步设计、详细设计、加工制造与试验试制等设计阶段进行了并行交叉式的开展，并且在此过程中融入了 CAD、CAE、CAT、CAPP、DFA、MAS 等关键技术，在产品开发的早期阶段就充分了解产品的性能、结构以及车身覆盖件和车架等零部件的可制造性问题，以及产品加工、装配和工艺等问题，提高设计一次成功的可能性，精简了设计过程，使制造系统与产品开发设计不构成大循环，从而缩短开发周期，提高产品质量。

2.5.2 案例2：并行工程在飞机装配领域的应用

飞机装配工艺设计和工装的设计是飞机研制的重要步骤。飞机装配工艺设计和工装设计处于串行工作模式，周期长、效率低，大大延长了飞机的研发周期。为了能够缩短装配周期、提高装配效率、保证装配质量，开发面向并行设计的飞机装配信息交流平台具有十分重要的意义。飞机制造和一般装备产品制造大大不同，飞机的零部件尺寸大、刚度小，装配时往往需要通过定位才能保证装配精度。同时，由于装配复杂、步骤繁多、涉及的零部件和工装也很多，飞机装配还需要制订详细完整的装配工艺路线来确定具体的定位和夹紧方法，才能保证装配结果满足要求。其装配工艺路线的制订，由装配工艺部门设计完成，具体装配工艺路线由装配过程的工序、工位，再细分到站位、AO等组成。需要进行装配工艺路线规划的主要有：装配前的各项准备工作（工装资源等），从子装配到总装的装配方案，各装配元素如何进行定位、夹紧和连接，一些协调互换件的精加工，以及在初步装配完成后，对装配元素进行调整、对一些可活动部件进行试验，对装配体、装配现场进行清洁等工作。

飞机装配工装的具体设计工作由工装部门完成。飞机装配中，工装是完成装配工作必不可少的工具，工人使用装配工装对各级装配中的装配元素进行定位和夹紧，完成从子装配到总装配的整个装配工作。在飞机装配过程中，飞机装配工装可以有效约束尺寸大、刚性低的飞机零部件，使其保持较高的几何准确度与位置准确度，因此使用设计合理的工装能够有效保证飞机制造的质量和总体效率，同时也提高了飞机的互换协调性。基于上述的分析及设计需求，我国某设计团队对面向飞机装配设计的并行设计框架进行了研究和分析，其相关结构框架如图2-24所示。

在确定面向飞机装配设计的并行设计框架后，通过融入CAD、DFA、PDM、网络技术、通信技术、计算机技术等关键技术与方法，可以开发出相应的面向飞机装配设计的并行设计功能模块，如客户权限与角色管理模块、工装订货单的维护模块、工装设计方案的管理模块、工装非几何信息文件的管理模块等，从而有效地支持面向飞机装配设计的产品开发工作，提升产品设计竞争能力。

2.5.3 其他并行工程应用案例分析

并行工程在美国、德国、日本等一些国家中已得到广泛应用，包括汽车、飞机、计算机、机械、电子等行业。例如，美国弗吉尼亚大学并行工程研究中心开发新型飞机，使机翼的开发周期缩短了60%（由以往的约18个月减至约7个月）；美国HP公司设计制造的54600型100MHz波段示波器，研制周期缩短了1/3；美国波音公司在1994年向全世界宣布，波音777飞机采用并行工程的方法，大量使用CAD/CAM技术，实现了无纸化生产，试飞一次成功，并且比按传统方法生产节约时间近50%。

同时，并行工程在非制造领域也有着典型的应用。现代高技术局部战争随着战争战略企图的变化，作战中仅仅依靠单一兵种或作战手段难以实现预期的战略目的，战争行动

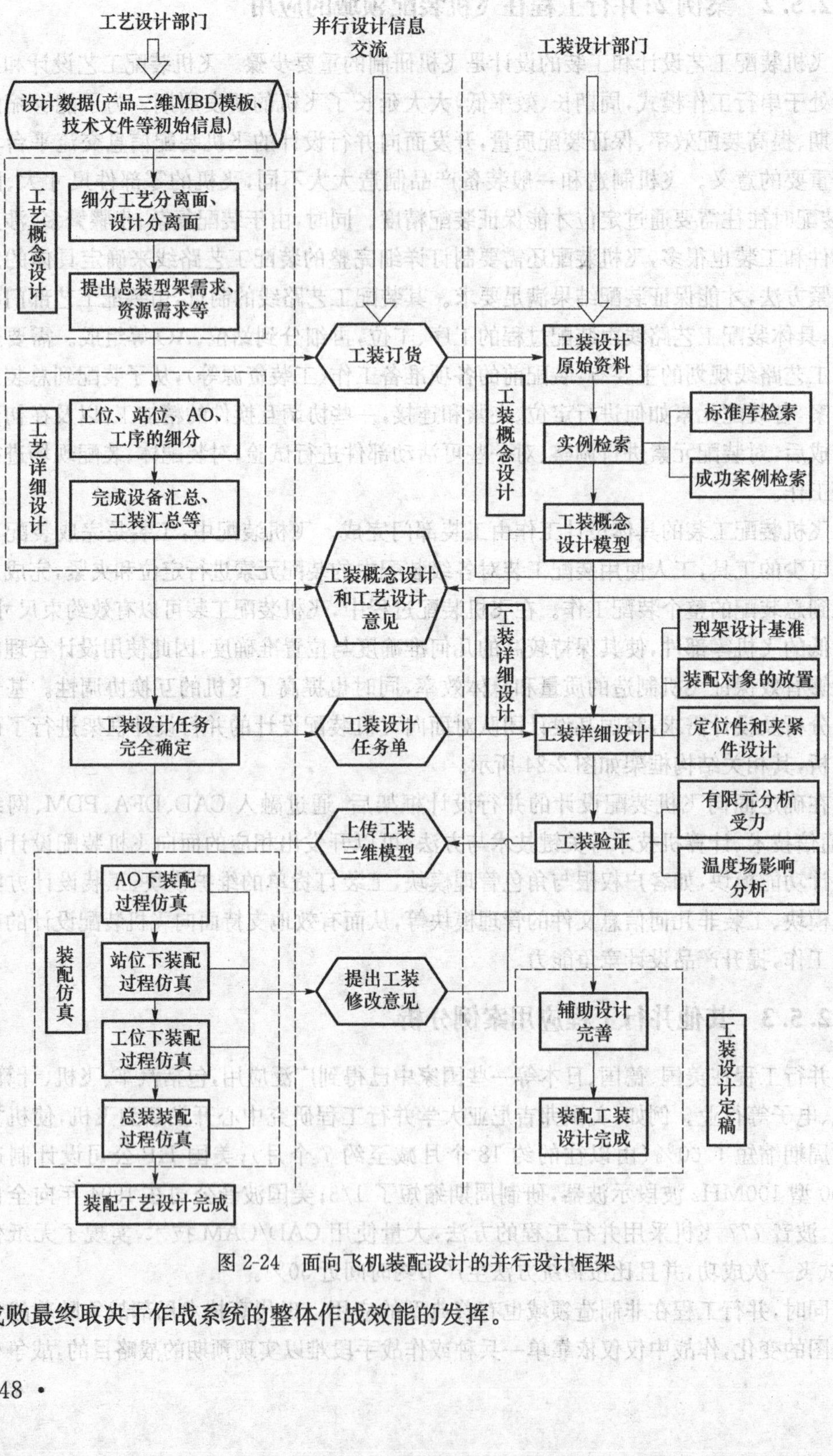
工艺设计部门
并行设计信息交流
工装设计部门
设计数据(产品三维MBD模板、技术文件等初始信息)
工艺概念设计
细分工艺分离面、设计分离面
提出总装型架需求、资源需求等
工装订货
工装设计原始资料
工艺详细设计
工位、站位、AO、工序的细分
工装概念设计
标准库检索
实例检索
成功案例检索
完成设备汇总、工装汇总等
工装概念设计模型
工装概念设计和工艺设计意见
工装详细设计
型架设计基准
装配对象的放置
工装设计任务完全确定
工装设计任务单
工装详细设计
定位件和夹紧件设计
有限元分析受力
上传工装三维模型
工装验证
温度场影响分析
AO下装配过程仿真
装配仿真
站位下装配过程仿真
提出工装修改意见
辅助设计完善
工位下装配过程仿真
工装设计定稿
总装装配过程仿真
装配工装设计完成
装配工艺设计完成

图 2-24 面向飞机装配设计的并行设计框架

的成败最终取决于作战系统的整体作战效能的发挥。

2.6 展 望

通过前面的分析可知，并行工程的实施具有能够缩短产品投放市场的时间、降低产品设计制造成本、提高产品质量、增强产品功能的实用性等众多优点，但也应该注意到的是，并行工程在产品设计中需要考虑后续工作从而增加了当前设计工作的难度、支持并行工程的主模型还未统一、并行设计工程数据库还没有完全成型等不足和局限之处。因此，随着计算机技术、网络技术、通信技术、管理技术、人工智能等众多先进技术的发展、应用和实施，并行工程的应用和发展将更加广阔，而且并行工程领域还将涌现出一系列的研究热点，如：

(1) 并行工程基础理论的研究：主要包括概念设计模型、并行设计理论、鲁棒设计及支持产品开发全过程的模型研究。

(2) 制造环境建模：在并行工程中产品的设计阶段就考虑制造因素，使得产品设计和工艺设计同时进行。

(3) 面向并行工程的 CAPP：传统的 CAPP 不具备与产品设计并行交互的能力，不能对产品或零件进行可制造性评价并反馈结果，为实现计算机辅助并行工程，面向并行工程的 CAPP 是关键。

(4) DFX：在这一领域中，主要集中于 DFM 和 DFA 这两个方向上。

(5) 并行工程集成框架：所谓集成框架，就是使企业内的各类应用实现信息集成、功能集成和过程集成的软件系统。并行工程集成框架主要包括基于思想模型的辅助决策系统、支持多功能小组的多媒体会议系统、计算机辅助冲突解决的协调系统等。

(6) 冲突消解及知识协同处理：在并行工程中产品的早期设计阶段能够得到的信息大多是模糊的、不确定的，运用经典数学方法来处理不能真实地反映客观世界的现实，具有很大的局限性。模糊集理论在处理定性和模糊的知识方面显示了强大的生命力，因此将模糊集理论应用于并行工程中的知识协同处理将取得良好的效果。

(7) 面向并行工程企业的体系结构和组织机制：主要包括人的集成（客户、设计者、制造者和管理者），企业各部门功能集成、信息集成及设计、制造工具集成。

(8) 并行工程中产品开发过程的管理。

(9) 仿真技术在企业各部门及产品开发过程中的应用。

(10) 质量工程的研究：主要包括田口（Taguchi）方法、全面质量管理（TQC）及质量功能配置（QFD）。

第3章　发明问题解决理论(TRIZ)

创新是产品保持核心竞争力的重要保障和手段,是一个国家发展的动力源泉。未来的竞争是创新的竞争。在科学技术快速发展的21世纪,创新设计能力是产品设计、制造能力的根本体现。然而,矛盾或者冲突普遍存在于各种产品的设计之中,特别是在复杂产品创新设计过程中,无论是功能创新、原理创新还是结构创新,往往会存在一些模糊的、不确定性的、不完备性的设计信息、设计约束、设计条件等,这使得设计矛盾问题、设计冲突问题、设计不相容问题等不断涌现出来。采用传统的设计折中方法,虽然能够获得相应的产品设计方案,但是该方案往往是一个折中方案,仅仅是降低了设计冲突的程度,而设计冲突、设计矛盾问题并没有得到根本性的解决。TRIZ理论揭示了创造发明的内在规律和原理,该理论认为产品创新的标志是解决或移走设计中的冲突,因此,其着力于澄清和强调系统中存在的矛盾并完全解决矛盾,产生新的有竞争力的理想解。它不是采取折中或者妥协的做法,不再是随机的行为,而是基于技术的发展演化规律,研究整个设计与开发过程。学习和掌握TRIZ理论有助于提升设计人员在设计过程中不断发现并解决设计矛盾与冲突的能力,增强设计人员的创新能力,这也是推动产品进化的源动力。

3.1　TRIZ理论发展概况

3.1.1　TRIZ理论来源

TRIZ是俄文теории решения изобретательских задач的英文音译Teoriya Resheniya Izobreatatelskikh Zadatch的缩写。TRIZ意译为发明问题解决理论,其英文全称是Theory of the Solution of Inventive Problems。TRIZ是由苏联发明家、数学家、科幻小说家根里奇·阿奇舒勒于1946年创立的。

根里奇·阿奇舒勒1926年出生,14岁时申请过专利,第二次世界大战期间在专利机构工作,从1946年起因一项成功的专利被安排在海军专利局工作,他分析了不同工程领域中250万个发明专利,从中研究人类进行发明创造、解决技术难题过程中所遵循的科学原理和法则。1948年,他被流放到西伯利亚,并在那里接触了许多工程师和科学家,通过对TRIZ相关理论及实践应用的深入思考,渐渐形成了TRIZ的基本格局。1956年,他提出专利按技术水平可分为5级。1969年,他提出专利中解决的问题只涉及39个技术参数之间的矛盾,可应用40个发明原理中的若干项来解决。由于当时的苏联政府发现了这套理论的价值,就将其视为国家财富而没有对外进行宣传和传播。苏联解体后,根里奇·阿奇舒勒的学生以及很多TRIZ专家移居到了欧美地区,TRIZ获得了新的生命力,受到质量工程界、产品开发人员和管理人员的高度重视。很多世界级的大公司利用TRIZ理论进行产品创新研究，取得了很好的效果。同时，很多西方国家的高等学校为本科生开设了TRIZ课程，用于培养学生的创新思维。我国对TRIZ理论的研究与应用主要集中在教育和工程技术领域，虽然关于TRIZ理论的研究起步比较晚，但针对TRIZ理论的研究以及工程实践应用的发展趋势很好。特别是自2008年我国科技部成立了创新方法研究会以来，TRIZ受到了国内各个行业的密切关注。

3.1.2 TRIZ理论的发展历程

TRIZ理论的发展历程可用两条S曲线图形象地表达，如图3-1所示。

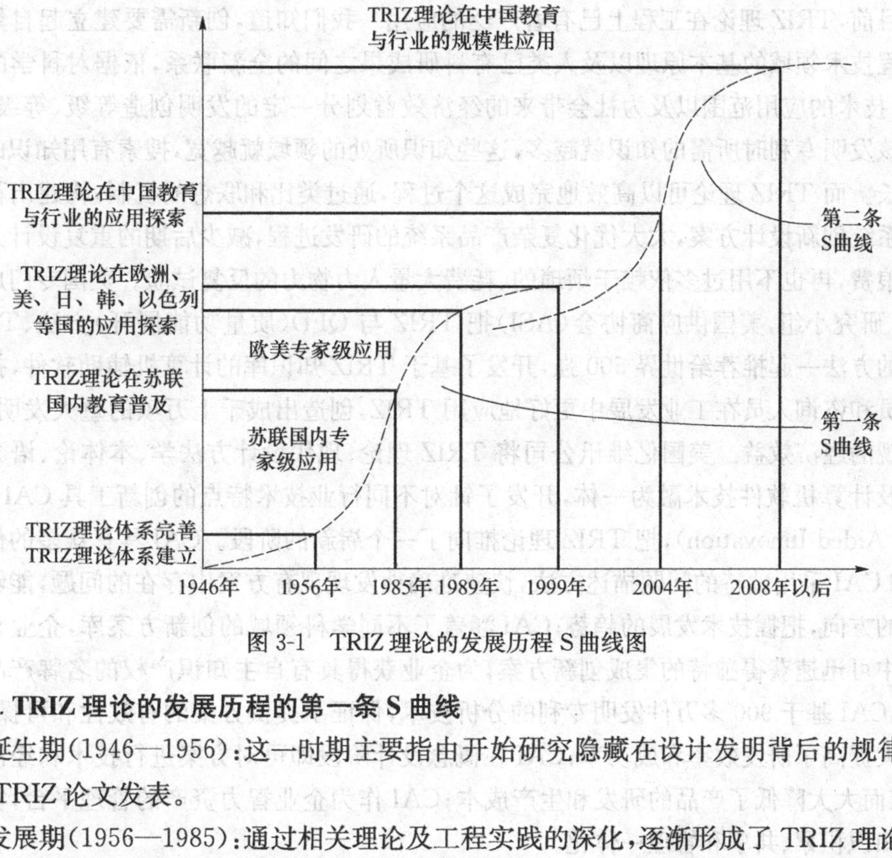
TRIZ理论在中国教育与行业的规模性应用
TRIZ理论在中国教育与行业的应用探索
TRIZ理论在欧洲、美、日、韩、以色列等国的应用探索
欧美专家级应用
TRIZ理论在苏联国内教育普及
苏联国内专家级应用
TRIZ理论体系完善
TRIZ理论体系建立
第二条S曲线
第一条S曲线
1946年
1956年
1985年
1989年
1999年
2004年
2008年以后

图3-1 TRIZ理论的发展历程S曲线图

1. TRIZ理论的发展历程的第一条S曲线

诞生期(1946—1956)：这一时期主要指由开始研究隐藏在设计发明背后的规律至第一篇TRIZ论文发表。

发展期(1956—1985)：通过相关理论及工程实践的深化，逐渐形成了TRIZ理论的基本框架，特别是问题规则系统新版本的发布(TRIZ-85)更是标志着TRIZ理论体系建立与完善。而且，TRIZ理论开始从苏联国内专家级研究应用走向教育普及，在各类学校中开设了相关的培训课程。

成熟期(1985—1989)：苏联TRIZ协会成立，并且第一个TRIZ软件被开发出来，TRIZ理论与其他理论方法相结合的研究逐渐成为研究的关注点。

1989年以后，TRIZ理论开始走向世界，进入了快速发展的推广期。

2. TRIZ理论的发展历程的第二条S曲线

1993年TRIZ理论正式进入美国，1999年美国阿列舒列尔TRIZ研究院和欧洲TRIZ协会相继成立。伴随着TRIZ理论在欧美大规模研究和应用的兴起，TRIZ理论的发展进入一个新的进化阶段，即第二条S曲线。

1999—2004年，TRIZ理论在欧洲、美、日、韩、以色列等从专家级研究发展到大规模行业应用探索，并开始走向教育普及，而且，TRIZ理论在发展中不断吸收当代产品研发与设计创新的最新成果，并积极尝试建立基于TRIZ的技术创新理论体系。

2004年，TRIZ理论国际认证开始进入中国，并在中国进行教育与行业应用探索。从2008年至今，中国逐渐在教育与行业应用领域中进行TRIZ理论的推广与应用，很多高校开始开设相关课程，许多研究机构开始进行TRIZ理论的培训工作，同时，TRIZ理论也开始在工程上进行了应用。

目前，TRIZ理论在工程上已有着广泛的应用。我们知道，创新需要建立起自然科学和工程技术领域的基本原理以及人类已有科研成果之间的全新联系，依据对科学的贡献程度、技术的应用范围以及为社会带来的经济效益划分一定的发明创造等级，等级越高，获得该发明专利时所需的知识就越多，这些知识所处的领域就越宽，搜索有用知识的时间就越长。而TRIZ理论可以高效地完成这个过程，通过类比和联想的机制，构建出科学的产品系统创新设计方案，大大优化复杂产品系统的研发进程，减少后期的重复设计开发和资源浪费，再也不用过多依赖于烦琐的、耗费大量人力物力的反复试验。美国专门成立了TRIZ研究小组，美国供应商协会(ASI)把TRIZ与QFD(质量功能展开)方法、Taguchi倡导的方法一起推荐给世界500强，开发了基于TRIZ知识库的计算机辅助软件，指导研究人员和咨询人员在工业发展中更好地应用TRIZ，创造出成千上万项的重大发明，取得了可观的经济效益。美国亿维讯公司将TRIZ理论、现代设计方法学、本体论、语义处理技术及计算机软件技术融为一体，开发了针对不同行业技术特点的创新工具CAI(Computer Aided Innovation)，把TRIZ理论推向了一个崭新的阶段。CAI具有众多的优越之处，如CAI采用独特的问题描述方法，快速准确地发现现有方案中存在的问题，能够明确研发的方向，把握技术发展的趋势；CAI涵盖了不同学科领域的创新方案库，企业在产品研发中可迅速获得独特的集成创新方案，为企业获得具有自主知识产权的名牌产品指明方向；CAI基于900多万件发明专利的分析技术，保证了提供方案的有效性和可操作性，并大大提高了研发效率和成功率；CAI在概念设计阶段即可对方案进行技术和经济的评估，从而大大降低了产品的研发和生产成本；CAI作为企业智力资产的管理平台，实现了行业知识积累、共享和管理一体化。

3.1.3 TRIZ理论的传播与发展

目前，TRIZ理论在欧洲、美洲、亚洲等国家和地区都有着广泛的应用，TRIZ理论的国际性学术会议也会定期在世界各地轮流召开，许多国家和地区有专门的TRIZ协会和咨询公司，国际上也有专门的TRIZ理论研究期刊和专门书籍，特别是在美国、德国、奥地利、日本、以色列以及俄罗斯等国家，许多大公司建设有TRIZ理论推广和应用机构，工程应用效果比较显著。我国政府对TRIZ理论高度重视，《关于加强创新方法工作的若干意见》(国科发财[2008]197号)中3次提到TRIZ理论，并要求在教育培训及工程应用中进行推广。当前，TRIZ理论在自动控制、电气与电子、航空航天、机械仪器与汽车工程、化工制药、医疗卫生、轻工食品、动力工程等多个技术领域有着深入的应用，并且已开始延伸到非技术领域，如管理领域和商业领域等。

可以看出，TRIZ 理论具有结构性好、系统性强、处理问题过程简单、应用工程领域广泛等优点，但也必须认识到，TRIZ 理论也有一些不足之处，比如：提取具体问题的工程矛盾参数和把发明原理转化为具体的技术方案时，往往需要创造者的专业知识和经验；TRIZ 理论多用于技术系统的概念设计阶段；一般需要经过一定的专门学习和专业培训才能掌握 TRIZ 方法等。然而，不可否认的是，TRIZ 理论使得创造者更易于进行创新设计，正如根里奇·阿奇舒勒所言：你可以选择用 100 年等待设计灵感和顿悟的到来，也可以选择用 TRIZ 理论 15 分钟解决问题。

3.2 TRIZ 理论的核心内容

3.2.1 TRIZ 理论的基本体系结构

创新的实施需要创新方法的支持，良好的创新方法能够创造出更多的设计成果，拙劣的创新方法则会阻碍、甚至扼杀创新设计的产生。常用的创造方法有智力激励法、列举法、综合应用法、TRIZ 理论、移植法、演绎发明法、信息交合法、逆向构思法、类比创造法、联想技法、形态分析法、头脑风暴法等。TRIZ 理论作为常用的创造方法之一，对创新设计起到十分重要的促进作用。TRIZ 依其 39 个工程参数、40 个发明原理、76 种标准解法、物—场分析等，将一个问题系统化，形成实用可行的创意原理，并以快速及效率化的运作流程，解决难度大的工程或制造方面的问题。TRIZ 理论是解决问题的一种方法，其针对问题所在对问题加以分析，并找出矛盾，再将矛盾分为物理矛盾与技术矛盾，进而采取不同的解决方式。

TRIZ 理论以辩证法、系统论和认识论为理论指导，自然科学、系统科学和思维科学是其基础支撑，其理论来源于数以万计的专利分析，其理论基础是 TRIZ 的 8 大技术系统进化法则，依据解决发明问题规则系统(ARIZ)进行设计问题的求解。问题分析工具包括功能分析、物—场分析、矛盾分析、资源分析等，问题求解工具包括发明问题标准解法、科学原理知识库、技术矛盾创新原理、物理矛盾分离方法等。TRIZ 理论的体系框架如图 3-2 所示。

3.2.2 技术系统进化法则

根里奇·阿奇舒勒在对大量专利进行分析的过程中发现，技术系统总是在不断地发展变化的，并且这种发展变化遵循着一定的客观规律，而这种客观规律往往在不同的工程设计或技术领域被重复地应用。为此，根里奇·阿奇舒勒指出产品技术系统的进化与生物系统的进化类似，是遵循一定客观规律的，并且面临着自然选择、优胜劣汰。很明显，如果能够发现并掌握这种产品技术系统进化的客观规律，并将其应用于新产品的开发中，将能够极大地促进产品创新设计，预测产品设计的发展方向。根里奇·阿奇舒勒通过对上

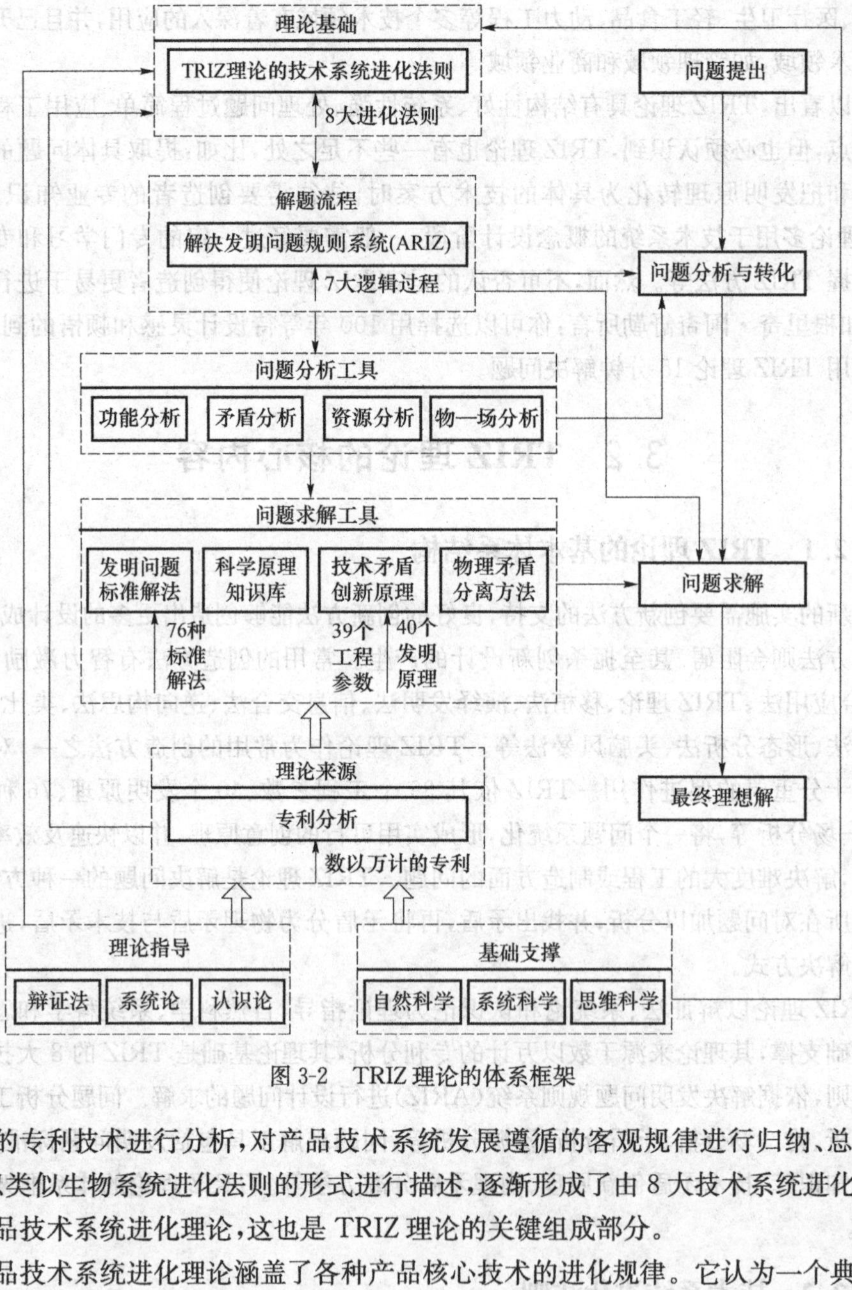
理论基础
TRIZ理论的技术系统进化法则
8大进化法则
问题提出
解题流程
解决发明问题规则系统(ARIZ)
7大逻辑过程
问题分析与转化
问题分析工具
功能分析
矛盾分析
资源分析
物—场分析
问题求解工具
发明问题标准解法
科学原理知识库
技术矛盾创新原理
物理矛盾分离方法
问题求解
76种标准解法
39个工程参数
40个发明原理
理论来源
最终理想解
专利分析
数以万计的专利
理论指导
辩证法
系统论
认识论
基础支撑
自然科学
系统科学
思维科学

图 3-2 TRIZ 理论的体系框架

百万项的专利技术进行分析，对产品技术系统发展遵循的客观规律进行归纳、总结与抽取，并以类似生物系统进化法则的形式进行描述，逐渐形成了由 8 大技术系统进化法则构成的产品技术系统进化理论，这也是 TRIZ 理论的关键组成部分。

产品技术系统进化理论涵盖了各种产品核心技术的进化规律。它认为一个典型的产品技术系统由多个子系统组成，子系统又由不同组件和相应的操作组成，而产品技术系统的进化则是实现系统功能的技术从低级向高级变化的过程。在这个变化过程中，由于子系统或组件或操作的不断改进，使得整个技术系统的功能得以不断提升和改进，而系统也将向更高级的系统即超系统发展。每一个产品技术系统的进化过程一般都是一个 S 曲线式的发展过程，往往需要经历婴儿期、成长期、成熟期、衰退期 4 个阶段，如图 3-3 所示。

婴儿期：此阶段是产品技术系统刚刚产生阶段，也是产品技术系统发展的初级和低级阶段。虽然存在一些新功能或性能方面的改进，但产品技术系统的整体效率、性能、可靠

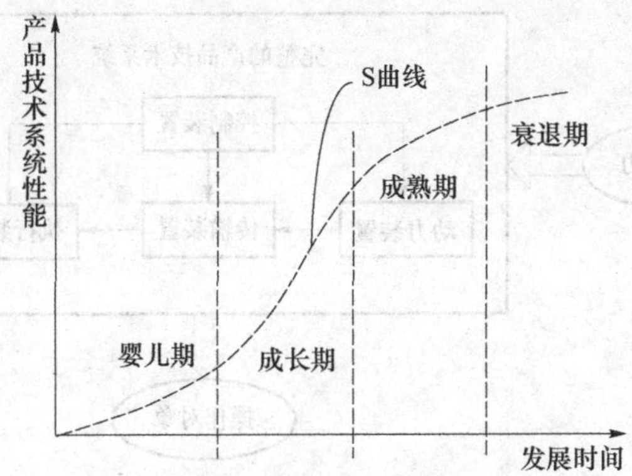
产品技术系统性能
S曲线
衰退期
成熟期
婴儿期
成长期
发展时间

图 3-3　产品技术系统进化过程的 S 曲线

性、稳定性等方面还存在一系列的问题。由于技术条件的影响以及开发技术系统的人力、物力、财力等方面的限制，这一阶段的发展相对比较缓慢。

成长期：此阶段是产品技术系统快速发展的阶段，也是产品技术系统发展的上升阶段。由于产品技术系统潜在的发展能力和应用价值被社会发现，并且在工程实践中能够获得预期的丰厚回报，使得越来越多的人力、物力、财力被吸引到产品技术系统的研发中。很多产品技术系统以前存在的问题和局限之处逐渐被解决，涌现出许多有代表性的发展成果，产品技术系统的效率、功能、性能都得以快速改善或提升。

成熟期：此阶段是产品技术系统优化和完善的阶段。在这个阶段中，由于各种技术的不断改进，设计手段的不断提升，大量的人力、物力、财力不断投入到产品技术系统开发中，使得产品技术系统的功能日趋完善，性能逐渐达到产品技术系统的发展极限。但恰恰是由于各种技术逐渐处于最优水平，使得产品技术系统的利润空间逐渐缩小，并有下降的趋势。

衰退期：此阶段是产品技术系统逐渐被淘汰或者替代的阶段。由于各种技术的发展已经达到本身的最高极限，针对各种技术的改进已经难以有所突破，使得产品技术系统逐渐难以适应社会及市场的发展需求。为此，产品技术系统往往会被市场抛弃，或者被其他新型的产品技术系统替代，而新型的产品技术系统同样要经历同样的发展历程，进而形成一个往复循环的产品技术系统进化过程。

根里奇·阿奇舒勒提出的 8 大技术系统进化法则的具体内容如下。

1. 技术系统完备性法则

根据技术系统完备性法则可知，一个完整的产品技术系统若要实现某项功能，必须包含动力装置、传输装置、执行装置和控制装置 4 个部分，其中，动力装置提供产品技术系统实现的原动力，传输装置则实现动力装置和执行装置之间的能量与场的传递，执行装置用于完成产品技术系统功能的操作，控制装置用于实现产品技术系统的动力装置、传输装置、执行装置等部分中的组件间的功能协调，其结构如图 3-4 所示。

图 3-5 给出了货船完成货物运输功能的产品技术系统结构。

图 3-6 给出了人完成各种操作功能的技术系统结构。

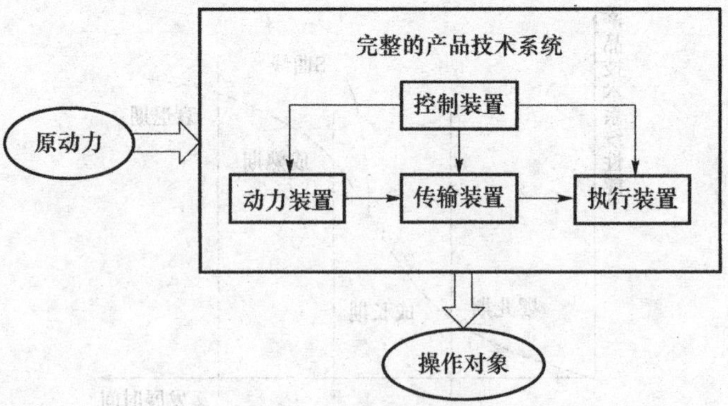
完整的产品技术系统
原动力
控制装置
动力装置
传输装置
执行装置
操作对象

图 3-4　完整的产品技术系统

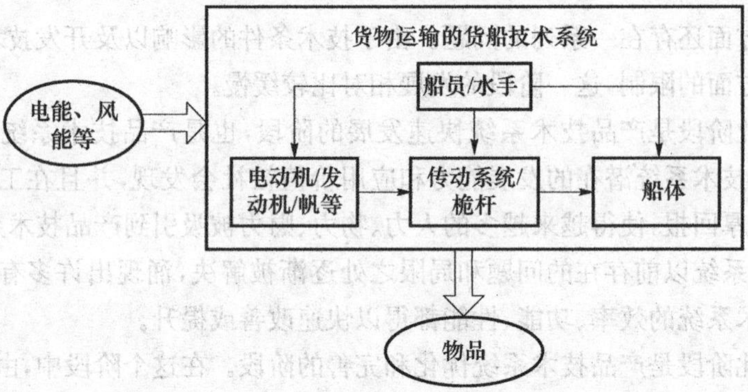
货物运输的货船技术系统
电能、风能等
船员/水手
电动机/发动机/帆等
传动系统/桅杆
船体
物品

图 3-5　货船完成货物运输功能的产品技术系统

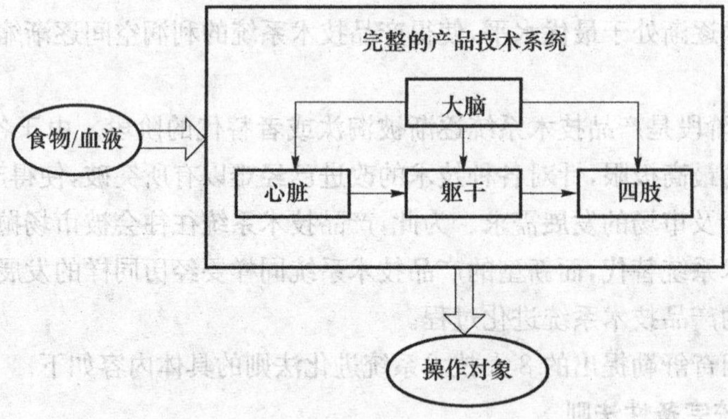
完整的产品技术系统
食物/血液
大脑
心脏
躯干
四肢
操作对象

图 3-6　人完成各种操作功能的技术系统

2. 技术系统能量传递法则

根据技术系统能量传递法则可知，产品技术系统在实现功能的过程中，为了保证各个组件不发生功能性失效，应保证能量能从能量源流向产品技术系统的各个组件，并且使得能量流动能够沿着能量传递路径缩短的方向进行，进而降低能量的损失，提升传递效率。

例如，内燃机在工作过程中，其能量传递需要经过曲柄滑块机构、齿轮机构、凸轮机构及执行机构等各个系统组件，在此过程中若任何一处不能有效地进行能量的传递，则整个技术系统将无法实现内燃机预定的功能，即需要保证能量能从能量源流向整个内燃机技术系统的各个组件。

例如，电视机或者收音机在一些信号屏蔽的环境下，往往无法接收到高质量的信号，这时电视机或者收音机的声音将会不清晰，电视机屏幕还会出现雪花点甚至无法显示图像，这说明电视台或者电台发送的能量源受到了阻碍，不能够有效地传递到接收器上，使得整个技术系统无法正常工作。为此，需要外加天线以解决能量传递的问题。

例如，绞肉机、切菜机、榨汁机、搅拌机等的出现代替了传统的人的手工操作，使得能量传递的路径得以缩短，减少了能量传递的损失，进而提升了技术系统的实现效率。

3. 技术系统动态性进化法则

根据技术系统动态性进化法则可知，技术系统的进化应沿着增加结构柔性、可移动性、可控性的方向发展，以适应环境状况或执行方式的变化。技术系统动态性进化法则能够指导产品设计向着获取通用性强、适应性强及可控性强的技术系统的方向发展。

例如，在增加结构柔性方面，现代装备系统由初始的刚性系统，逐渐演变成铰链式系统（包括单铰链、多铰链）、柔性体、气体、液体（流体）、场（电、磁等）系统，进而形成功能复杂的多柔性系统。另外，轴承从单排球轴承逐渐演变成多排球轴承，微球轴承，气体、液体支撑轴承及磁悬浮轴承等。再有，键盘从一体化的刚性键盘逐渐演变到折叠式键盘、柔性键盘、液晶键盘、激光键盘等。

例如，在可移动性方面，传统的椅子只能靠人力搬动或者增减其所垫的物品进行高度调节，后来增加了轮子则可以自由搬动，增加了升降装置则可以自由调整，再后来增加控制装置，则可以实现搬动和升降的自由控制。

例如，在可控性方面，由于水污染问题的不断严重，净水器开始出现。初始的净水装置往往是直接对水源进行控制，后来通过对净水装置进行改进形成可调节的净水器，再后来出现对净水器的水流量、温度、运行时间等的控制。

4. 技术系统提高理想度法则

根据技术系统提高理想度法则可知，技术系统沿着提高理想度的方向发展，向着最理想技术系统的方向进化。其理想化的终极目标就是技术系统的质量、尺寸、能量消耗等无限地趋近于零，但其实现的功能数量无穷多，技术系统的执行效率、可靠性、稳定性等无限地接近100%。

例如，初始的计算机大概有几间房子那么大，其运行效率却极低，进行简单的数字运算远远都没有人的反应速度快，后来台式机出现了，先后出现了286、386、486、586等台式机，其尺寸极大地缩小，运行速度也远非人类能够比拟，再到后来笔记本电脑、掌上电脑的出现，其尺寸小到可以直接装到包里，并且实现的功能越来越多，能量消耗也越来越少，并且随着技术的发展，工作站等更先进的计算机（群）也开始大规模使用起来。

5. 技术系统子系统不均衡进化法则

根据技术系统子系统不均衡进化法则可知，任何技术系统所包含的子系统都不是同步的、均衡进化的，每个子系统都是沿自己的S曲线向前发展的。不均衡的进化经常会导致子系统之间的矛盾出现，整个技术系统的进化速度取决于技术系统中发展最慢的子系统的进化速度。

例如，在自行车的进化过程中，起先脚蹬子直接安装在自行车前轮上，自行车速度与前轮直径成正比。为了提高自行车的行驶速度，人们开始着眼于增加自行车的前轮直径，但随着自行车前后轮尺寸差异的加大，自行车的稳定性变得很差。于是人们开始研究自行车的传动系统，在自行车上装上链条和链轮，但由于前后链轮的传动比问题导致其运行速度和施加动力存在约束，于是开始出现多级变速的自行车以及后续出现的电动装置的自行车。

例如，在机床的进化过程中，一开始的机床仅仅只考虑其加工功能，而对其结构形式、尺寸、控制方式等方面没有太多要求，“傻大黑粗”是当时机床的典型特征。后来，由于技术的不断发展，开始出现精加工机床、数控机床、柔性加工中心等先进的机床设备。

6. 技术系统向超系统进化法则

技术系统向超系统进化法则指出，技术系统沿着从单系统→双系统→多系统的方向发展，进化到极限时，实现某项功能的子系统会从整体系统中剥离，转移至超系统，从而能够使该子系统摆脱自身在进化过程中遇到的限制要求，让其更好地实现原来的功能。技术系统向超系统进化可以发生在技术系统进化的任何阶段，并且有两种实现方式：一是使技术系统和超系统进行资源融合，二是让技术系统的某些子系统融入超系统中。

例如，飞机在长距离飞行时，需要消耗大量燃油，为此需要携带笨重的燃油箱，那么这个燃油箱就是飞机的一个子系统。考虑到携带燃油箱存在的问题，需要把燃油箱与飞机进行脱离，采用空中加油机的形式给飞机加油，而燃油箱进化成空中加油机的超系统形式。从燃油箱向空中加油机的进化，一方面使得飞机系统简化，另一方面飞机飞行时不必再随身携带庞大的燃油箱。

7. 技术系统向微观进化法则

根据技术系统向微观进化法则可知，技术系统进化过程是沿着减小其元件尺寸的方向发展的，从最初的尺寸向原子、基本粒子的尺寸进化，同时还能够更好地实现同样的功能。

例如，播放机的进化过程为从初始的录音机到随身听，到便携式 CD，到 MP3，到耳环播放机等。

例如，计算机的进化过程为从初始的一代计算机到台式机，到笔记本电脑，到掌上电脑，到工作站等。

例如，机械加工技术的进化过程为从初始的粗加工到半精加工，到精加工，到精密加工，到纳米制造等。

8. 技术系统协调性法则

技术系统协调性法则指出，技术系统的进化是沿着各个子系统相互之间更协调的方向发展的，即技术系统进化到高级阶段的技术系统后，各个组件在保持协调的前提下，充分发挥各自的功能，并能够实现动态调整和配合。技术系统协调性表现在结构上的协调、性能参数的协调、工作节奏/频率上的协调等方面。

例如，在结构上的协调方面，从早期的只能进行摞、搭的积木演化到目前能够进行智能、任意式组合的积木。

例如，在性能参数的协调方面，在进行网球比赛时，网球拍的重量需要进行合理的设计，从整体性的角度看，为了保证网球拍的挥拍灵活性，往往不能将其设计得太重，但是从增强挥拍力量的角度看，重量的增加会增强其挥拍的力量，因此，需要考虑网球拍的挥拍灵活性和挥拍力量的协调性。为此，在进行网球拍设计时，在将网球拍整体重量降低的同时增加球拍头部重量。

例如，在工作节奏/频率上的协调方面，为了提高混凝土的强度，保证混凝土的密实性，建筑工人在浇注施工过程中，往往需要在进行灌混凝土的同时用振荡器对混凝土进行振荡。

3.2.3 TRIZ 理论的问题分析工具

TRIZ 理论的问题分析工具包括 4 个组成部分，即功能分析、矛盾分析、资源分析和物—场模型分析，其组成如图 3-7 所示。

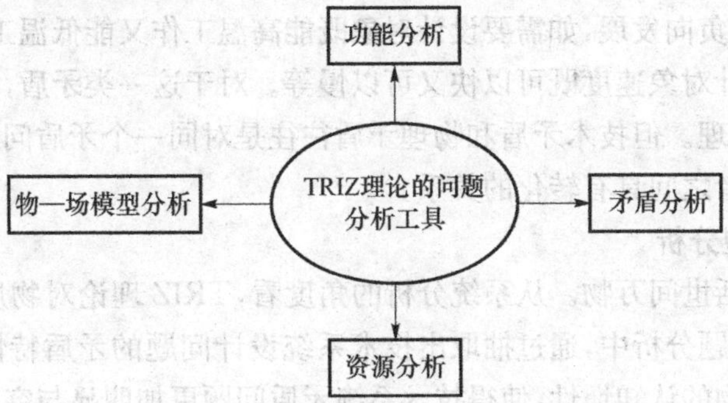
功能分析
物—场模型分析
TRIZ理论的问题
分析工具
矛盾分析
资源分析

图 3-7　TRIZ 理论的问题分析工具组成

1. 功能分析

物体相互间产生作用并使得物体相关参数改变，则说明物体间存在功能。根据该作用对参数改变产生的效果可把功能分为有益功能和有害功能。从系统设计的角度看，有益功能是设计必需的，而有益功能又可以分为主要功能、基本功能、辅助功能、非必需功能等多个级别。技术系统功能分析是 TRIZ 理论解决发明问题的基础，其目的是在设计问题处理的过程中能够充分发挥和利用技术系统的有益功能，最终能够以最少的成本实现技术系统设计功能。在技术系统功能分析具体实施的过程中，以技术系统功能实现为问题处理的出发点，以整个技术系统组成分析单元，然后充分分析技术系统所归属的超系统、技术系统包含的各个子系统以及子系统间的各个组件和结构组成部分内部以及它们各自之间所存在的作用关系，并对其需要实现的设计功能进行系统化分析。这里又可以细分为 3 个部分：一是进行技术系统的组件分析，即分析技术系统是由哪些组件组成的，确定其具体的构建要素是什么；二是进行技术系统的结构分析，即分析技术系统不同构建组件之间的作用关系以及组件不同构建要素间的关联关系；三是进行技术系统的功能分析，即分析技术系统不同组件的功能实现，包括有益功能和有害功能，最终是保留有益功能部分，剔除有害功能部分。

2. **矛盾分析**

矛盾是 TRIZ 理论中一个核心的概念。在对复杂系统进行创新设计或者改进设计的过程中，一部分技术系统设计属性或者参数的改进往往会导致其他某些设计属性或者参数的恶化。当这种设计矛盾存在于技术系统设计过程中时，将演变成系统矛盾，那么在技术系统设计的时候就需要不断地消除系统矛盾。在此过程中，不仅要改善技术系统矛盾的一个方面，同时又希望不要恶化矛盾的另一方面，进而达到解决技术系统设计矛盾的理想化。

技术系统矛盾有技术矛盾和物理矛盾之分。技术矛盾是指在改善技术系统的某个设计参数或者某些设计参数时会导致其他参数的恶化，如一般情况下在产品结构设计方案确定的条件下，装备系统的重量越大其强度就越高，但重量越大其就显得越笨重，此时重量和强度就是一对矛盾设计参数。类似地，形状与速度、可靠性与复杂性、生产率与复杂性、可靠性与温度、经济性与稳定性等都是矛盾设计参数。对于这一类矛盾往往采用 39 个通用工程矛盾参数、40 个发明原理及矛盾矩阵等进行处理。物理矛盾则是技术系统实现过程中对同一个设计特性提出的互斥要求，一方面要求设计参数向正向发展，另一方面又要求设计参数向负向发展，如需要设计对象既能高温工作又能低温工作、设计对象既可以大又可以小、设计对象速度既可以快又可以慢等。对于这一类矛盾，往往采用分离原理和分离方法进行处理。但技术矛盾和物理矛盾往往是对同一个矛盾问题在不同深度层次上的不同表述，两者之间具有转化的关系。

3. **物—场模型分析**

物即物质，包括世间万物。从系统分析的角度看，TRIZ 理论对物质概念进行广义化并将其引入矛盾问题分析中，通过抽取出技术系统设计问题的矛盾特性、冲突特性、约束特性等，去除对事物的认知惯性，使得技术系统矛盾问题更加明显与突出。场是物理学中物质微粒之间相互作用的物质形式，其基本形式有重力场、电磁场、强作用场和弱作用场 4 种。同样，在 TRIZ 理论中，场的概念也被广义化，凡是存在于物质之间的各种各样的作用都用场来表示，如力场、声场、电场、磁场、热能场、电磁场、光学场、辐射场、放射性辐射场、机械场、化学场、核子场、气味场等。场的引入为技术系统矛盾问题的解决提供了一种表示系统中能量流、信息流、力流及其相互作用的机制，不仅可以描述作用的能量供给形式，而且可以了解物质间相互作用的实现原理。

因此，将物质和场的概念引入技术系统矛盾问题分析中形成物—场分析法，一方面能够充分地获取技术系统中包含的设计对象及其相关设计属性和设计参数，另一方面还能够更加有效地构建设计对象及其相关设计属性和设计参数之间的相互作用关系，进而揭示出技术系统的作用机制。TRIZ 理论指出，所有产品的功能实现均可以分解为两种物质 S1、S2 和一种场 F，三元素组成一个物—场模型，任何一个有效的功能实现必须建立一个完整的物—场模型。如果在一个具体的技术系统矛盾问题中出现了一个没有价值的物—场，就有必要在两种物质 S1、S2 之间引进另外一种物质 S3。特别情况下，如果不允许引进另外一种物质 S3，则引进的物质 S3 可以是两种物质 S1、S2 的变体。通过物—场模型能够简化解决技术系统矛盾问题的进程。典型的物—场模型是一个稳定的三角形结构，如图 3-8 所示。

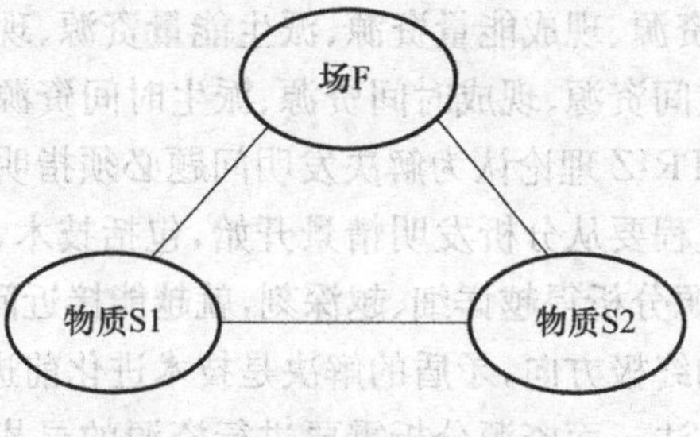
场F
物质S1
物质S2

图 3-8　物—场模型的典型结构

例如，根据钢丸发送器的功能实现，我们可以建立钢丸发送器的物—场模型。从其物—场模型中可知，力场的存在使得钢丸和非磁性管间存在撞击，容易导致技术系统功能失效。为此，需要引入另外一种物质——磁体，在非磁性管强烈磨损区添加保护层，以解决技术系统的矛盾问题，其实现过程如图 3-9 所示。

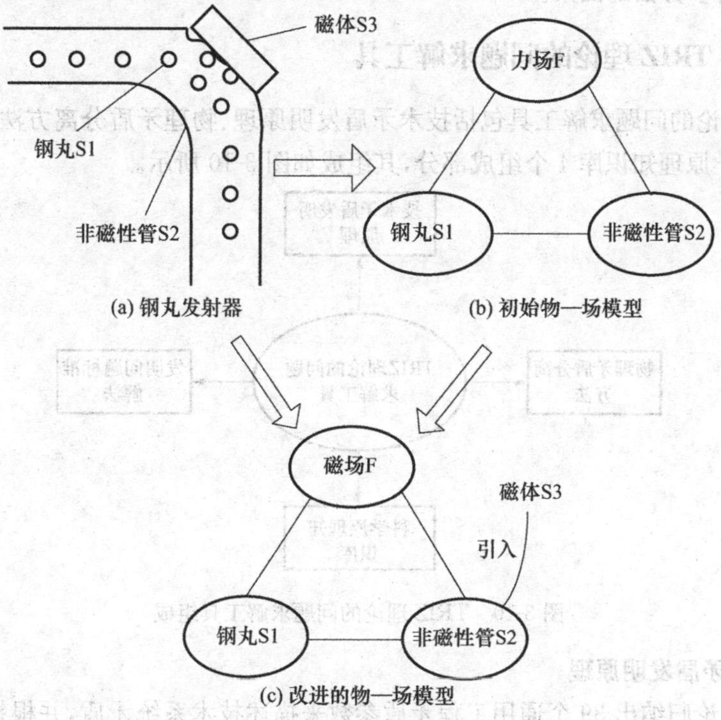
磁体S3
钢丸S1
非磁性管S2
(a) 钢丸发射器
力场F
钢丸S1
非磁性管S2
(b) 初始物—场模型
磁场F
磁体S3
引入
钢丸S1
非磁性管S2
(c) 改进的物—场模型

图 3-9　钢丸发送器的物—场模型

4. 资源分析

TRIZ 理论在分析和解决技术系统问题时，可以看成是利用资源多矛盾问题进行处理最终获得理想解的过程。在 TRIZ 理论中，资源的范围比较广泛，可以指技术系统实现及其环境中的各种要素，能反映诸多系统相互作用、功能实现、组件间的结构、信息、关联、能量流、物质、形态、空间分布、功能的时间参数、效能及其他有关功能质量的设计参数。其中，资源划分有两个纬度，即现成资源和派生资源；资源划分为 6 个类别，即物质资源、能量资源、信息资源、空间资源、时间资源和功能资源。在这两种划分的基础上，又可分为现成物质资源、派生物质资源、现成能量资源、派生能量资源、现成信息资源、派生信息资源、现成空间资源、派生空间资源、现成时间资源、派生时间资源、现成功能资源和派生功能资源 12 个细化类别。TRIZ 理论认为解决发明问题必须指明“给定的条件”和要求“应得的结果”，发明创造的过程要从分析发明情景开始，包括技术、生产、研究、生活、军事等各种资源情景，对系统资源分析得越详细、越深刻，就越能接近问题的理想解。由此可见，理想解是系统技术进化的终极方向，矛盾的解决是技术进化前进的推动力，资源分析则是矛盾解决的重要手段和方法。而资源分析需要进行资源的寻找、资源的整合与组合以及资源的利用，TRIZ 理论中寻找资源的工具主要有技术矛盾分析、功能分析、九屏幕图、物—场模型分析等，通过这些工具获得相应的资源后，若无法解决矛盾问题或者解决问题的效果不好，则可以进行资源的整合与组合，以期获得更有应用效果的资源。在获得资源的基础上对资源进行利用，则需要遵循一定的原则，如考虑资源的准备程度、资源的位置、资源的属性等多方面的因素。

3.2.4 TRIZ 理论的问题求解工具

TRIZ 理论的问题求解工具包括技术矛盾发明原理、物理矛盾分离方法、发明问题标准解法和科学原理知识库 4 个组成部分，其组成如图 3-10 所示。

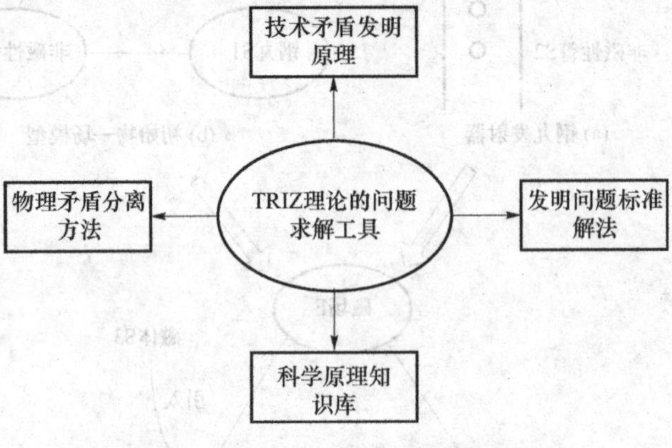
技术矛盾发明原理
物理矛盾分离方法
TRIZ理论的问题求解工具
发明问题标准解法
科学原理知识库

图 3-10 TRIZ 理论的问题求解工具组成

1. 技术矛盾发明原理

TRIZ 理论归纳出 39 个通用工程矛盾参数来描述技术系统矛盾，并根据通用工程矛盾参数两两之间的对应关系设计了对应的矛盾矩阵表。同时，TRIZ 理论给出了 40 个发明原理用于技术矛盾问题的解决。在具体的工程设计过程中，如果改进了技术系统的一个设计参数，从而引起了另外一个设计参数的变化，导致设计过程中产生了技术矛盾问题，则可以通过抽取出设计参数对应的工程矛盾参数来描述技术矛盾问题，找出组成双方内部性能的某两个矛盾参数，然后利用技术矛盾矩阵表，确定出能够解决技术矛盾问题的发明原理。40 个发明原理本质上是 40 种常用的解决技术矛盾问题的方法，因此，选用合适的发明原理进行技术矛盾问题的解决从而得到趋于理想化的标准解。

表 3-1 给出了 TRIZ 理论的 39 个通用工程矛盾参数的具体名称和含义。

表 3-1 TRIZ 理论的 39 个通用工程矛盾参数

编号	名称	含义
C1	运动对象的重量	在重力场中运动对象所受到的重力
C2	静止对象的重量	在重力场中静止对象所受到的重力
C3	运动对象的尺寸	运动对象的任意线性尺寸,不一定是最长的,都认为是其长度
C4	静止对象的尺寸	静止对象的任意线性尺寸,不一定是最长的,都认为是其长度
C5	运动对象的面积	运动对象内部或外部具有的表面或部分表面的面积
C6	静止对象的面积	静止对象内部或外部具有的表面或部分表面的面积
C7	运动对象的体积	运动对象占有的空间体积
C8	静止对象的体积	静止对象占有的空间体积
C9	速度	对象的运动速度、过程或活动与时间之比
C10	力	两个系统之间的相互作用
C11	应力或压强	单位面积上承受的力,也包括张力
C12	形状	物体外部轮廓或系统的外貌、外观
C13	结构的稳定性	保持完整性能力,系统的完整性及系统组成部分之间的关系,磨损、化学分解及拆卸都降低稳定性
C14	强度	对象抵抗外力作用使之变化的能力
C15	运动对象的作用时间	对象完成规定动作的时间或者服务期,两次误动作之间的时间也是作用时间的一种度量
C16	静止对象的作用时间	同 C15
C17	温度	物体或系统所处的热状态,也包括其他热参数,如热容量等
C18	光强度或光照度	单位面积上的光通量,系统的光照特性,如亮度、照明质量等
C19	运动对象的能量消耗	能量是对象工作能力的度量,经典力学中,能量是距离与力的乘积,能量也包括电能、热能及核能等
C20	静止对象的能量消耗	同 C19
C21	功率	单位时间内对象做的功,能量的使用速率
C22	能量的损耗	为了减少能量损失,需要不同的技术来改善能量的利用
C23	物质的损耗	部分或全部、永久或临时的材料、部件或子系统等物质的损失
C24	信息的损耗	数据的部分或全部、永久或临时的损失
C25	时间的损耗	时间指设计活动所延续的时间间隔,时间损失改进指设计活动所花费的时间越少
C26	物质的量	能部分或全部、临时或永久地改变系统材料、部件及子系统等的数量
C27	可靠性	系统在规定的方法及状态下完成规定功能的能力
C28	测试精确度	系统特征的实测值与实际值之间的接近程度,接近程度越高,精度提高
C29	制造精确度	系统或对象的实际性能与所需性能之间的接近程度,接近程度越高,精度提高

续表

编号	名称	含义
C30	作用于对象的外部有害因素	对象对外部产生的有害因素作用的敏感程度
C31	对象产生的有害因素	有害因素将降低对象或系统的效率，或完成功能的质量。有害因素由对象或系统操作的一部分产生
C32	可制造性	对象或系统制造过程中简单、方便、容易的程度
C33	操作方便性	对象或系统操作的简单、方便、容易的程度。一个操作的产出要尽可能多
C34	可维修性	对于系统可能出现失误所进行的维修要时间短、方便和简单
C35	适用性与通用性	对象或系统响应外部变化的能力，或应用于不同条件下的能力以及其多功能性
C36	系统的复杂性	系统中元件数目及多样性，如果用户也是系统中的元素将增加系统的复杂性，掌握系统的难易程度是其复杂性的一种度量
C37	检测的复杂性	如果一个系统复杂、成本高、需要较长的时间建造及使用，或部件与部件之间关系复杂，都使得系统的监控与测试困难。测试精度高，测试成本将增加，是测试困难的一个标志
C38	自动化程度	系统或对象在无人操作的情况下完成任务的能力，完全人工操作为最低级别自动化，需要人工辅助的操作为中等级别自动化，机器能自动感知所需的操作、自动编程和对操作自动监控为最高级别自动化
C39	生产率	单位时间内所完成的功能或操作数

为了便于TRIZ理论中的39个通用工程矛盾参数在工程中的应用，TRIZ理论中又将39个通用工程矛盾参数细分为3种类别，即通用物理及几何参数类、通用技术负向参数类和通用技术正向参数类。所谓负向参数，是指这类技术参数变大将会使技术系统或者子系统的性能变差；所谓正向参数，是指这类技术参数变大将会使技术系统或者子系统的性能变好。属于通用物理及几何参数类的通用工程矛盾参数有C1～C12、C17、C18和C21。属于通用技术负向参数类的通用工程矛盾参数有C15、C16、C19、C20、C22～C26、C30和C31。属于通用技术正向参数类的通用工程矛盾参数有C13、C14、C27～C29和C32～C39。

表3-2给出TRIZ理论的40个发明原理的具体名称和含义。

表3-2　TRIZ理论的40个发明原理

编号	名称	含义
1	分割原理	1. 将对象分成相互独立的几个部分 2. 将对象分成易组装和拆卸的部分 3. 提升对象的可分割度
2	抽取原理	1. 从对象中抽取出能够产生负面影响或作用的部分和属性 2. 从对象中抽取出必要的、有用的部分和属性
3	局部质量改善原理	1. 将对象、外部介质(作用)的一致结构过渡到不一致结构 2. 使对象的不同部分具有不同的功能实现 3. 使对象的不同部分处于各自的最佳状态

编号	名称	含义
4	增加不对称原理	1. 使得对称对象变成不对称对象 2. 增强不对称对象的不对称程度
5	组合原理	1. 空间上，将相同的对象或者具有类似操作的对象组合一起 2. 时间上，将相同或者相关的操作进行组合或连续化
6	多功能性原理	1. 使一个对象具备多个功能 2. 消除某项功能在其他对象中存在的必要性，进而消减其他对象
7	嵌套原理	1. 对象与对象层层嵌入，形成多层嵌套结构 2. 一个对象可以收入或者穿过另一对象的空腔
8	重量补偿原理	1. 将某一对象与另一具有上升力的对象组合，以抵消其重量 2. 通过对象与其他介质的相互作用，以抵消其重量
9	预先反作用原理	1. 事先对对象施加反作用以消除不利的影响 2. 若对象处于或者将处于受拉状态，预先施加压力
10	预先作用原理	1. 预先完成部分或者全部的动作、功能与要求 2. 预先妥当安置对象，使其在最适当的或者最方便的时候发挥作用
11	预先防范原理	以预先准备好的应急措施或手段补偿对象相对较低的可靠性
12	等势原理	改变工作状态或者操作条件，以减少对象升降的需要
13	逆向作用原理	1. 采用逆向思维，非常规的方法解决问题 2. 使得对象或者外部介质、环境的可动变为不可动，不可动变为可动 3. 使得对象运动的部分颠倒
14	球形原理（曲面化原理）	1. 将直线用曲线代替，平面用曲面或球面代替，将正六面体或者平行六面体过渡到球形结构 2. 使用球形、滚筒以及螺旋状结构或者对象 3. 利用离心力，将直线运动用螺旋运动代替
15	动态化原理	1. 使得对象或者外部介质的特性变化在每一个工作阶段都保持最佳状态 2. 将对象分成数个既可相对移动又可相互配合的部分 3. 使得不动的对象可动或可变或可自适应
16	局部作用原理	若所期望的效果难以百分之百实现，则应当部分稍微超过或稍微小于理想效果，会使问题大大简化
17	多维化原理	1. 若对象一维直线运动有困难，则向二维平面运动过渡；若二维平面运动有困难，则向三维空间运动转化，以此类推 2. 利用单层结构代替多层结构 3. 将对象倾斜放置或者侧向放置 4. 利用给定表面的反面 5. 利用照射到临近表面或者背面的光流

续表

编号	名称	含义
18	机械振动原理	1. 使对象处于振动状态 2. 若对象处于振动状态，则提高其振动频率（直至超声波频率） 3. 利用共振频率或者共振现象 4. 将压电振动代替机械振动 5. 超声波振动与电磁场融合
19	周期性作用原理	1. 将连续动作过渡到周期性动作或者脉冲动作 2. 若是周期性动作，改变运动频率以改变其周期 3. 利用脉冲动作的间歇完成其他有用的作用
20	连续有益作用原理	1. 对象的所有部分一直处于满负荷连续工作 2. 消除空转动作和间歇性动作 3. 将转动代替往复运动
21	减少有害作用的时间原理	快速执行或者越过某个危险或有害的流程、步骤或阶段
22	变害为益原理	1. 将有害因素转化为有益效果 2. 通过有害因素间的组合消除有害因素 3. 加强有害因素的幅度使其不再有害
23	反馈原理	1. 在技术系统中利用反馈 2. 若技术系统中已存在反馈，则改变之
24	借助中介物质原理	1. 利用中介物质实现对象或者中间过程的传递 2. 将原对象与另外易于去除的对象相结合
25	自服务原理	1. 对象通过辅助或者维护功能实现自我服务 2. 利用废弃的能量、资源与物质
26	复制原理	1. 利用简单的、廉价的复制品代替复杂的、昂贵的、易坏的、不方便的对象 2. 利用光学图像代替实物或实物系统，并可实现光学图像的放大或者缩小 3. 利用红外线或者紫外线代替可见光
27	廉价替代原理	用廉价的对象代替昂贵的对象，同时降低对质量或性能的要求
28	机械系统替代原理	1. 利用光学、声学、电磁学、气味学等设计原理代替机械学、力学设计原理 2. 在对象相互作用中利用电场、磁场、电磁场 3. 由静止场转化为运动场，由时间固定场转换为时变场，由无结构场转化为有结构场 4. 将铁磁颗粒与场间的作用相融合
29	气压或者液压结构原理	利用气体结构或者液体结构代替对象的固体结构
30	柔性壳体或薄膜原理	1. 利用软性壳体或者薄膜代替一般结构 2. 利用软性壳体或者薄膜将对象与外部介质隔离

续表

编号	名称	含义
31	多孔材料原理	1. 将对象做成多孔结构，或嵌入、覆盖多孔元件 2. 若对象为多孔结构，则预先在孔中填充物质
32	变色原理	1. 改变对象或外部介质的颜色 2. 改变对象或外部介质的透明度 3. 利用染色添加剂或发光物质使得对象或过程更加可视化 4. 若已采用添加剂，则采用荧光粉或发光物质追踪元素
33	同质性原理	相互作用的对象应采用相同或者特性相近的材料做成
34	抛弃与再生原理	1. 消除(溶解、蒸发等)已完成功能的对象部分或者在工作过程中修改它们 2. 消耗的部分在工作过程中要迅速得以补充和再利用
35	物理或化学状态和参数变化原理	1. 改变技术系统的物理状态 2. 改变浓度或密度 3. 改变灵活程度和柔度 4. 改变体积或温度
36	相变原理	利用对象相变时发生的某种现象或者效应，例如对象体积改变、放热或者吸热
37	热膨胀原理	1. 利用对象(材料)热胀冷缩的性质 2. 将一些热膨胀系数不同的材料组合使用
38	氧化原理	1. 将普通空气用富氧空气替代 2. 将富氧空气用纯氧替代 3. 对空气或氧气进行电离辐射 4. 用离子化的氧气 5. 将离子化的氧气用臭氧替代
39	惰性环境原理	1. 用惰性环境代替普通环境 2. 使用真空环境进行某技术系统实施过程
40	复合材料原理	利用复合料代替单一材料或均质材料

上述40个发明原理用于技术系统矛盾问题的解决时，在关于两两通用工程矛盾参数之间的技术矛盾矩阵表中可直接查到。在工程应用过程中，一般是抽取出相应的工程矛盾参数，然后查找技术矛盾矩阵表，获得相应的解决矛盾问题的发明原理。表3-3给出了技术矛盾矩阵表的具体内容。

表 3-3 技术矛盾矩阵表(a)

	C1	C2	C3	C4	C5	C6	C7
C1	—	—	15,08,29,34	—	29,17,38,34	—	29,02,40,28
C2	—	—	—	10,01,29,35	—	35,30,13,02	—
C3	15,08,29,34	—	—	—	15,17,04	—	07,17,04,35
C4	—	35,28,40,29	—	—	—	17,07,10,40	—
C5	02,14,29,04	—	14,15,18,04	—	—	—	07,14,17,04

续表

	C1	C2	C3	C4	C5	C6	C7
C6	—	30,02,14,18	—	26,07,09,39	—	—	—
C7	02,26,29,40	—	01,07,35,04	—	01,07,04,17	—	—
C8	—	35,10,19,14	19,14	35,08,02,14	—	—	—
C9	02,28,13,38	—	13,14,08	—	29,30,34	—	07,29,34
C10	08,01,37,18	18,13,01,28	17,19,09,36	28,10	19,10,15	01,18,36,37	15,09,12,37
C11	10,36,37,40	13,29,10,18	35,10,36	35,01,14,16	10,15,36,28	10,15,36,24	06,35,10
C12	08,10,29,40	15,10,26,03	29,34,05,04	13,14,10,07	05,34,04,10	—	14,04,15,22
C13	21,35,02,09	26,39,01,40	13,15,01,28	37	02,11,13	39	28,10,19,39
C14	01,08,40,15	40,26,27,01	01,15,08,35	15,14,28,26	03,34,40,29	09,40,28	10,15,14,07
C15	19,05,34,31	—	02,19,09	—	03,17,19	—	10,02,19,30
C16	—	06,27,19,16	—	01,40,35	—	—	—
C17	36,22,06,38	22,35,32	15,19,09	15,19,09	03,35,39,18	35,38	34,39,40,18
C18	19,01,32	02,35,32	19,32,16	—	19,32,26	—	02,13,10
C19	12,18,28,31	—	12,28	—	15,19,25	—	35,13,18
C20	—	19,09,06,27	—	—	—	—	—
C21	08,36,38,31	19,26,17,27	01,10,35,37	—	19,38	17,32,13,38	35,06,38
C22	15,06,19,28	19,06,18,09	07,02,06,13	06,38,07	15,26,17,30	17,07,30,18	07,18,23
C23	35,06,23,40	35,06,22,32	14,29,10,39	10,28,24	35,02,10,31	10,18,39,31	01,29,30,36
C24	10,24,35	10,35,05	01,26	26	30,26	30,16	—
C25	10,20,37,35	10,20,26,05	15,02,29	30,24,14,05	26,04,05,16	10,35,17,04	02,05,34,10
C26	35,06,18,31	27,26,18,35	29,14,35,18	—	15,14,29	02,18,40,04	15,20,29
C27	03,08,10,40	03,10,08,28	15,09,14,04	15,29,28,11	17,10,14,16	32,35,40,04	03,10,14,24
C28	32,35,26,28	28,35,25,26	28,26,05,16	32,28,03,16	26,28,32,03	26,28,32,03	32,13,06
C29	28,32,13,18	28,35,27,09	10,28,29,37	02,32,10	28,33,29,32	02,29,18,36	32,28,02
C30	22,21,27,39	02,22,13,24	17,01,39,04	01,18	22,01,33,28	27,02,39,35	22,23,37,35
C31	19,22,15,39	35,22,01,39	17,15,16,22	—	17,02,18,39	22,01,40	17,02,40
C32	28,29,15,16	01,27,36,13	01,29,13,17	15,17,27	13,01,26,12	16,40	13,29,01,40
C33	25,02,13,15	06,13,01,25	01,17,13,12	—	01,17,13,16	18,16,15,39	01,16,35,15
C34	02,27,35,11	02,27,35,11	01,28,10,25	03,18,31	15,32,13	16,25	25,02,35,11
C35	01,06,15,08	19,15,29,16	35,01,29,02	01,35,16	35,30,29,07	15,16	15,35,29
C36	26,30,34,36	02,26,35,39	01,19,26,24	26	14,01,13,16	06,36	34,26,06
C37	27,26,28,13	06,13,28,01	16,17,26,24	26	02,13,18,17	02,39,30,16	29,01,04,16
C38	28,26,18,35	28,26,35,10	14,13,28,27	23	17,14,13	—	35,13,16
C39	35,26,24,37	28,27,15,03	18,04,28,38	30,07,14,26	10,26,34,31	10,35,17,07	02,06,34,10

表 3-3 技术矛盾矩阵表(b)

	C8	C9	C10	C11	C12	C13	C14
C1	—	02,08,15,38	08,10,18,37	10,36,37,40	10,14,35,40	01,35,19,39	28,27,18,40
C2	05,35,14,02	—	08,10,19,35	13,29,10,18	13,10,29,14	26,39,01,40	28,02,10,27
C3	—	13,04,08	17,10,04	01,18,35	01,08,10,29	01,18,15,34	08,35,29,34
C4	35,08,02,14	—	28,10	01,14,35	13,14,15,07	39,37,35	15,14,28,26
C5	—	29,30,04,34	19,30,35,02	10,15,36,28	05,34,29,04	11,02,13,39	03,15,40,14
C6	—	—	01,18,35,36	10,15,36,37	—	02,38	40
C7	—	29,04,38,34	15,35,36,37	06,35,36,37	01,15,29,04	28,10,01,39	09,14,15,07
C8	—	—	02,18,37	24,35	07,02,35	34,28,35,40	09,14,17,15
C9	—	—	13,28,15,19	06,18,38,40	35,15,18,34	28,33,01,18	08,03,26,14
C10	02,36,18,37	13,28,15,12	—	18,21,11	10,35,40,34	35,10,21	35,10,14,27
C11	35,34	06,35,36	36,35,21	—	35,04,15,10	35,33,02,40	09,18,03,40
C12	07,02,35	35,15,34,18	35,10,37,40	34,15,10,14	—	33,01,18,04	30,14,10,40
C13	34,28,35,40	33,15,28,18	10,35,21,16	02,35,40	22,01,18,04	—	17,09,15
C14	09,14,17,15	08,13,26,14	10,18,03,14	10,03,18,40	10,30,35,40	13,17,35	—
C15	—	03,35,05	19,02,16	19,03,27	14,26,28,25	13,03,35	27,03,10
C16	35,34,38	—	—	—	—	39,03,35,23	—
C17	35,06,04	02,28,36,30	35,10,03,21	35,39,19,02	14,22,19,32	01,35,32	10,30,22,40
C18	—	10,13,19	26,19,06	—	32,30	32,03,27	35,19
C19	—	08,15,35	16,26,21,02	23,14,25	12,02,39	19,13,17,24	05,19,09,35
C20	—	—	36,37	—	—	27,04,29,18	35
C21	30,06,25	15,35,02	26,02,36,35	22,10,35	29,14,02,40	35,32,15,31	26,10,28
C22	07	16,35,38	36,38	—	—	14,02,39,06	26
C23	03,39,18,31	10,13,28,38	14,15,18,40	03,36,37,10	29,35,03,05	02,14,30,40	35,28,31,40
C24	02,22	26,32	—	—	—	—	—
C25	35,16,32,18	—	10,37,36,05	37,36,04	04,10,34,17	35,03,22,05	29,03,28,18
C26	—	35,29,34,28	35,14,03	10,36,14,03	35,14	15,02,17,40	14,35,34,10
C27	02,35,24	21,35,11,28	08,28,10,03	10,24,35,19	35,01,16,11	—	11,28
C28	—	28,13,32,24	32,02	06,28,32	06,28,32	32,35,13	28,06,32
C29	25,10,35	10,28,32	28,19,34,36	03,35	32,30,40	30,18	03,27
C30	34,39,19,27	21,22,35,28	13,35,39,18	22,02,37	22,01,03,35	35,24,30,18	18,35,37,01
C31	30,18,35,04	35,28,03,23	35,28,01,40	02,33,27,18	35,01	35,40,27,39	15,35,22,02
C32	35	35,13,08,01	35,12	35,19,01,37	01,28,13,27	11,13,01	11,03,10,32
C33	04,18,31,39	18,13,34	28,13,35	02,32,12	15,34,29,28	32,35,30	32,40,03,28
C34	01	34,09	01,11,10	13	01,13,02,04	02,35	01,11,02,39
C35	—	35,10,14	15,17,20	35,16	15,37,01,08	35,30,14	35,03,32,06

续表

	C8	C9	C10	C11	C12	C13	C14
C36	01,16	34,10,28	26,16	19,01,35	29,13,28,15	02,22,17,19	02,13,28
C37	02,18,26,31	03,04,16,35	36,28,40,19	35,36,37,32	27,13,01,39	11,22,39,30	27,03,15,28
C38	—	28,10	02,35	13,35	15,32,01,13	18,01	25,13
C39	35,37,10,02	—	28,15,10,36	10,37,14	14,10,34,40	35,03,22,39	29,28,10,18

表 3-3 技术矛盾矩阵表(c)

	C15	C16	C17	C18	C19	C20	C21
C1	05,34,31,35	—	06,29,04,38	19,01,32	35,12,34,31	—	12,36,18,31
C2	—	02,27,19,06	28,19,32,22	35,19,32	—	18,19,28,01	15,19,18,22
C3	19	—	10,15,19	32	08,35,24	—	01,35
C4	—	01,40,35	03,35,38,18	03,25	—	—	12,08
C5	06,03	—	02,15,16	15,32,19,13	19,32	—	19,10,32,18
C6	—	02,10,19,30	35,39,38	—	—	—	17,32
C7	06,35,04	—	34,39,10,18	10,13,02	35	—	35,06,13,18
C8	—	35,34,38	35,06,04	—	—	—	30,06
C9	03,19,35,05	—	28,30,36,02	10,13,19	08,15,35,38	—	19,35,38,02
C10	19,02	—	35,10,21	—	19,17,10	01,16,36,37	19,35,18,37
C11	19,03,27	—	35,39,19,02	—	14,24,10,37	—	10,35,14
C12	14,26,09,25	—	22,14,19,32	13,15,32	02,06,34,14	—	04,06,02
C13	13,27,10,35	39,03,35,23	35,01,32	32,03,27,15	13,19	27,04,29,18	32,35,27,31
C14	27,03,26	—	30,10,40	35,19	19,35,10	35	10,26,35,28
C15	—	—	19,35,39	02,19,04,35	28,06,35,18	—	19,10,35,38
C16	—	—	19,18,36,40	—	—	—	16
C17	19,13,39	19,18,36,40	—	32,30,21,16	19,15,03,17	—	02,14,17,25
C18	02,19,06	—	32,35,19	—	32,01,19	32,35,01,15	32
C19	28,35,06,18	—	19,24,03,14	02,15,19	—	—	06,19,37,18
C20	—	—	—	19,02,35,32	—	—	—
C21	19,35,10,38	16	02,14,17,25	16,06,19	16,06,19,37	—	—
C22	—	—	19,38,07	01,13,32,15	—	—	03,38
C23	28,27,03,18	27,16,18,38	21,36,39,31	01,06,13	35,18,24,05	28,27,12,31	28,17,18,38
C24	10	10	—	19	—	—	10,19
C25	20,10,28,18	28,20,10,16	35,29,21,18	01,19,21,17	35,38,19,18	01	35,20,10,06
C26	03,35,10,40	03,35,31	03,17,39	—	34,29,16,18	03,35,31	35
C27	02,35,03,25	34,27,06,40	03,35,10	11,32,13	21,11,27,19	36,23	21,11,26,31
C28	28,06,32	10,26,24	06,19,28,24	06,01,32	03,06,32	—	03,06,32
C29	03,27,40	—	19,26	03,32	32,02	—	32,02

续表

	C15	C16	C17	C18	C19	C20	C21
C30	22,15,33,28	17,01,40,33	22,33,35,02	01,19,32,13	01,24,06,27	10,02,22,37	19,22,31,02
C31	15,22,33,31	21,39,16,22	22,35,02,24	19,24,39,32	02,35,06	19,22,18	02,35,18
C32	27,01,04	35,16	27,26,18	28,24,27,01	28,26,27,01	01,04	27,01,12,24
C33	29,03,08,25	01,16,25	26,27,13	13,17,01,24	01,13,24	—	35,34,02,10
C34	11,29,28,27	01	04,10	15,01,13	15,01,28,16	—	15,10,32,02
C35	13,01,35	02,16	27,02,03,35	06,22,26,01	19,35,29,13	—	19,01,29
C36	10,04,28,15	—	02,17,13	24,17,13	27,02,29,28	—	20,19,30,34
C37	19,29,25,39	25,34,06,35	03,27,35,16	02,24,26	35,38	19,35,16	19,01,16,10
C38	06,09	—	26,02,19	08,32,19	02,32,13	—	28,02,27
C39	35,10,02,18	20,10,16,38	35,21,28,10	26,17,19,01	35,10,38,19	01	35,20,10

表 3-3 技术矛盾矩阵表(d)

	C22	C23	C24	C25	C26	C27	C28
C1	06,02,34,18	05,35,03,31	10,24,35	10,35,20,28	03,26,18,31	03,11,01,27	28,27,35,26
C2	18,19,28,15	05,08,13,30	10,15,35	10,20,35,26	19,06,18,26	10,28,08,03	18,26,28
C3	07,02,35,39	04,29,23,10	01,24	15,02,29	29,35	10,14,29,40	28,32,04
C4	06,28	10,28,24,35	24,26	30,29,14	—	15,29,28	32,28,03
C5	15,17,30,26	10,35,02,39	30,26	26,04	29,30,06,13	29,09	26,28,32,03
C6	17,07,30	10,14,18,39	30,16	10,35,04,18	02,18,40,04	32,35,40,04	26,28,32,03
C7	07,15,13,16	36,39,34,10	02,22	02,06,34,10	29,30,07	14,01,40,11	25,26,28
C8	—	10,39,35,34	—	35,16,32,18	35,03	02,35,16	—
C9	14,20,19,35	10,13,28,38	13,26	—	10,19,29,38	11,35,27,28	28,32,01,24
C10	14,15	08,35,40,05	—	10,37,36	14,29,18,36	03,35,13,21	35,10,23,24
C11	02,36,25	10,36,37	—	37,36,04	10,14,36	10,13,19,35	06,28,25
C12	14	35,29,03,05	—	14,10,34,17	36,22	10,40,16	28,32,01
C13	14,02,39,06	02,14,30,40	—	35,27	15,32,35	—	13
C14	35	35,28,31,40	—	29,03,28,10	29,10,27	11,03	03,27,16
C15	—	28,27,03,18	10	20,10,28,18	03,35,10,40	11,02,13	03
C16	—	27,16,18,38	10	28,20,10,16	03,35,31	34,27,06,40	10,26,24
C17	21,17,35,38	21,36,29,31	—	35,28,21,18	03,17,30,39	19,35,03,10	32,19,24
C18	13,16,01,06	13,01	01,06	19,01,26,17	01,19	—	11,15,32
C19	12,22,15,24	35,24,18,05	—	35,38,19,18	34,23,16,18	19,21,11,27	03,01,32
C20	—	28,27,18,31	—	—	03,35,31	10,36,23	—
C21	10,35,38	28,27,18,38	10,19	35,20,10,06	04,34,19	19,24,26,31	32,15,02
C22	—	35,27,02,37	19,10	10,18,32,07	07,18,25	11,10,35	32
C23	35,27,02,31	—	—	15,18,35,10	06,03,10,24	10,29,39,35	16,34,31,28

	C22	C23	C24	C25	C26	C27	C28
C24	19,10	—	—	24,26,28,32	24,28,35	10,28,23	—
C25	10,05,18,32	35,18,10,39	24,26,28,32	—	35,38,18,16	10,30,04	24,34,28,32
C26	07,18,25	06,03,10,24	24,28,35	35,38,18,16	—	18,03,28,40	03,02,28
C27	10,11,35	10,35,29,39	10,28	10,30,04	21,28,40,03	—	32,03,11,23
C28	26,32,27	10,16,31,28	—	24,34,28,32	02,06,32	05,11,01,23	—
C29	13,23,02	35,31,10,24	—	32,26,28,18	32,30	11,32,01	—
C30	21,22,35,02	33,22,19,40	22,10,02	35,18,34	35,33,29,31	27,24,02,40	28,33,23,26
C31	21,35,22,02	10,01,34	10,21,29	01,22	03,24,39,01	24,02,40,39	03,33,26
C32	19,35	15,34,33	32,24,18,16	35,28,34,04	35,23,01,24	—	01,35,12,18
C33	02,19,13	28,32,02,24	04,10,27,22	04,28,10,34	12,35	17,27,08,40	25,13,02,34
C34	15,01,32,19	02,35,34,27		32,01,10,25	02,28,10,25	11,10,01,16	10,02,13
C35	18,15,01	15,10,02,13	—	35, 28	03,35,15	35,13,08,24	35,05,01,10
C36	10,35,13,02	35,10,28,29	—	06, 29	13,03,27,10	13,35,01	02,26,10,34
C37	35,03,15,19	01,18,10,24	35,33,27,22	18,28,32,09	03,27,29,18	27,40,28,08	26,24,32,28
C38	23,28	35,10,18,05	35,33	24,28,35,30	35,13	11,27,32	28,26,10,34
C39	28,10,29,35	28,10,35,23	13,15,23	—	35,38	01,35,10,38	01,10,34,28

表 3-3 技术矛盾矩阵表(e)

	C29	C30	C31	C32	C33	C34	C35
C1	28,35,26,18	22,21,18,27	22,35,31,39	27,28,01,36	35,03,02,24	02,27,28,11	29,05,15,08
C2	10,01,35,17	02,19,22,37	35,22,01,39	28,01,09	06,13,01,32	02,27,28,11	19,15,29
C3	10,28,29,37	01,15,17,24	17,15	01,29,17	15,29,35,04	01,28,10	14,15,01,16
C4	02,32,10	01,18	—	15,17,27	02,25	03	01,35
C5	02,32	22,33,28,01	17,02,18,39	13,01,26,24	15,17,13,16	15,13,10,01	15,30
C6	02,29,18,36	27,02,39,35	22,01,40	40,16	16,04	16	15,16
C7	25,28,02,16	22,21,27,35	17,02,40,01	29,01,40	15,13,30,12	10	15,29
C8	35,10,25	34,39,19,27	30, 18,35,04	35	—	01	
C9	10,28,32,25	01,28,35,23	02,24,35,21	35,13,8,01	32,28,13,12	34,02,28,27	15,10,26
C10	28,29,37,36	01,35,40,18	13,03,36,24	15,37,18,01	01,28,03,25	15,01,11	15,17,18,20
C11	03,35	22,02,37	02,33,27,18	01,35,16	11	02	35
C12	32,30,40	22,01,02,35	35,01	01,32,17,28	32,15,26	02,13,01	01,15,29
C13	18	35,24,30,18	35,40,27,39	35,19	32,35,30	02,35,10,16	35,30,34,02
C14	03,27	18,35,37,01	15,35,22,02	11,03,10,32	32,40,25,02	27,11,03	15,03,32
C15	03,27,16,40	22,15,33,28	21,39,16,22	27,01,04	12,27	29,10,27	01,35,13
C16	—	17,01,40,33	22	35,10	01	01	02
C17	24	22,33,35,02	22,35,02,24	26,27	26,27	04,10,16	02,18,27

续表

	C29	C30	C31	C32	C33	C34	C35
C18	03,32	15,19	35,19,32,39	19,5,28,26	28,26,19	15,17,13,16	15,01,19
C19	—	01,35,06,27	02,35,06	28,26,30	19,35	01,15,17,28	15,17,13,16
C20	—	10,02,22,37	19,22,18	01,04	—	—	—
C21	32, 02	19,22,31,02	02,35,18	26,10,34	26,35,10	35,02,10,34	19,17,34
C22	—	21,22,35,02	21,35,02,22	—	35,32,01	02,19	—
C23	35,10,24,31	33,22,30,40	10,01, 34,29	15,34,33	32,28,02,24	02,35,34,27	15,10,02
C24	—	22,10,01	10,21,22	32	27,22	—	—
C25	24,26,28,18	35,18,34	35,22,18,39	35,28,34,04	04,28,10,34	32,01,10	35,28
C26	33,30	35,33,29,31	03,35,40,39	29,01,35,27	35,29,25,10	02,32,10,25	15,03,29
C27	11,32,01	27,35,02,40	35,02,40,26	—	27,17,40	01,11	13,35,08,24
C28	—	28,24,22,26	03,33,39,10	06,35,25,18	01,13,17,34	01,32,13,11	13,35,02
C29	—	26,28,10,36	04,17,34,26	—	01,32,35,23	25,10	—
C30	26,28,10,18	—	—	24,35,02	02,25,28,39	35,10,02	35,11,22,31
C31	04,17,34,26	—	—	—	—	—	—
C32	—	24,02	—	—	02,05,13,16	35,01,11,09	02,13,15
C33	01,32,35,23	02,25,28,39	—	02,5,12	—	12,26,01,32	15,34,01,16
C34	25,10	35,10,02,16	—	01,35,11,10	01,12,26,15	—	07,01,04,16
C35	—	35,11,32,31	—	01,13,31	15,34,01,16	01,16,07,04	—
C36	26,24,32	22,19,29,40	19,01	27,26,01,13	27,09,26,24	01,13	29,15,28,37
C37	—	22,19,29,28	02,21	05,28,11,29	02,05	12,26	01,15
C38	28,26,18,23	02,33	02	01,26,13	01,12,34,03	01,35,13	27,04,01,35
C39	18,10,32,01	22,35,13,24	35,22,18,39	35,28,02,24	01,28,07,10	01,32,10,25	01,35,28,37

表 3-3 技术矛盾矩阵表(f)

	C36	C37	C38	C39
C1	26,30,36,34	28,29,26,32	26,3518,19	35,03,24,37
C2	01,10,26,39	25,28,17,15	02,26,35	01,28,15,35
C3	01,19,26,24	35,01,26,24	17,24,26,16	14,04,28,29
C4	01,26	26	—	30,14,07,26
C5	14,01,13	02,36,26,18	14,30,28,23	10,26,34,02
C6	01,18,36	02,35,30,18	23	10,15,17,07
C7	26,01	29,26,04	35,34,16,24	10,06,02,34
C8	01,31	02,17,26	—	35,37,10,02
C9	10,28,04,34	03,34,27,16	10,18	—
C10	26,35,10,18	36,37,10,19	02,35	03,28,35,37
C11	19,01,35	02,36,37	35,24	10,14,35,37

续表

	C36	C37	C38	C39
C12	16,29,01,28	15,13,39	15,01,32	17,26,34,10
C13	02,35,22,26	35,22,39,23	01,08,35	23,35,40,03
C14	02,13,25,28	27,03,15,40	15	29,35,10,14
C15	10,04,29,15	19,29,39,35	06,10	35,17,14,19
C16	—	25,34,06,35	01	20,10,16,38
C17	02,17,16	03,27,35,31	26,02,19,16	15,28,35
C18	06,32,13	32,15	02,26,10	02,25,16
C19	02,29,27,28	35,38	32,02	12,28,35
C20	—	19,35,16,25	—	01,06
C21	20,19,30,34	19,35,16	28,02,17	28,35,34
C22	07,23	35,03,15,23	02	28,10,29,35
C23	35,10,28,24	35,18,10,13	35,10,18	28,35,10,23
C24	—	35,33	35	13,23,15
C25	06,29	18,28,32,10	24,28,35,30	—
C26	03,13,27,10	03,27,29,18	08,35	13,29,03,27
C27	13,35,01	27,40,28	11,13,27	01,35,29,38
C28	27,35,10,34	26,24,32,28	28,02,10,34	10,34,28,32
C29	26,02,18	—	26,28,18,23	10,18,32,39
C30	22,19,29,40	22,19,29,40	33,03,34	22,35,13,24
C31	19,01,31	02,21,27,01	02	22,35,18,39
C32	27,26,01	06,28,11,01	08,28,01	35,01,10,28
C33	32,26,12,17	—	01,34,12,03	15,01,28
C34	35,01,13,11	—	34,35,07,13	01,32,10
C35	15,29,37,28	01	27,34,35	35,28,06,37
C36	—	15,10,37,28	15,01,24	12,17,28
C37	15,10,37,28	—	34,21	35,18
C38	15,24,10	34,27,25	—	05,12,35,26
C39	12,17,28,24	35,18,27,02	05,12,35,26	—

综上所述，应用 TRIZ 理论中的技术矛盾发明原理处理技术矛盾问题的基本流程如图 3-11 所示。

2. 物理矛盾分离方法

TRIZ 理论指出，在一个技术系统中若对某一个工程参数具有相反的技术需求时，则该技术系统就存在了物理矛盾。从技术矛盾矩阵表中可以看出，矩阵表对角线上的发明原理都是空的，这是因为对角线上的元素是工程参数自身的物理矛盾。由于物理矛盾是体现在一个工程参数上的正反双向的技术需求，很明显，在处理这类矛盾问题时，需要将

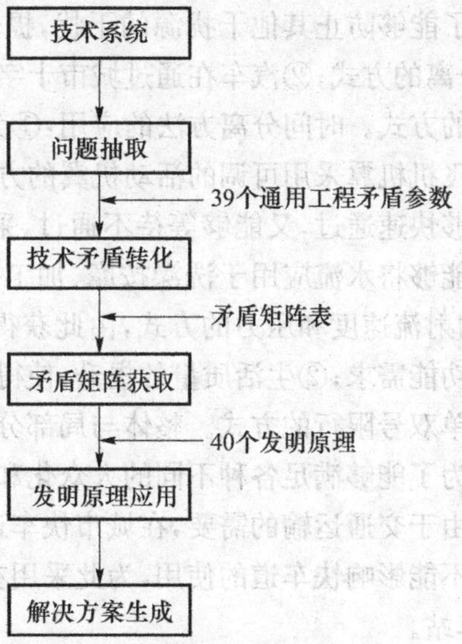
技术系统
问题抽取
39个通用工程矛盾参数
技术矛盾转化
矛盾矩阵表
矛盾矩阵获取
40个发明原理
发明原理应用
解决方案生成

图 3-11　技术矛盾问题解决的基本流程

正向和反向的技术需求矛盾分离。TRIZ 理论给出了 4 种解决物理矛盾的分离方法，即空间分离、时间分离、条件分离以及整体与局部分离，其基本组成如图 3-12 所示。

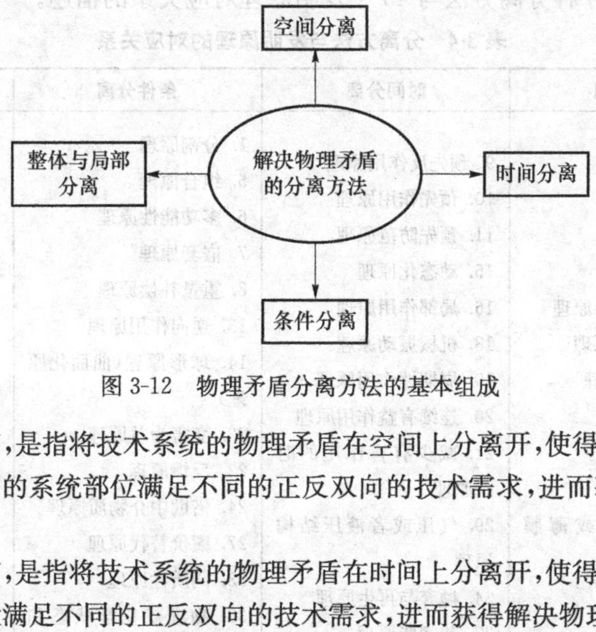
空间分离
整体与局部分离
解决物理矛盾的分离方法
时间分离
条件分离

图 3-12　物理矛盾分离方法的基本组成

所谓空间分离，是指将技术系统的物理矛盾在空间上分离开，使得技术系统在不同的空间位置或者不同的系统部位满足不同的正反双向的技术需求，进而获得解决物理矛盾的方案。

所谓时间分离，是指将技术系统的物理矛盾在时间上分离开，使得技术系统在不同的时间点或者时间段满足不同的正反双向的技术需求，进而获得解决物理矛盾的方案。

所谓条件分离，是指将技术系统的物理矛盾根据条件的不同分离开，使得技术系统在不同的条件下满足不同的正反双向的技术需求，进而获得解决物理矛盾的方案。

所谓整体与局部分离，是指将技术系统的物理矛盾在层次上分离开，使得技术系统在不同的系统层次或者级别上满足不同的正反双向的技术需求，进而获得解决物理矛盾的方案。

分离方法在日常生活和工程应用的案例有很多。例如，空间分离方法的应用：①在进行海底深度测量的时候，为了能够防止其他干扰源的干扰，提升海底深度测量的精度，采用声呐探测器与船体空间分离的方式；②汽车在通过城市十字路口时，为了使得汽车能够快速通过，采用建立立交桥的方式。时间分离方法的应用：①为了使飞机能够在飞行中适应不同时间段的不同要求，飞机机翼采用可调的活动机翼的方式；②汽车在通过城市十字路口时，为了使得汽车既能够快速通过，又能够等待不通过，采用设置红绿灯的方式。条件分离方法的应用：①为了能够将水流应用于洗澡按摩、加工手段或武器，采用在不同的条件下给予操控对象不同的射流速度和压力的方式，由此获得"软"的或"硬"的不同用途的水射流，从而实现各自的功能需求；②生活质量的提升，使得私家车越来越多，往往会造成交通阻塞，为此可以采用单双号限行的方式。整体与局部分离方法的应用：①在市场竞争十分激烈的现代社会中，为了能够满足各种不同的大众化和个性化市场需求，企业往往采用柔性生产线的方式；②由于交通运输的需要，在城市快车道上有时需要建立公交停车站，但公交停车站的建立又不能影响快车道的使用，为此采用在快车道上以部分占用慢车道的方式建立弧形公交停车站。

随着 TRIZ 理论研究的不断深化以及工程应用的不断深入，研究者发现分离方法与发明原理存在着一些对应的关系，如果能正确应用分离方法与发明原理之间的对应关系，发明原理就可以为解决技术系统的物理矛盾提供更多、更宽广、更有效的思路、方法和手段。表 3-4 给出了 4 种分离方法与 40 个发明原理对应关系的描述。

表 3-4　分离方法与发明原理的对应关系

	空间分离	时间分离	条件分离	整体与局部分离
发明原理	1. 分割原理 2. 抽取原理 3. 局部质量改善原理 4. 增加不对称原理 13. 逆向作用原理 17. 多维化原理 25. 自服务原理 26. 复制原理 30. 柔性壳体或薄膜原理	9. 预先反作用原理 10. 预先作用原理 11. 预先防范原理 15. 动态化原理 16. 局部作用原理 18. 机械振动原理 19. 周期性作用原理 20. 连续有益作用原理 21. 减少有害作用的时间原理 29. 气压或者液压结构原理 34. 抛弃与再生原理 37. 热膨胀原理	1. 分割原理 5. 组合原理 6. 多功能性原理 7. 嵌套原理 8. 重量补偿原理 13. 逆向作用原理 14. 球形原理（曲面化原理） 22. 变害为益原理 23. 反馈原理 24. 借助中介物质原理 27. 廉价替代原理 33. 同质性原理 35. 物理或化学状态和参数变化原理	12. 等势原理 28. 机械系统替代原理 31. 多孔材料原理 32. 变色原理 35. 物理或化学状态和参数变化原理 36. 相变原理 38. 氧化原理 39. 惰性环境原理 40. 复合材料原理

由于物理矛盾也对通用工程参数进行处理，而对工程参数进行矛盾处理又涉及发明原理，由此，可将通用工程参数与发明原理的对应关系找出以便更好地解决技术系统物理矛盾问题。表 3-5 给出了通用工程参数与发明原理之间的对应关系。

表 3-5　通用工程参数与发明原理的对应关系

编号	名称	对应发明原理的编号
C1	运动对象的重量	35,28,31,08,02,03,10
C2	静止对象的重量	35,31,13,17,02,40,28
C3	运动对象的尺寸	17,01,03,35,14,04,15
C4	静止对象的尺寸	17,35,03,28,14,04,01
C5	运动对象的面积	05,03,15,14,01,04,35,13
C6	静止对象的面积	17,35,03,14,04,01,28,13
C7	运动对象的体积	35,03,28,01,07,15,10
C8	静止对象的体积	35,03,02,28,31,01,14,04
C9	速度	28,35,13,03,10,02,19,24
C10	力	35,03,13,10,17,19,28
C11	应力或压强	35,03,40,17,10,02,09,04
C12	形状	03,35,28,14,17,04,07,02
C13	结构的稳定性	35,24,03,40,10,02,05
C14	强度	35,40,03,17,09,02,28,14
C15	运动对象的作用时间	03,10,35,19,28,02,13,24
C16	静止对象的作用时间	35,03,19,02,13,01,10,28
C17	温度	35,03,19,02,31,24,36,28
C18	光强度或光照度	35,19,32,24,13,28,01,02
C19	运动对象的能量消耗	35,14,28,03,02,10,24,13
C20	静止对象的能量消耗	35,03,19,02,13,01,10,28
C21	功率	35,19,02,10,28,01,03,15
C22	能量的损耗	35,19,03,02,28,15,04,13
C23	物质的损耗	25,10,03,28,24,02,13
C24	信息的损耗	24,10,07,25,03,28,02,32
C25	时间的损耗	10,35,28,03,05,24,02,18
C26	物质的量	35,03,31,01,10,17,28,30
C27	可靠性	35,03,40,10,01,13,28,04
C28	测试精确度	28,24,10,37,26,03,32
C29	制造精确度	03,10,02,25,28,35,13,32
C30	作用于对象的外部有害因素	35,24,03,02,01,40,31
C31	对象产生的有害因素	35,03,25,01,02,04,17
C32	可制造性	01,35,10,13,28,03,24,02
C33	操作方便性	25,01,28,03,02,10,24,13
C34	可维修性	01,13,10,17,02,03,35,28
C35	适用性与通用性	15,35,28,01,03,13,29,24

续表

编号	名称	对应发明原理的编号
C36	系统的复杂性	28,02,13,35,10,05,24
C37	检测的复杂性	10,25,37,03,01,02,28,07
C38	自动化程度	10,13,02,28,35,01,03,24
C39	生产率	10,35,02,01,03,28,24,13

综上所述，应用 TRIZ 理论中的分离方法处理物理矛盾问题解决的基本流程如图 3-13 所示。

通过将物理矛盾和技术矛盾进行对比分析，可以发现两者之间存在一些区别与联系。从联系的角度看，物理矛盾和技术矛盾是基于不同的角度对同一个问题在不同的深度上进行的不同表述，两者有时是可以进行转化的。从区别的角度看，相比较于技术矛盾，物理矛盾更能体现出技术系统问题的本质性；同时，技术矛盾是存在于两个工程参数之间的矛盾，而物理矛盾是关注于一个工程参数的矛盾，技术矛盾所处理的是技术系统中多元素的技术系统特性，而物理矛盾处理的是技术系统中某个元素、某个特征的物理特性。并且，随着 TRIZ 理论的不断发展，很多新的知识涌现出来，使得利用 TRIZ 理论解决矛盾问题更加有效，如近年来有的研究者将 39 个通用工程矛盾参数拓展到了 48 个，对发明原理有新的见解，这使得 TRIZ 理论解决矛盾问题的能力更加强大。

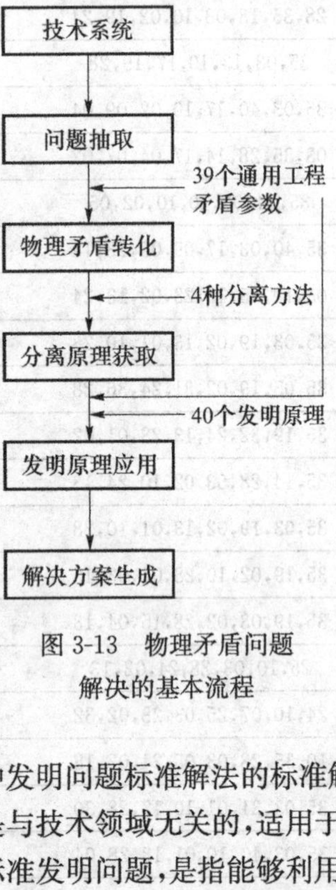
技术系统
问题抽取
39个通用工程
矛盾参数
物理矛盾转化
4种分离方法
分离原理获取
40个发明原理
发明原理应用
解决方案生成
图 3-13　物理矛盾问题解决的基本流程

3. 发明问题标准解法

从 20 世纪 70 年代起，根里奇・阿奇舒勒开始对物—场模型、物—场分析以及发明问题标准解进行研究、分析与开发，直到 1985 年，根里奇・阿奇舒勒正式提出了包含 76 种发明问题标准解法的标准解系统。所谓标准解，是指对标准发明问题的求解。标准解是与技术领域无关的，适用于解决常见性的、具有共性的技术系统标准发明问题。而所谓标准发明问题，是指能够利用标准解来解决的技术系统问题。从广义的角度来看，标准解法则是在建立物—场模型的基础上进行问题分析与处理，通过利用合适的标准解对技术系统发明问题进行处理的通用解法。在这里可以看出，物—场模型的建立对于发明问题的求解非常重要，物—场模型的类型往往决定了需要选用什么样的标准解。表 3-6 给出了 TRIZ 理论中的物—场模型的类型以及相应的含义。

表 3-6　物—场模型的类型与含义

编号	类型	含义
1	有效完整系统	组成技术系统的物质、场和作用的三要素完整,并且有效的物—场模型
2	不完整系统	组成技术系统的物质、场和作用的三要素部分缺失,需要增加新要素或者新功能的物—场模型
3	作用不足完整系统	组成技术系统的物质、场和作用的三要素完整,但部分作用不足,需要加以改进的物—场模型
4	过度作用完整系统	组成技术系统的物质、场和作用的三要素完整,但部分作用过度,需要加以改进的物—场模型
5	有害作用完整系统	组成技术系统的物质、场和作用的三要素完整,但部分作用有害,需要加以改进的物—场模型

TRIZ 理论中的 76 种标准解各有自己的适应问题类型,因此,为了便于工程设计人员更方便有效地利用 76 种标准解处理技术系统发明问题,根里奇·阿奇舒勒根据处理问题类型的不同将 76 种标准解划分为 5 大类,在每一大类下面,又根据问题类型的不同划分为若干个小类,每一个小类对应有相应的标准解。

第一类:完整物—场模型建立及有害作用消除的标准解

发明问题第一类标准解的目的是在不对原有技术系统进行改变或者只进行局部的微小的改变,以获得理想的设计效果或者消除不理想的设计因素与问题。该类标准解有 13 个,并且根据问题类型的不同又可以细分为两个子类:第一子类是将技术系统不完整物—场模型改进成完整的物—场模型,或者建立技术系统完整的物—场模型,此小类包含 8 个标准解;第二子类是消除技术系统物—场模型的有害作用,此小类包含 5 个标准解。第一类标准解的具体组成和内容如表 3-7 所示。

表 3-7　第一类标准解

细分子类	标准解的内容
将技术系统不完整物—场模型改进成完整的物—场模型(8 个标准解)	1. 构建完整的物—场模型
	2. 引入附加物质转化为内部复合的物—场模型
	3. 引入附加物质转化为外部复合的物—场模型
	4. 构建利用外部环境资源的物—场模型
	5. 构建利用外部环境资源以及引入附件物质的物—场模型
	6. 对物质的最小作用模式
	7. 对物质的最大作用模式
	8. 选择性对物质的最小和最大作用模式
消除技术系统物—场模型的有害作用(5 个标准解)	9. 引入附加物质消除有害作用
	10. 引入系统现有物质或者变形物质消除有害作用
	11. 在现有物质的内部或者外部引入附加物质消除有害作用
	12. 引入场消除有害作用
	13. 采用切断或者弱化磁场的方式消除有害作用

第二类:增强物—场模型的标准解

发明问题第二类标准解的目的是通过对现有的技术系统物—场模型进行改进，以获得理想的设计效果或者消除不理想的设计因素与问题。该类标准解有23个，并且根据问题类型的不同又可以细分为4个子类：第一子类是将物—场模型转化成合成的物—场模型，此小类包含2个标准解；第二子类是强化物—场模型，此小类包含6个标准解；第三子类是通过频率或者节奏的协调与匹配进行物—场模型的加强，此小类包含3个标准解；第四子类是通过引入磁性物质将物—场模型增强为铁磁—场模型，此小类包含12个标准解。第二类标准解的具体组成和内容如表3-8所示。

表3-8 第二类标准解

细分子类	标准解的内容
将物—场模型转化成合成的物—场模型（2个标准解）	1. 引入物质向链式物—场模型进化
	2. 引入场向双物—场模型转换
强化物—场模型（6个标准解）	3. 利用控制性更好的场替代原有的场
	4. 分割物质
	5. 转换现有物质为毛细管或者多孔结构
	6. 提高系统动态性
	7. 将均质或同质的场转化为非均质或异质的场
	8. 将均质或非结构化的物质转化为非均质或结构化的场
通过频率或者节奏的协调与匹配进行物—场模型的加强（3个标准解）	9. 使场的频率或者节奏与产品或者工具相协调
	10. 使复合物—场模型的多场频率或者节奏相协调
	11. 使不相容的或者先前独立的场相匹配
引入磁性物质将物—场模型增强为铁磁—场模型（12个标准解）	12. 引入铁磁性物质和磁场
	13. 引入铁磁性物质构建铁磁—场模型
	14. 引入磁性流体构建强化的铁磁—场模型
	15. 应用毛细管或者多孔结构的铁磁—场模型
	16. 构建复合的铁磁—场模型
	17. 构建利用外部环境资源的铁磁—场模型
	18. 利用物理效应和现象
	19. 提高技术系统的动态性程度
	20. 将同质或非结构化的场转化为异质或结构化的场
	21. 使技术系统元素的频率或节奏相协调以强化铁磁—场模型
	22. 利用电磁场和电流构建电—场模型
	23. 利用电流变液替代磁性液体

第三类：将技术系统向多系统、超系统、微系统进化的标准解

发明问题第三类标准解的目的是通过对现有的技术系统进行进化，以提高技术系统的效率。该类标准解有6个，并且根据问题类型的不同又可以细分为两个子类：第一子类是将技术系统向多系统、超系统进化，此小类包含5个标准解；第二子类是将技术系统向微系统进化，此小类包含1个标准解。第三类标准解的具体组成和内容如表3-9所示。

表 3-9 第三类标准解

细分子类	标准解的内容
将技术系统向多系统、超系统进化(5 个标准解)	1. 系统进化 a:构建双系统、多系统
	2. 强化双系统、多系统中元素间的链接
	3. 系统进化 b:增大系统中元素间的差异
	4. 简化双系统、多系统
	5. 系统进化 c:赋予系统整体与局部相反的特性
将技术系统向微系统进化(1 个标准解)	6. 向微系统进化

第四类:技术系统检验与测量问题的标准解

发明问题第四类标准解的目的是解决检测性技术系统中的相关问题。检测包含两重含义:一是测量,是指对技术系统中某种状态下的目标对象进行某种设计属性量值的获取;二是检验,是指对技术系统中某种状态下的目标对象进行某种设计属性状态的检查。该类标准解有 17 个,并且根据问题类型的不同又可以细分为 5 个子类:第一子类是间接方法,此小类包含 3 个标准解;第二子类是进行技术系统测量物—场模型的构建,此小类包含 4 个标准解;第三子类是向强化测量物—场模型进行转化,此小类包含 3 个标准解;第四子类是向铁磁—场测量模型进行转化,此小类包含 5 个标准解;第五子类是检测系统的进化方向,此小类包含 2 个标准解。第四类标准解的具体组成和内容如表 3-10 所示。

表 3-10 第四类标准解

细分子类	标准解的内容
间接方法(3 个标准解)	1. 改变技术系统以代替原有的检测
	2. 利用复制品进行检测
	3. 利用两次连续的检测替代
技术系统测量物—场模型的构建(4 个标准解)	4. 构建完整的测量物—场模型
	5. 构建复合的测量物—场模型
	6. 构建利用外部环境引入附加物质的测量物—场模型
	7. 检测由于环境变化而产生的效应变化
向强化测量物—场模型进行转化(3 个标准解)	8. 利用物理效应和现象
	9. 利用系统整体或者部分的共振
	10. 利用外部对象的共振
向铁磁—场测量模型进行转化(5 个标准解)	11. 构建技术系统测量的元铁磁—场模型
	12. 构建技术系统测量的铁磁—场模型
	13. 构建技术系统测量的复合铁磁—场模型
	14. 构建利用外部环境资源的技术系统测量的铁磁—场模型
	15. 利用物理效应和现象
检测系统的进化方向(2 个标准解)	16. 向双系统、多系统进化
	17. 向检测受控对象(功能)的导数(派生物)方向进化

第五类:使用技术系统标准解的方法、准则与策略

发明问题第五类标准解的目的是用于处理如何利用哪些类别的技术系统标准解去解决复杂的矛盾问题。该类标准解有 17 个，并且根据问题类型的不同又可以细分为 5 个子类：第一子类是利用引入物质的方式，此小类包含 4 个标准解；第二子类是利用引入场的方式，此小类包含 3 个标准解；第三子类是通过相变的方式，此小类包含 5 个标准解；第四子类是利用物理效用和现象的方式，此小类包含 2 个标准解；第五子类是利用分解与组合获得物质粒子的方式，此小类包含 3 个标准解。第五类标准解的具体组成和内容如表 3-11所示。

表 3-11　第五类标准解

细分子类	标准解的内容
利用引入物质的方式（4 个标准解）	1. 间接方法
	2. 分裂（分解、分离、分割）物质为更小的单元
	3. 使用具有“自消失”的物质
	4. 利用“空隙”（充气结构或泡沫等）代替物质
利用引入场的方式（3 个标准解）	5. 使用技术系统中现有的场
	6. 从外部环境引入场
	7. 使用技术系统中已有物质产生场
通过相变的方式（5 个标准解）	8. 相变 1：进行物质相态的改变
	9. 相变 2：利用相态动态性变化的物质，具有多重特性
	10. 相变 3：利用相变过程中伴随的物理现象
	11. 相变 4：利用双相态物质替代单相态物质
	12. 利用相态间的相互作用
利用物理效用和现象的方式（2 个标准解）	13. 利用自我控制的转换实现对象的多物理状态
	14. 增强输出场
利用分解与组合获得物质粒子的方式（3 个标准解）	15. 利用分解的方式获得物质粒子
	16. 利用集成和组合的方式获得物质粒子
	17. 兼用分解、集成与组合的方式获得物质粒子

在获取 76 种标准解的基础上就可以对技术系统矛盾问题进行求解分析，首先将特殊的技术系统问题归结为 TRIZ 理论的一般问题，然后应用 TRIZ 理论在 76 种标准解中寻求标准解法，进而演绎成初始问题的具体解法。其基本流程如图 3-14 所示。

4. 科学原理知识库

随着智能科学技术的发展，知识在复杂系统工程问题智能化处理过程中的作用越来越明显，而且越来越重要。专利是知识的一种呈现和表述形式，专利涉及不同工程领域、不同学科领域的技术与原理，因此，在利用 TRIZ 理论解决技术系统问题的过程中，在对数以万计的专利进行知识抽取的基础上，形成面向各个工程领域和学科领域的科学原理知识库，涵盖不同工程领域、不同学科领域的技术与原理，包括哲学、理学、工学等，对自然科学及工程领域中事物间纷繁复杂的关系实现全面的描述，并借助于这些通用的、标准的原理，把技术系统问题简化到最基本的要素，引导和帮助设计创造者利用它来解决某一特

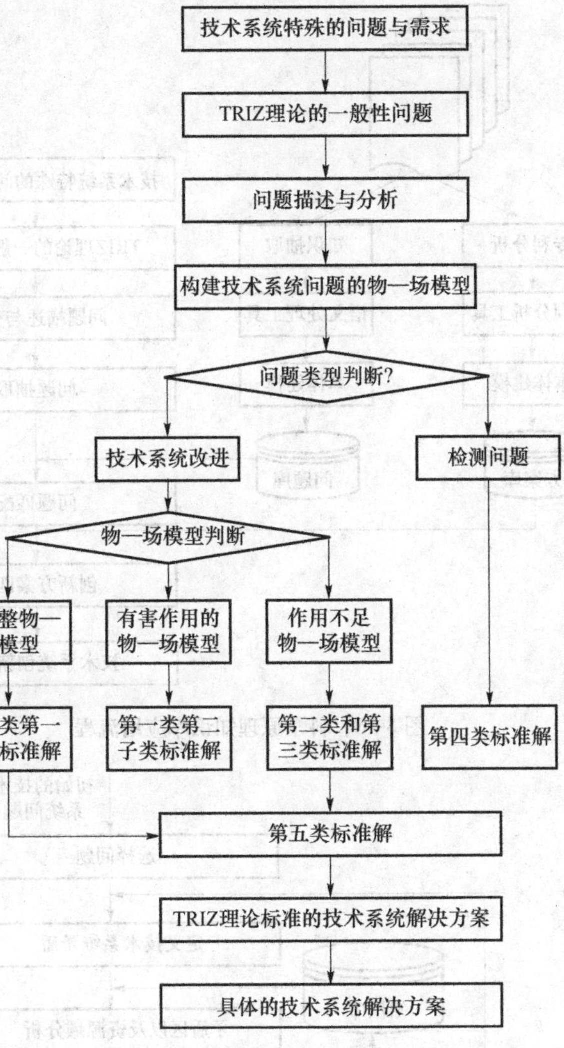

技术系统特殊的问题与需求
TRIZ理论的一般性问题
问题描述与分析
构建技术系统问题的物—场模型
问题类型判断?
技术系统改进
检测问题
物—场模型判断
不完整物—场模型
有害作用的物—场模型
作用不足物—场模型
第一类第一子类标准解
第一类第二子类标准解
第二类和第三类标准解
第四类标准解
第五类标准解
TRIZ理论标准的技术系统解决方案
具体的技术系统解决方案

图 3-14　基于 TRIZ 理论的 76 种标准解的基本流程

定技术领域的知识问题,进而实现技术系统创新方案的设计。其应用流程如图 3-15 所示。

3.2.5　TRIZ 解题流程——解决发明问题规则系统(ARIZ)

ARIZ(Algorithm for Inventive-Problem Solving)是 TRIZ 理论的解题流程,是一种组织设计人员思维行为的程序,使得设计人员能够拥有经验并有效利用经验处理技术系统问题。ARIZ 主要是针对问题情境比较复杂、矛盾或者相关组件不清晰、不明确的技术系统。ARIZ 认为:发明问题求解的过程是对问题不断描述和程式化的过程,描述得越清楚,问题就越容易解决。ARIZ 就是由一整套逻辑过程组成的规则系统,将初始问题程式化,并使技术系统逐渐向理想化的方向进化。ARIZ 主要包括 7 个逻辑过程,如图 3-16 所示,每一个逻辑过程中包含多个分步骤,每一个分步骤又包含多个不同的操作,每一个操作列有避免出错的法则、主要步骤和方法的清单,以及如何运用物理效应的图表。

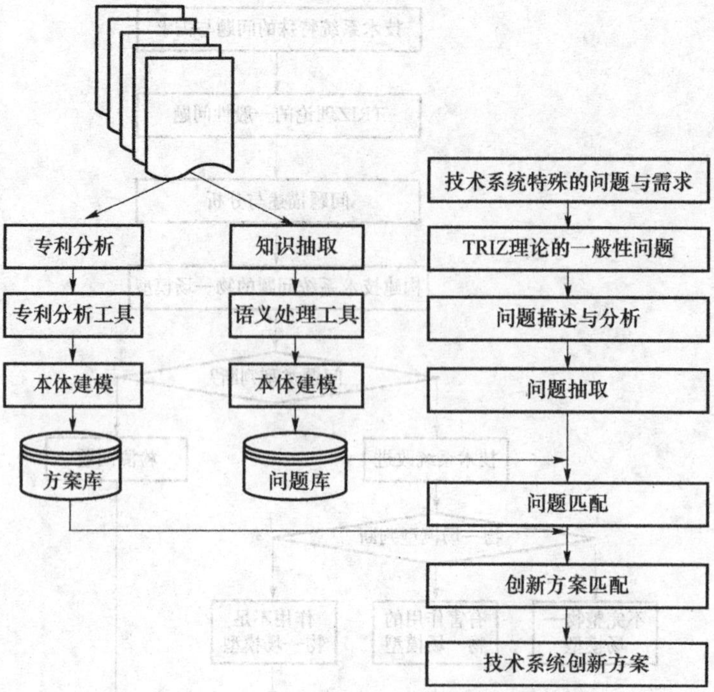
专利分析
知识抽取
专利分析工具
语义处理工具
本体建模
本体建模
方案库
问题库
技术系统特殊的问题与需求
TRIZ理论的一般性问题
问题描述与分析
问题抽取
问题匹配
创新方案匹配
技术系统创新方案

图 3-15　科学原理知识库应用流程

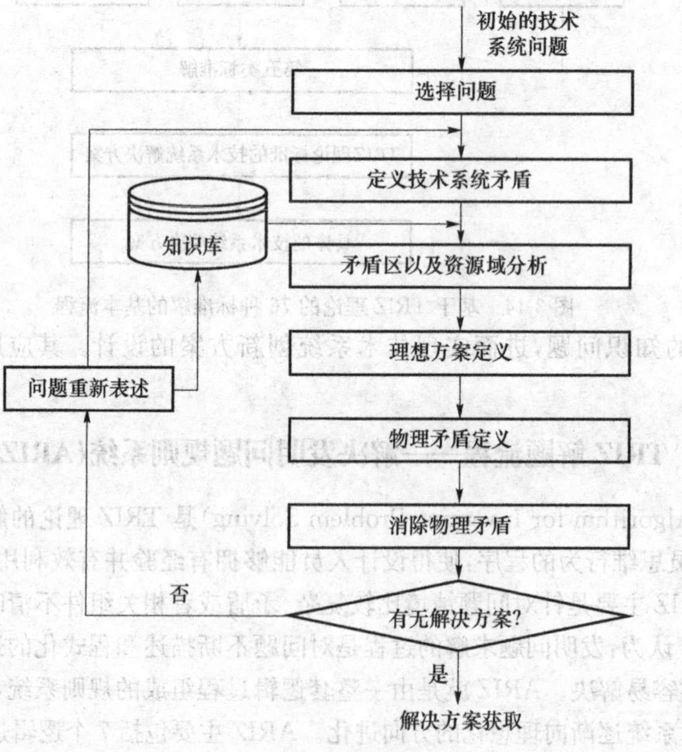
初始的技术
系统问题
选择问题
定义技术系统矛盾
知识库
矛盾区以及资源域分析
理想方案定义
问题重新表述
物理矛盾定义
消除物理矛盾
否
有无解决方案?
是
解决方案获取

图 3-16　ARIZ 的流程

从根里奇·阿奇舒勒于1959年提出ARIZ起，ARIZ就一直处于不断改进和完善的过程中，并形成了比较完整的理论体系。有关ARIZ方法的版本比较多，但其应用有着一些相关的实施步骤，图3-17给出了一种框架。

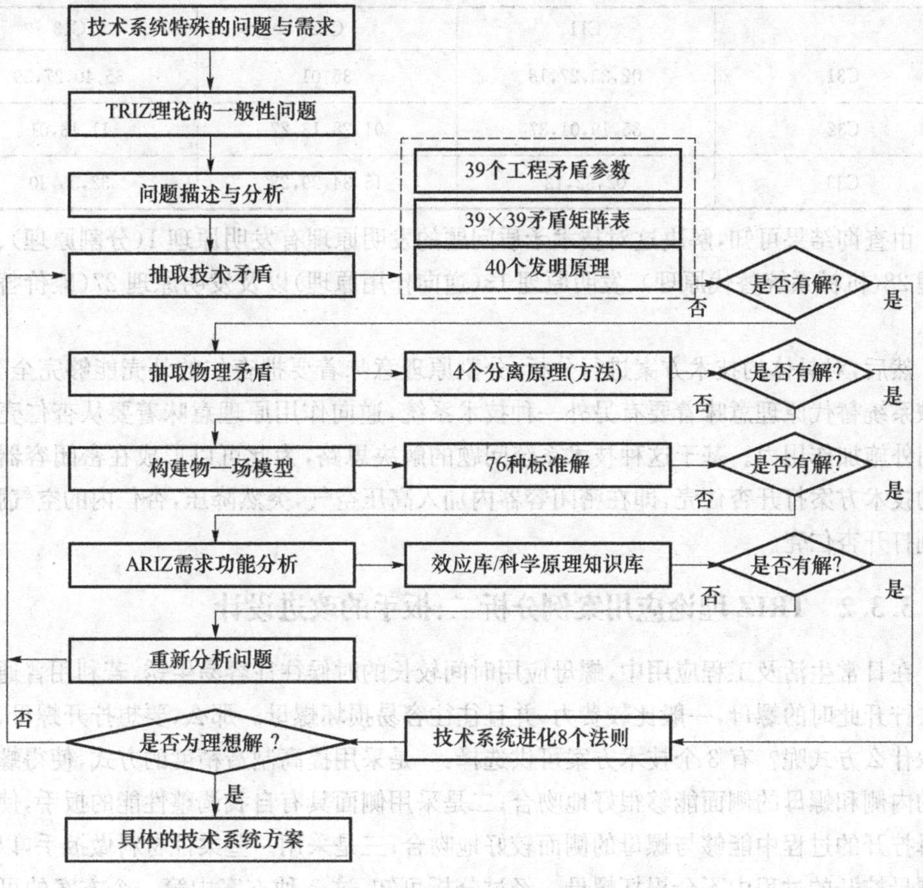

技术系统特殊的问题与需求
TRIZ理论的一般性问题
问题描述与分析
抽取技术矛盾
39个工程矛盾参数
39×39矛盾矩阵表
40个发明原理
是否有解?
是
否
抽取物理矛盾
4个分离原理(方法)
是否有解?
是
否
构建物—场模型
76种标准解
是否有解?
是
否
ARIZ需求功能分析
效应库/科学原理知识库
是否有解?
是
否
重新分析问题
否
是否为理想解？
技术系统进化8个法则
是
具体的技术系统方案

图3-17　ARIZ的实施框架

3.3　TRIZ理论的应用案例分析

3.3.1　TRIZ理论应用案例分析一：巧取果仁

杏仁是蔷薇科杏的种子，主要含有蛋白质、脂肪、糖、微量苦杏仁苷等，营养比较丰富。但获取杏仁的前提是必须要把杏仁的外壳去掉，但杏仁的外壳为坚硬的木质，传统的方式往往需要用锤或用机械方式把杏仁壳砸碎或者压碎。采用传统的方式获取杏仁，虽然方式相对比较简单，但是在砸碎或者压碎杏仁壳的过程中，往往会导致杏仁的损坏，由此，这个过程中将存在技术矛盾问题，可以采用TRIZ理论对其进行技术矛盾分析。

首先是抽取工程矛盾参数，建立其对应的矛盾对。经过分析可知，其对应的工程矛盾参数分别为工程矛盾参数32（可制造性）和工程矛盾参数12（形状），则这两者之间形成了一对技术矛盾。

其次，查找技术矛盾矩阵表，获得解决工程矛盾参数 32 和工程矛盾参数 12 之间矛盾问题的发明原理。查询结果如表 3-12 所示。

表 3-12　发明原理查询结果

	C11	C12	C13
C31	02,33,27,18	35,01	35,40,27,39
C32	35,19,01,37	01,28,13,27	11,13,01
C33	02,32,12	15,34,29,28	32,35,30

由查询结果可知，解决这对技术矛盾问题的发明原理有发明原理 1(分割原理)、发明原理 28(机械系统替代原理)、发明原理 13(逆向作用原理)以及发明原理 27(廉价替代原理)。

然后，对具体的技术方案进行分析，分割原理意味着要把杏仁的外壳能够完全分开，机械系统替代原理意味着要有另外一种技术系统，逆向作用原理意味着要从杏仁壳的内部向外施加作用力。基于这种技术系统问题的解决思路，为此可以形成在密闭容器内加压的技术方案打开杏仁壳，即在密闭容器内加入高压空气，突然降压，杏仁内的空气膨胀，立刻打开杏仁壳。

3.3.2　TRIZ 理论应用案例分析二：扳手的改进设计

在日常生活及工程应用中，螺母应用时间较长的时候往往容易生锈，若利用普通的扳手去拧开此时的螺母，一般比较费力，并且往往容易损坏螺母。那么，要想拧开螺母，应该采取什么方式呢？有 3 个技术方案可供选择：一是采用提高制造精度的方式，使得螺母扳手的内侧和螺母的侧面能够很好地吻合；二是采用侧面具有自我调整性能的扳手，使其在螺母拧开的过程中能够与螺母的侧面较好地吻合；三是采用一些柔性材料做扳手，以使得在螺母拧开的过程中不会损坏螺母。经过分析可知，这 3 种方案中第一个方案的可行性是最高的，但很明显的是，如果制造精度越高，工艺性则越差，若要试图改进工艺性，制造精度则会变坏，由此，采用 TRIZ 理论进行技术矛盾分析。

首先是抽取工程矛盾参数，建立其对应的矛盾对。经过分析可知，其对应的工程矛盾参数分别为工程矛盾参数 31(对象产生的有害因素)和工程矛盾参数 29(制造精确度)，两者之间形成了一对技术矛盾。

其次，查找技术矛盾矩阵表，获得解决工程矛盾参数 31 和工程矛盾参数 29 之间矛盾问题的发明原理。查询结果如表 3-13 所示。

表 3-13　发明原理查询结果

	C28	C29	C30
C30	28,33,23,26	26,28,10,18	
C31	03,33,26	04,17,34,26	—
C32	01,35,12,18	—	24, 02

由查询结果可知，解决这对技术矛盾问题的发明原理有发明原理 4(增加不对称原理)、发明原理 17(多维化原理)、发明原理 34(抛弃与再生原理)以及发明原理 26(复制原理)。

然后，对具体的技术方案进行分析，利用增加不对称原理和多维化原理进行技术系统方案的深入分析，如果扳手工作面与螺母侧面能够保持多点接触，而不只是普通扳手那样的棱角单点接触，矛盾问题就可以得到解决，即需要对普通扳手进行改进设计。美国工程设计师给出了一种改进的扳手，并申请获得了专利，如图 3-18 所示。

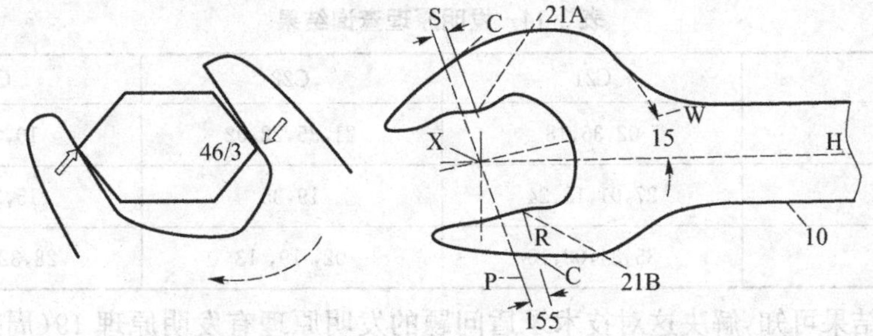
46/3
S
C
21A
W
X
15
H
R
10
P
C
21B
155
(a) 普通扳手
(b) 改进的扳手

图 3-18　改进的扳手设计

3.3.3　TRIZ 理论应用案例分析三：燃气灶的改进设计

传统的家用燃气灶的结构如图 3-19 所示。

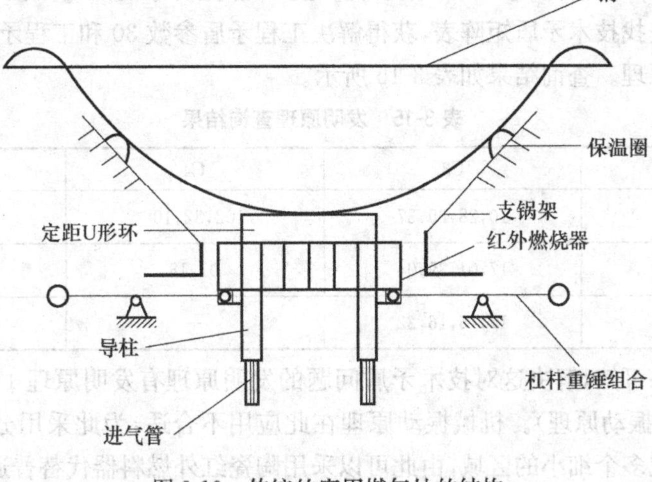
锅
保温圈
支锅架
定距U形环
红外燃烧器
导柱
杠杆重锤组合
进气管

图 3-19　传统的家用燃气灶的结构

由图 3-18 可以看出，传统的家用燃气灶是一个小型的技术系统，其基本组成部分包括锅、支锅架、进气管和燃烧器 4 个组成部分，所产生的功能包括燃气能够充分燃烧产生热量，热量能够有效传导到锅，并具有较强的抵御外界干扰的能力。通过分析可知，对于像家用燃气灶这样的一个小型技术系统而言，锅的形状往往会导致锅底接触火焰的程度不同，从而影响加热和导热的性能；并且，外界环境气流往往会使得家用燃气灶的燃烧火焰不稳定，同时，外界环境气流的产生也会使得一部分燃气的燃烧热量被损失掉。由此，该技术系统会产生几对技术矛盾，需要对系统进行改进设计。

(1) 第一对技术矛盾及其具体化的技术方案

锅的形状不同导致锅底接触火焰的程度不同，产生了技术矛盾，可以获得工程矛盾参数 32(可制造性)和工程矛盾参数 22(能量的损耗)，两者之间形成了一对技术矛盾。查找技术矛盾矩阵表，获得解决工程矛盾参数 32 和工程矛盾参数 22 之间矛盾问题的发明原理。查询结果如表 3-14 所示。

表 3-14 发明原理查询结果

	C21	C22	C23
C31	02,35,18	21,35,22,02	10,01,34
C32	27,01,12,24	19,35	15,34,33
C33	35,34,02,10	02, 19, 13	28,32,02,24

由查询结果可知，解决这对技术矛盾问题的发明原理有发明原理 19(周期性作用原理)和发明原理 35(物理或化学状态和参数变化原理)。利用这两个发明原理，即应该使得锅底与燃烧器之间具有尺寸周期性变化时能够保持稳定距离的性能，其具体的技术系统解决方案可采用支架可移动或者火焰可移动的方式。

(2) 第二对技术矛盾及其具体化的技术方案

外界环境气流影响了火焰的稳定性能，产生了技术矛盾，可以获得工程矛盾参数 30(作用于对象的外部有害因素)和工程矛盾参数 4(静止对象的尺寸)，两者之间形成了一对技术矛盾。查找技术矛盾矩阵表，获得解决工程矛盾参数 30 和工程矛盾参数 4 之间矛盾问题的发明原理。查询结果如表 3-15 所示。

表 3-15 发明原理查询结果

	C3	C4	C5
C29	10,28,29,37	02,32,10	28,33,29,32
C30	17,01,39,04	01,18	22,01,33,28
C31	17,15,16,22	—	17,02,18,39

由查询结果可知，解决这对技术矛盾问题的发明原理有发明原理 1(分割原理)和发明原理 18(机械振动原理)。机械振动原理在此应用不合适，为此采用分割原理，即将原有的火焰分割成多个细小的区域，由此可以采用陶瓷红外燃料器代替普通燃烧器，设置几十个小孔为燃烧孔的技术方案形式，从而使得改进的燃气灶燃烧得更加稳定。

(3) 第三对技术矛盾及其具体化的技术方案

外界环境气流产生带走了燃烧热量，产生了技术矛盾，可以获得工程矛盾参数 35(物理或化学状态和参数变化原理)和工程矛盾参数 22(能量的损耗)，两者之间形成了一对技术矛盾。查找技术矛盾矩阵表，获得解决工程矛盾参数 35 和工程矛盾参数 22 之间矛盾问题的发明原理。查询结果如表 3-16 所示。

表 3-16　发明原理查询结果

	C21	C22	C23
C34	15,10,32,02	15,01,32,19	02,35,34,27
C35	19,01,29	18,15,01	15,10,02,13
C36	20,19,30,34	10,35,13,02	35,10,28,29

由查询结果可知,解决这对技术矛盾问题的发明原理有发明原理 18(机械振动原理)、发明原理 15(动态化原理)和发明原理 1(分割原理)。机械振动原理在此应用不合适,利用动态化原理和分割原理,即可以把燃气灶的技术系统和外界环境分离开来,并使其具有动态可变性,由此可考虑采用在支架上放置金属保温圈罩的技术方案形式。

第4章 公理化设计

公理化设计理论认为，在独立性公理和信息公理的指导准则下，设计过程中设计问题可分为用户域、功能域、结构域和工艺域4个域，每个域中有各自的元素，整个设计过程实际就是4个域之间的映射过程。公理化设计不同于系统化设计，是一种以设计域和设计公理为基础的设计，为设计者进行设计和改进设计提供理论依据和设计判断准则，同时还提供了设计分解过程的形式，克服了设计早期设计目标模糊的现象，使得系统设计的流程更加清晰，即公理化设计是一种设计和决策的方法。为此，借助于公理化设计的相关概念与方法，将公理化设计中的域、层次、曲折映射和设计公理等概念应用到复杂的产品设计中，为产品智能化设计提供支持。

4.1 公理化设计发展状况

公理化设计(AD，Axiomatic Design)是由MIT的Suh教授等于20世纪90年代初期提出的一种新的概念性的产品设计理论，其目的是为复杂产品设计建立科学基础，通过为设计者提供基于逻辑和理性的思维方法和工具来改善产品开发中的设计活动。1998年5月，德国举行了国际上第一次以设计理论为主题的研讨会，Suh教授提出了公理化设计理论的概念。但是"Axiomatic Design"(公理化设计)一词是Suh教授在《The Principles of Design》一书中正式提出的，从1977年起，Suh教授开始寻求该问题的解决方案。通过多年的努力，Suh教授总结和归纳了设计的基本公理和原则，并于1990年出版了《The Principles of Design》一书，从此，一种新概念的设计方法(设计理论)——公理化设计诞生了。公理化设计是众多现代设计方法中的一种，也是非常实用和重要的一种。公理就是从实践中总结出来的、无须证明的，并且被大家公认接受的真理，是一种具有普遍性、显而易见的理论。在产品设计中，如何尽可能地使产品满足用户的需求是关键，虽然质量功能配置(QFD，Quality Function Deployment)是一种强有力的方法，它是根据用户需求建立产品特性要求。但是对每一个产品都要实现一定的功能要求，产品的结构参数能否真正满足这些功能，以及满足的程度如何，QFD无法判定，包括稳健设计、TRIZ(创新问题解决理论)也没有给出确切的原则和判断标准。

公理化设计理论除提出设计域的概念外，还提出了两个重要的设计公理：独立性公理和信息公理。独立性公理表明功能要求与设计参数之间的关系，保持功能要求的相互独立，可以使满足设计目标特性的功能要求最少，使设计的产品结构最简单。信息公理表明在所有满足独立性公理的设计中，信息含量最少的设计是最好的设计，它是用来对设计方案进行评价和比较的原则。目前，国外关于公理化设计方面的研究比较多，理论和应用方面都取得一些成果，而国内对公理化设计的研究才刚刚起步，主要是将公理化设计的思想和理论初步应用到产品方案设计中。总体上来看，目前国内外学者对公理化设计在产品概念设计中的应用的研究已有一些，也从多个角度对公理化设计在产品概念设计中的应用进行了探讨，但更多的是依据公理化设计的两个设计公理对概念设计过程进行原理性的指导，还只是一种概念上的表达，未能充分利用公理化设计提供的理论依据、设计判断准则及设计分解过程的形式，距离完善的理论体系和实用阶段尚有一定的差距，并且如果发现设计不满足设计公理的要求，更多的是需要设计者凭经验去修改，这显然不能满足复杂机械产品概念设计中适应性修改的要求。如何利用公理性设计对复杂机械产品概念设计中的设计任务、设计过程、设计层次进行有效的多重分解，减少设计分解过程的交互度，建立多级设计实例的概念设计模型等对基于知识重用的概念设计提供有力的支持都具有重要的意义。

4.2 公理化设计的基本概念

1. 公理化设计的目的

公理化设计是一种以设计域和设计公理为基础的设计，最终目的是为设计者提供一个理论框架，为设计者进行设计和改造设计提供理论依据。公理化设计一般追求如下几个目的：

(1) 为产品设计建立科学基础；

(2) 为产品设计活动提供理论基础；

(3) 提供判断好的设计、坏的设计的产品设计准则；

(4) 提供复杂产品设计分解过程的形式与框架。

2. 设计域

基于公理化设计，将设计过程划分为 4 个不同的设计活动，即 4 个域，分别是用户域(Customer Domain)、功能域(Functional Domain)、结构域(Physical Domain)和工艺域(Process Domain)，因而，基于公理化设计的复杂产品方案设计的多级分解过程也将面向 4 个域展开，目的就是寻找相邻两个设计域间的相互映射关系，并基于设计域间的映射关系对已有设计进行分析，将不存在耦合或者设计冗余的设计实例重用到新方案设计中。

3. 域的结构与域间的关系

用户域，即用户需求的产品属性(CA，Customer Needs/Attributes)；功能域是根据用户需求而确定的功能要求(FR，Functional Requirements)，该域中的元素表现为功能特性与设计约束；结构域是为满足功能要求而决定的设计参数(DP，Design Parameters)，该域中的元素表现为结构特性参数；工艺域是根据结构域的设计参数而制订的工艺过程变量(PV，Process Variables)。设计分解过程被描述为以用户需求为驱动的域间映射，对于每一对相邻的域，左边域表示“要获得什么”，右边域表示“打算如何获得”，两者需要通过设计方程建立联系。基于公理化设计的复杂产品方案设计的多级分解设计域的结构与设计域间的关系如图 4-1 所示。

4. 设计层次

设计层次是指公理化设计中各个设计域的设计层次树。按照功能特性对复杂产品设

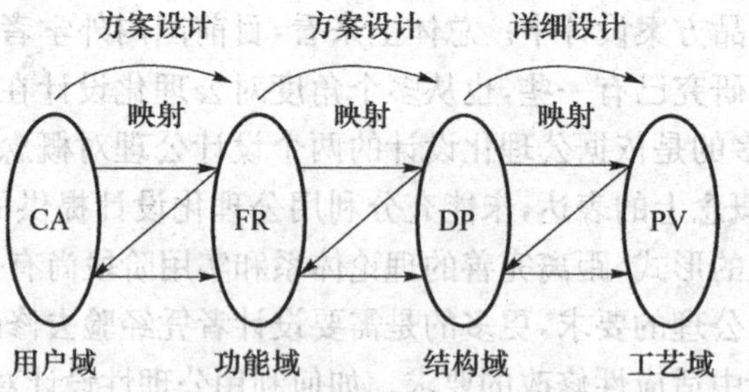
方案设计
方案设计
详细设计
映射
映射
映射
CA
FR
DP
PV
用户域
功能域
结构域
工艺域

图 4-1 公理化设计的设计域

计方案进行分解，得到不同设计层次的父功能与子功能，进而生成相应的功能特性层次树；按照结构特性对大型复杂产品设计方案进行分解，得到不同设计层次的父设计参数与子设计参数，进而生成相应的结构特性层次树。功能特性层次树与结构特性层次树能够非常清晰地描述功能设计域与结构设计域的设计目的，并以与子功能和子设计参数相对应的设计子实例即设计结果的形式表现。功能特性层次树与结构特性层次树如图 4-2 所示。

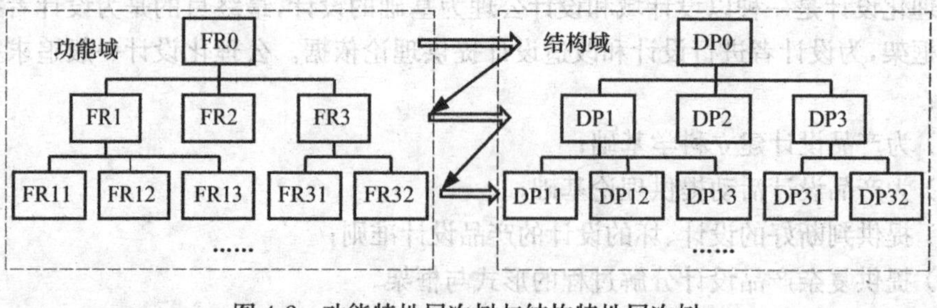
功能域
FR0
FR1
FR2
FR3
FR11
FR12
FR13
FR31
FR32
……
结构域
DP0
DP1
DP2
DP3
DP11
DP12
DP13
DP31
DP32
……

图 4-2 功能特性层次树与结构特性层次树

在功能特性层次树中，树的顶层为产品设计实现的总功能，它是设计实现的总体设计目标，各子功能实现相应的子设计目标。在结构特性层次树中，树的顶层为与总功能对应的总体结构设计参数，决定了产品的设计方向，低级别的设计参数用来实现子功能。叶设计参数是设计的详细结构，描述了产品的组成和结构，是对产品的完整描述。可以看出，层次结构树的最高级别是对产品设计的抽象概括，层次结构树的叶参数是产品的最终设计结果。在设计方案多级分解的过程中，需要使得同一子层中的子功能与设计参数相互独立，且能够完全表征父层中的父功能与父设计参数，从而减少新产品开发过程中因重用已有设计而产生耦合设计或冗余设计的风险。

5. 曲折映射

基于公理化设计对设计实例进行分解时，每个域中的元素被逐层分解，层级的概念表示了在每一个域中自顶向下的层次结构。在各个域中进行层次分解的过程中，每个域中的层次结构依赖于在域之间进行“Z”字映射即曲折映射，从而形成功能特性层次树、结构特性层次树以及设计参数和功能要求之间的关系，使设计实例得以分解。

基于公理化设计进行设计方案多级分解时，根据总设计参数来进行总功能分解，再根据子功能确定该级的设计参数，当子功能完全满足后，再分解下一级子功能，以此类推，直至分解到子设计参数全部解决为止。设计方案多级分解的曲折映射原理如图 4-2 所示。对分解过程而言，从功能域到结构域的设计方程表达为：$\{\mathbf{FR}\}_{m\times 1}=[\mathbf{DM}]_{m\times n}\{\mathbf{DP}\}_{n\times 1}$，$[\mathbf{DM}]_{m\times n}$表示功能要求与设计参数的设计矩阵，由此可以通过对设计矩阵进行分析来判断设计实例分解的合理性。

6. 设计粒度与设计顺序

设计方案多级分解是对已有设计参数与功能要求进行提取与分析，目标是找出不同层次的设计参数与功能要求之间的映射和对应关系。若这种映射关系满足独立性公理与一致性原则，则可建立相应的多级实例库，从而在新产品开发中重用已有的设计。为正确指导设计方案多级分解，在设计分解的过程中应该考虑以下问题。

(1) 分解粒度：分解粒度是指设计分解的规模。分解粒度越小，设计分解的划分规模越小，功能特性与设计参数表达的含义越具体，对应的元素数目就越多，但设计分解就会越复杂，反之亦然。在设计分解时，如果分解粒度太小，使分解后得到的元素为单个的零件以及大量的功能特性，增加了产品开发中产生耦合设计的风险以及设计难度，同时，使得重用设计变为单纯地重用设计本身，失去了知识重用的含义；另一方面，如果分解粒度太大，分解后得到的功能特性不能明确表达设计目标，不利于设计人员对设计目标的正确理解，降低了设计实例重用的灵活性。在实际分解中，需要领域专家经过分析与评价来确定设计分解的粒度，以确定需不需要进行下一层次的分解。

(2) 分解顺序：在满足分解粒度的条件下，不同的设计多级分解顺序可能会出现多个功能特性满足一个或多个设计参数或者多个设计参数满足一个或多个功能特性的情况，这都会导致在新产品的开发中出现耦合设计或者冗余设计。所以，设计多级分解顺序一般遵循下面的原则：先分解独立的功能要求，再根据该功能要求对其他功能要求的影响分解其他的功能要求，从而获得满足独立性要求的功能特性和相应的设计参数。

(3) 设计分解的功能域与结构域映射关系：每一层设计分解都必须对功能域与结构域映射关系进行分析，即功能要求与设计参数的相互转化及分解与转化后的功能要求与设计参数是否满足独立性公理与一致性原则。对于设计多级分解，若功能特性与结构特性不能满足上述要求，则分解后的子设计存在耦合设计或者冗余设计，一般不能用于设计实例的重用，以避免在新产品开发中仍存在耦合设计或者冗余设计。

7. 设计公理

针对复杂产品设计分解过程中的相邻域之间的映射，公理化设计给出的独立性公理表示如下。

公理(独立性公理)：保持功能要求的独立性。

该公理表明设计多级分解后的设计参数，既要满足功能要求，又要保持功能要求之间的相互独立性。相邻域间的映射过程可以用数学方程来描述，即在层次结构的某一层上，相邻域中的特性向量间有一定的数学关系，功能域中的功能要求与结构域中的设计参数之间的关系表示为

$$\{\mathbf{FR}\}_{m\times 1}=[\mathbf{DM}]_{m\times n}\cdot\{\mathbf{DP}\}_{n\times 1}$$

$$
= \begin{bmatrix} DM_{11} & DM_{12} & \cdots & DM_{1n} \\ DM_{21} & DM_{22} & \cdots & DM_{2n} \\ \vdots & \vdots & \cdots & \vdots \\ DM_{m1} & DM_{m2} & \cdots & DM_{mn} \end{bmatrix}_{m\times n} \cdot \{\mathbf{DP}\}_{n\times 1}
$$

式中，$\{\mathbf{FR}\}_{m\times 1}$为功能要求向量，$\{\mathbf{DP}\}_{n\times 1}$为设计参数向量，$[\mathbf{DM}]_{m\times n}$为设计矩阵，其中设计矩阵$[\mathbf{DM}]_{m\times n}$的元素 $DM_{ij}=\partial FR_i/\partial DP_j$。

公理(信息公理)：使设计所包含的信息量最少。

即在所有满足独立性公理的有效解中，最好的设计方案应使所包含的信息为最少。可以看出，独立性公理可用来减少有效解的数量，信息公理用来从有效解中找出最好的设计方案来。

4.3 设计公理的数学描述

4.3.1 独立性公理数学模型

根据上述描述可知，独立性公理描述了功能要求 FR 与设计参数 DP 之间的关系，是指在公理化设计的框架下，功能要求 FR 与设计参数 DP 可以通过设计方程的形式进行表达，即设计方程表示为

$$\{FR\}=[\mathbf{A}]\{DP\}$$

式中，{FR}表示功能要求或者功能特性集合，{DP}表示设计参数或者设计特性集合，$[\mathbf{A}]$表示结构设计的特征矩阵(设计矩阵)。

设计矩阵是表征功能要求 FR 与设计参数 DP 之间的映射关系，其数学式表达为

$$
[\mathbf{A}]=\begin{bmatrix} A_{11} & A_{12} & \cdots & A_{1n} \\ A_{21} & A_{22} & \cdots & A_{2n} \\ \vdots & \vdots & & \vdots \\ A_{m1} & A_{m2} & \cdots & A_{mn} \end{bmatrix}
$$

则有

$$FR_i=\sum_{j=1}^{n} A_{ij} DP_j$$

若基于微分形式进行其数学模型的描述，则有

$$\{dFR\}=[\mathbf{A}]\{dDP\}$$

其中 $A_{ij}=\partial FR_i/\partial DP_j$。

1. 功能域和结构域之间的设计

根据设计矩阵的结构形式不同，可以将产品设计功能域和结构域之间的设计分为如下多种形式。

(1) 非耦合设计

非耦合设计的设计矩阵为对角阵，其形式如下

$$[\boldsymbol{A}]=\begin{bmatrix} X & 0 & 0 \\ 0 & X & 0 \\ 0 & 0 & X \end{bmatrix}$$

(2) 准耦合设计

准耦合设计的设计矩阵为三角矩阵，其形式如下

$$[\boldsymbol{A}]=\begin{bmatrix} X & 0 & 0 \\ 0 & X & 0 \\ X & X & X \end{bmatrix}$$

(3) 耦合设计

耦合设计的设计矩阵为一般性设计矩阵，其形式如下

$$[\boldsymbol{A}]=\begin{bmatrix} X & 0 & X \\ 0 & X & X \\ X & X & X \end{bmatrix}$$

2. 结构域和工艺域之间的设计

同理，可以根据结构域向工艺域的映射关系，即 DP 与 PV 的关系进行类似的分析，即可以将产品设计结构域和工艺域之间的设计分为如下形式

$$\{\mathrm{DP}\}=[\boldsymbol{B}]\{\mathrm{PV}\}$$

其中，$[\boldsymbol{B}]$表示工艺设计的特征矩阵（设计矩阵）。

(4) 非耦合设计

非耦合设计的设计矩阵为对角阵，其形式如下

$$[\boldsymbol{B}]=\begin{bmatrix} X & 0 & 0 \\ 0 & X & 0 \\ 0 & 0 & X \end{bmatrix}$$

(2) 准耦合设计

准耦合设计的设计矩阵为三角矩阵，其形式如下

$$[\boldsymbol{B}]=\begin{bmatrix} X & 0 & 0 \\ 0 & X & 0 \\ X & X & X \end{bmatrix}$$

(3) 耦合设计

耦合设计的设计矩阵为一般性设计矩阵，其形式如下

$$[\boldsymbol{B}]=\begin{bmatrix} X & 0 & X \\ 0 & X & X \\ X & X & X \end{bmatrix}$$

3. 设计类型的判断

根据功能要求与设计参数个数的关系可以判断设计的类型。下面以功能域和结构域间的设计为例进行分析。

(1) DP 数<FR 数：耦合设计

定理 1(耦合设计是由于 DP 数不足):当 DP 数小于 FR 数时,设计是耦合设计或者功能要求不能满足。

$$\begin{Bmatrix} FR_1 \\ FR_2 \\ FR_3 \end{Bmatrix} = \begin{bmatrix} X & 0 \\ 0 & X \\ A_{31} & A_{32} \end{bmatrix} \begin{Bmatrix} DP_1 \\ DP_2 \end{Bmatrix}$$

定理 2(耦合设计解耦):当 DP 数小于 FR 数时,可通过增加 DP 的数量,使设计解耦。

(2) DP 数>FR 数:冗余设计

定理 3(冗余设计):当 DP 数大于 FR 数时,设计是冗余设计或者是耦合设计。

$$\begin{Bmatrix} FR_1 \\ FR_2 \end{Bmatrix} = \begin{bmatrix} A_{11} & 0 & A_{13} & A_{14} & A_{15} \\ A_{21} & A_{22} & 0 & A_{24} & 0 \end{bmatrix} \begin{Bmatrix} DP_1 \\ DP_2 \\ DP_3 \\ DP_4 \\ DP_5 \end{Bmatrix}$$

对于冗余设计或者耦合设计的解耦可以通过适当减少 DP 的数量实现。

(3) DP 数=FR 数:理想设计

定理 4(理想设计):在理想设计中,设计参数总是与功能要求个数相等,并且功能要求保持相互独立。

$$\begin{Bmatrix} FR_1 \\ FR_2 \\ FR_3 \end{Bmatrix} = \begin{bmatrix} X & 0 & 0 \\ 0 & X & 0 \\ 0 & 0 & X \end{bmatrix} \begin{Bmatrix} DP_1 \\ DP_2 \\ DP_3 \end{Bmatrix}$$

结构域和工艺域间的设计类型分析以及设计解耦与功能域和结构域间的设计类型分析以及设计解耦相类似。

4.3.2 信息公理数学模型

满足产品功能要求的设计方案可能不止一种,信息公理是指在所有满足独立性公理的有效解中,最好的设计方案所包含的信息量应最少。信息量由系统方案满足给定功能要求的概率的对数函数来确定,如果系统方案满足功能要求 FR_i 的概率为 P_i,则信息量 I_i 表示为

$$I_i = -\log_2 P_i = \log_2(1/P_i)$$

在实际的工程应用中,实现功能要求的概率可由设计范围和系统范围确定,设计范围与系统范围的重叠区域为满足功能要求 FR_i 的唯一区域,如图 4-3 所示。

因此,信息量 I_i 也可表示为

$$I_i = -\log_2 P_i = \log_2(S_{ri}/C_{ri})$$

式中,C_{ri} 为公共范围面积,S_{ri} 为系统范围。

例如,加入需要加工的工件 A 和 B,其设计要求为:工件 A 的加工长度尺寸为 1±0.0001m;工件 B 的加工长度尺寸为 1±0.01m。则其对应的满足设计要求的概率表示为

$$P_i = S_{ri}/C_{ri}$$

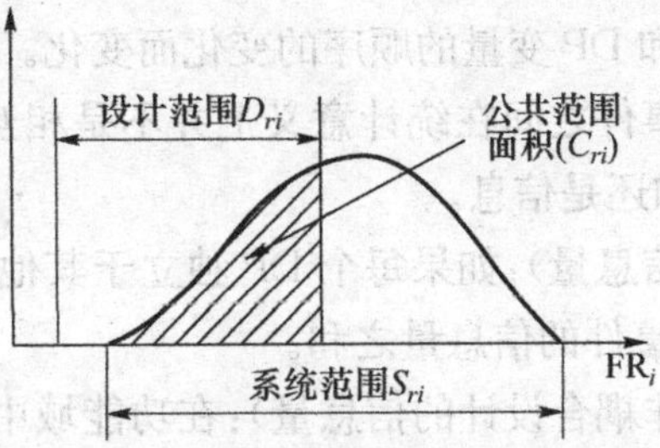

φ_s
设计范围D_{ri}
公共范围
面积(C_{ri})
FR$_i$
系统范围S_{ri}

图 4-3　设计参数分布的概率密度函数

$$P_A=\frac{公差}{基准尺寸}=\frac{0.0001}{1}=0.0001$$

$$P_B=\frac{公差}{基准尺寸}=\frac{0.01}{1}=0.01$$

当 FR_i 为连续随机变量时，系统的概率密度函数一般呈随机分布，实现功能要求的概率可表示为

$$P_i=\int_{d_1}^{d_2}\varphi_s(FR)dFR=C_{ri}$$

式中，$\varphi_s(FR)$为功能要求 FR_i 的概率密度函数，C_{ri}为系统范围S_{ri}与设计范围D_{ri}所围成的面积；d_2、d_1 分别为设计范围的上限与下限。

4.4　公理化设计的定理、推论与基本流程

在这里，根据产品设计的需要，简要列出一些相关的定理和推论，以及应用公理化设计进行工程设计的基本流程。

4.4.1　部分设计定理

定理 5(需要更新设计)：当功能要求改变后，必须更新原来的设计方案，以满足新的设计要求。

定理 6(非耦合设计的过程独立性)：非耦合设计信息量与满足功能要求的设计参数顺序的改变无关。

定理 7(耦合和准耦合设计的过程相关)：耦合和准耦合设计的信息量取决于满足功能要求的设计参数的改变顺序和变化方式。

定理 8(独立性和设计范围)：当定义的公差比 $\sum_{\substack{i\neq j\\ j=1}}^{n}\frac{\partial FR_i}{\partial DP_j}\cdot\Delta DP_j$ 大时，设计是耦合设计，此时，设计矩阵的非对角元素可以忽略不计。

定理 9(面向制造的设计)：对于一个具有可靠性和稳健性的可制造性产品，其设计矩阵[**A**]和[**B**]的乘积，必须是对角阵或三角阵。

定理 10(独立性度量的模块化)：假设设计矩阵[**DM**]能够被细分成主对角线元素为非零的小矩阵，那么，矩阵[**DM**]的正交性和一致性等于各非零小矩阵的正交性和一致性的积。

定理 11(不变性):只要每个 FR 与其相对应的 DP 的相对关系保持不变,设计矩阵的正交性和一致性不随 FR 和 DP 变量的顺序的变化而变化。

定理 12(信息和):当事件之间在统计意义上并不是相互独立时,若使用适当的条件概率,则一组事件的信息和还是信息。

定理 13(整个系统的信息量):如果每个 DP 独立于其他 DP,则系统的信息量是所有满足一系列功能要求的各事件的信息量之和。

定理 14(耦合设计和非耦合设计的信息量):在功能域中,当一组 FR 的状态改变后,耦合设计发生改变所需要的信息量比非耦合设计所需要的信息量大。

定理 15(设计－制造接口):当制造系统采取折中措施维护产品功能要求独立性时,产品的设计必须改变,或者应设计一个新的制造过程,以便保持功能要求的独立性。

定理 16(信息量相等):不管设计任务的物理性质如何,所有与设计任务有关的信息含量都具有同等重要性,因此,不需考虑加权因素。

4.4.2 部分设计推论

推论 1(耦合设计解耦):如果设计中功能要求耦合或相互干扰,则应通过解耦或分解方案,使功能要求独立。

推论 2(功能要求最少):尽量减少功能要求和约束的数量。

推论 3(结构元素集成):在功能要求能够独立满足预期设计方案时,尽可能将设计特征集成到一个零件(部件)上。

推论 4(标准化的应用):在满足功能要求和约束条件的前提下,尽量使用标准件和可互换的零件。

推论 5(对称性的应用):在满足功能要求和约束条件的前提下,尽量使用对称结构。

推论 6(最大化设计公差):在满足功能要求的前提下,选用尽可能大的设计公差。

推论 7(非耦合设计信息含量最少):在满足功能要求的条件下,尽量寻找一个比耦合设计信息含量少的非耦合设计。

推论 8(标量的有效正交性):具有耦合矩阵或元素的有效正交性是 1。

4.4.3 公理化设计的基本流程

公理化设计实施的基本流程包括一些关键步骤,具体可以概括如下。

1. 分析设计

通过综合利用多种方法和手段如市场调研、统计分析、专家咨询等,归纳、整理与分析客户对产品的要求,获取相关的产品设计数据、信息、知识及存档记录等,综合分析相关需求信息,定义产品客户需求,确定产品设计需求分析特性。

2. 总体功能要求分析

根据客户需求信息、企业运作信息、市场信息以及产品相关的性能和技术指标要求,定义产品的总体功能要求及产品设计的总体设计方案,使得产品设计的思路和框架清晰化。

3. **需求转化**

根据需求信息和功能特性之间的映射关系，利用 QFD 等工具，将客户需求特性转化为产品的功能要求，定义详细的、具体的产品设计功能要求，并给出相应的功能要求的目标值及相应的约束条件。

4. **功能特性与结构特性转化**

基于设计人员的设计经验、设计能力及创新能力等，将功能域向结构域进行映射，即将确定的产品设计功能特性通过映射转化成合适的结构设计参数，同时，在不违反设计约束的前提下，尽可能地给出产品设计参数选取的可能，获得相应的设计方案。

5. **建立设计方程**

根据功能域和结构域之间的映射关系，选择合适的结构设计参数，建立功能域和结构域之间的设计方程，利用独立性公理，基于设计矩阵判定是否存在耦合设计，若存在，通过调整变换使得设计矩阵尽可能为对角阵或三角阵，以保证设计过程中不存在耦合设计。

6. **功能层级分解**

基于结构设计参数的层次关系，判断结构设计参数是否为最终的解，以判断是否需要进行功能要求的下一级分解。若结构设计参数不为最终的解，则需要进行功能要求的下一级分解，即重复步骤 4，并需要考虑满足产品系统组成的完整性、子功能要求和子功能要求之间的独立性、子功能要求和父功能要求之间的一致性以及相关的设计约束。若结构设计参数为最终的解，则不需要进行功能要求的下一级分解。

7. **结构特性与工艺特性转化**

基于设计人员的设计经验、设计能力及创新能力等，将结构域向工艺域进行映射，即将确定的产品结构设计参数通过映射转化成合适的工艺设计参数，同时，在不违反设计约束的前提下，尽可能地给出产品工艺设计选取的可能，获得相应的设计方案。

8. **工艺特性的层级性**

根据结构域和工艺域之间的映射关系，选择合适的工艺设计参数，建立结构域和工艺域之间的设计方程，即根据结构设计参数的层级性建立工艺设计特性的层级性关系。利用独立性公理，基于设计矩阵判定是否存在耦合设计，若存在，通过调整变换使得设计矩阵尽可能为对角阵或三角阵，以保证设计过程中不存在耦合设计。

9. **设计决策**

利用公理化设计中的信息公理，选择信息量最小的设计方案，确定最优的产品设计方案。

根据上述的论述，可将公理化设计的基本流程实现过程描述为如图 4-4 所示。从图中可以看出，采用公理化设计进行产品设计，在设计的早期阶段往往需要花费一些时间，但是在产品设计执行阶段将节省大量的时间，这主要是因为基于公理化设计的产品设计减少了设计的随机搜索，有效地减少了反复的迭代试错过程，因此缩短了产品的开发周期，提升了产品开发效率，提高了产品设计质量，降低了产品设计成本。

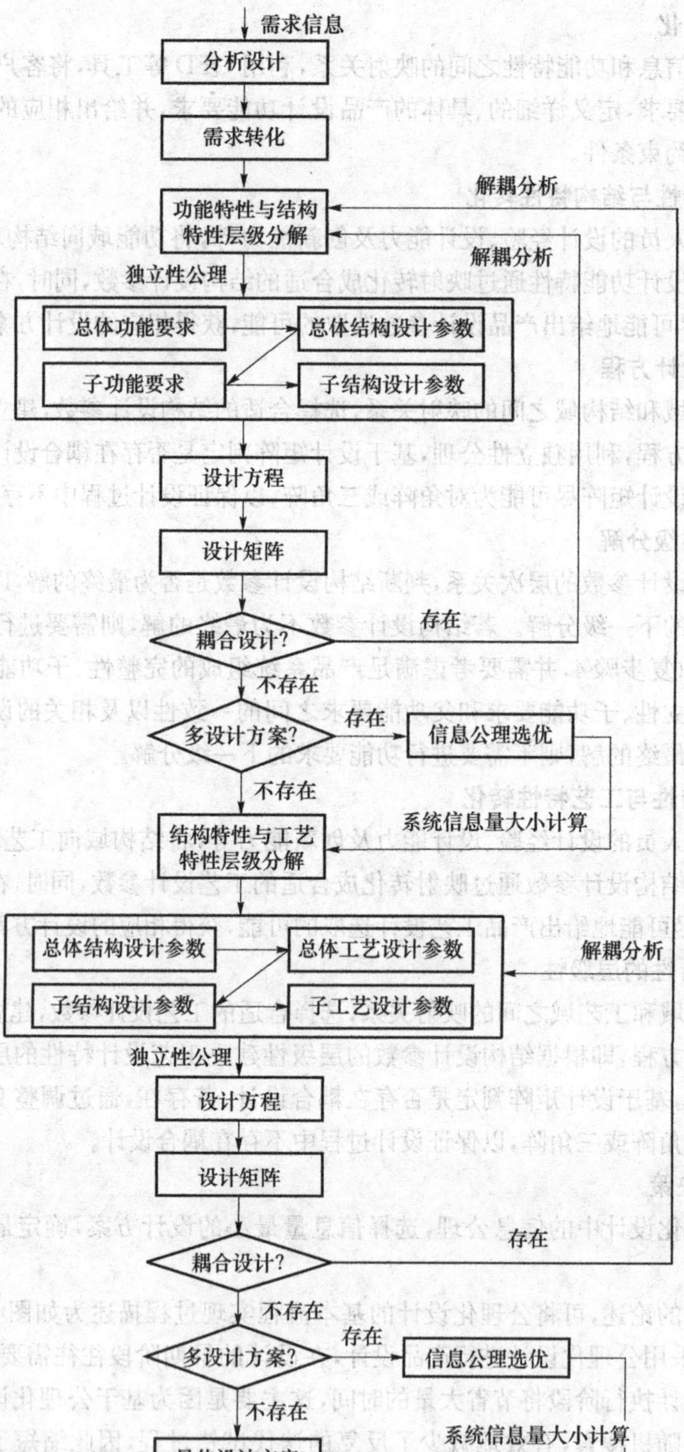
需求信息
分析设计
需求转化
功能特性与结构特性层级分解
解耦分析
解耦分析
独立性公理
总体功能要求
总体结构设计参数
子功能要求
子结构设计参数
设计方程
设计矩阵
存在
耦合设计?
不存在
多设计方案?
存在
信息公理选优
不存在
系统信息量大小计算
结构特性与工艺特性层级分解
总体结构设计参数
总体工艺设计参数
子结构设计参数
子工艺设计参数
解耦分析
独立性公理
设计方程
设计矩阵
存在
耦合设计?
不存在
多设计方案?
存在
信息公理选优
不存在
系统信息量大小计算
最佳设计方案

图 4-4　公理化设计的基本流程

4.5 公理化设计学术研究热点

公理化设计从提出、发展直到目前的发展过程，其研究的内容是一个发展和深化的过程，这从一般每年召开一次的国际性公理化设计学术会议的主题内容中可以略窥一二。本书有选择性地给出了一些早期的和现在的国际性公理化设计学术会议的讨论主题，以使读者对其研究的热点和发展的趋势有更加直观的理解。

1. 2000 年第一届公理化设计国际会议

The First International Conference on Axiomatic Design(ICAD 2000)于 2000 年在美国的 Massachusetts Institute of Technology 召开，其会议主题主要包括以下几个方面：

(1) Design and Development Process(设计与开发过程)；

(2) Concept Synthesis and Evaluation(概念综合与评价)；

(3) Industrial Applications: Concept Synthesis and Evaluation(工业应用:概念综合与评价)；

(4) Diagnostics and Design Improvement(诊断和设计改进)；

(5) Industrial Applications: Diagnostics and Design Improvement(工业应用:诊断和设计改进)；

(6) Innovative Application Fields(创新的应用领域)；

(7) Robust Design(稳健设计)；

(8) Industrial Applications: Robust Design(工业应用:稳健设计)；

(9) Integration of Axiomatic Design with Other Design Methods(公理设计与其他设计方法的集成)；

(10) Integration of Axiomatic Design with Computer Tools(公理化设计与计算机工具的集成)；

(11) Software Design(软件设计)。

2. 2002 年第二届公理化设计国际会议

The Second International Conference on Axiomatic Design(ICAD2002)于 2002 年在英国的 University of Cambridge 召开，其会议主题主要包括以下几个方面：

(1) Design and Development Process(设计与开发过程)；

(2) Concept Synthesis and Evaluation(概念综合与评价)；

(3) Diagnostics and Design Improvement(诊断与设计改进)；

(4) Software Design and Development(软件设计与开发)；

(5) Large Scale and Industrial Applications, Case Studies, and Successes(大规模和工业应用、案例研究和成功案例)；

(6) Innovative Application Areas(创新的应用领域)；

(7) Six Sigma Techniques and Robust Design(六西格玛技术与稳健设计)；

(8) Integration with Computer Tools(公理化设计与计算机工具的集成)；

(9) Integration with Other Design Methods(公理设计与其他设计方法的集成)；

(10) Teaching and Learning Methods(教与学方法)。

3. 2013 年第七届公理化设计国际会议

The 7th International Conference on Axiomatic Design(ICAD2013)于 2013 年在美国的 Worcester Polytechnic Institute(伍斯特理工学院)召开，其会议主题主要包括以下几个方面：

(1) Applications of Axiomatic Design in Innovation(公理化设计在创新中的应用)；

(2) Advances in Axiomatic Design Theory and Research(公理化设计理论与研究进展)；

(3) Complexity and the Design of Complex Systems(复杂性与复杂系统设计)；

(4) Integration of Axiomatic Design with Other Design Theories，Tools & Methods(公理化设计与其他设计理论、工具和方法的集成)；

(5) Quantitative Methods and Computer-Aided Axiomatic Design(定量方法与计算机辅助公理化设计)；

(6) Axiomatic Design and the Requirements Process(公理化设计与需求过程)；

(7) Axiomatic Design and User Centered / Human Centered Design(公理设计与以用户为中心/以人为中心的设计)；

(8) Large Scale System Design(大型系统设计)；

(9) Quality，Reliability，and Axiomatic Design(质量、可靠性和公理化设计)；

(10) Six Sigma，Design for Six Sigma and Robust Design(六西格玛、六西格玛设计与稳健设计)；

(11) Innovative，Design-novel Applications of Axiomatic Design(公理化设计的创新设计应用)；

(12) Facilitating Practical Application of Axiomatic Design(促进公理化设计的实际应用)；

(13) Manufacturing and Industrial Applications，Implementation，and Case Studies(制造业和工业应用、实施和案例研究)；

(14) Applications of Axiomatic Design in Cost Control(公理化设计在成本控制中的应用)；

(15) Applications of Axiomatic Design in Software Design and Development(公理化设计在软件设计与开发中的应用)；

(16) Applications of Axiomatic Design in Business，Management，and Policy Design(公理化设计在商业、管理和政策设计中的应用)；

(17) Applications of Axiomatic Design in Service Engineering & Health Care Systems(公理化设计在服务工程和医疗保健系统中的应用)；

(18) Applications of Axiomatic Design in the Design of Civil，Environmental，Urban，and Architectural Systems(公理化设计在土木、环境、城市和建筑系统设计中的应用)；

(19) Educational Case Studies and Student Projects using Axiomatic Design(利用公理化设计的教育案例研究和学生项目)；

(20) Axiomatic Design for use in STEM Pre-University Education(公理化设计在大学预科教育中的应用)；

(21) The Future of Axiomatic Design(公理化设计的未来发展)。

4. 2016 年第十届公理化设计国际会议

The 10th International Conference on Axiomatic Design(ICAD2016)于 2016 年在中国的西安交通大学召开，其会议主题主要包括以下几个方面：

(1) Axiomatic Design(公理化设计)；

(2) Design Science and Applications(设计科学与应用)；

(3) Design for Sustainability(可持续性设计)；

(4) Electric Mobility(电迁移)；

(5) Software Design and Development(软件设计与开发)；

(6) Design for Six Sigma and Robust Design(六西格玛设计与稳健设计)；

(7) Integration of AD with Computer Tools(公理化设计与计算机工具的集成)；

(8) Integration of AD with Other Design Methods(公理化设计与其他设计方法的集成)；

(9) Large Scale and Industrial Applications, Successes, Case Studies of AD(公理化设计的大规模和工业应用、成功案例、实例研究)；

(10) New Development of AD Theory and Areas of Interest(公理化设计理论的新发展及其研究领域)。

5. 2017 年第十一届公理化设计国际会议

The 11th International Conference on Axiomatic Design(ICAD2017)于 2017 年在 România 的 Iasi 召开，其会议主题主要包括以下几个方面：

(1) Advances in Axiomatic Design Theory(公理化设计理论的进展)；

(2) Design Creativity and Innovation(设计创意与创新)；

(3) Complexity and Design of Complex Systems(复杂性与复杂系统设计)；

(4) Innovative Design Thinking(创新设计思维)；

(5) Collaborative Product Development(协同产品开发)；

(6) Engineering Design Education(工程设计教育)；

(7) Design for Manufacturing(面向制造的设计)；

(8) Design for Sustainability(可持续性设计)；

(9) Integration of AD with Computer Tools(公理化设计与计算机工具的集成)；

(10) Integration of AD with Other Design Methods(公理化设计与其他设计方法的集成)；

(11) Applications, case studies of Axiomatic Design(公理化设计的应用、案例研究)；

(12) The Future of Axiomatic Design(公理化设计的未来发展)。

6. **需注意的方面**

通过对相关的公理化设计国际学术会议研究的主题进行关注,能够更加有效地把握公理化设计的发展动态,挖掘公理化设计的研究热点,从而更好地深化公理化设计的研究,获得更多、更丰富的公理化设计研究成果。但对于设计人员以及研究人员来说,在对公理化设计进行应用或者开展研究的过程中,有一些方面还需要引起注意。如:

(1) 公理化设计更多的是侧重于为产品设计提供设计原则和设计方法,而不是算法或者工具。

(2) 从设计的角度而言,公理化设计对所有的设计都是适用的。

(3) 为了设计的有效性,所有的设计方法和途径,包括田口方法都需要满足设计公理。

(4) 满足设计公理的设计在传统意义上不一定必须保证是最优的设计。

(5) 在一个理想的设计中,功能要求 FR 的数量和设计参数 DP 的数量是相同的,耦合设计的产生,往往是由于设计参数 DP 的数量不足引起的。从广泛的意义上来说,理想设计的情况下,两个设计域的特性参数相同。若产生耦合设计,往往是由于后一个设计域的特性参数没能实现对前一个设计域的有效映射。

(6) 耦合设计往往可以通过一定适当的顺序改变实现解耦设计。

(7) 设计参数 DP 的数量比功能要求 FR 的数量多,产生冗余设计,在设计过程中,应尽量避免后一个设计域中存在多余的特性参数。

(8) 可以通过消除偏差和降低偏差的方式减少设计信息量,进而创建一个稳健设计。

(9) 设计不应该只侧重于设计问题的症状而不关注设计问题产生的原因,要意识到建立和关注功能特性参数在设计中的重要性。

4.6 公理化设计案例分析

4.6.1 独立性公理应用案例:冷热水龙头的设计

冷热水龙头的设计有两个基本的功能需求,一是旋转水龙头控制水的流量时不影响水的温度,二是旋转水龙头控制水的温度时不影响水的流量。传统的冷热水龙头一般有两个阀门,一个阀门控制冷水流入,一个阀门控制热水流入,但这两个阀门旋转的角度对其水温和水的流量均有影响。假设冷热水龙头设计的温度功能需求记为 FT,流量功能需求记为 FQ,冷热阀门的旋转角度分别记为设计参数 φ_1 和设计参数 φ_2,则其设计方程为

$$\begin{Bmatrix} \mathrm{FT} \\ \mathrm{FQ} \end{Bmatrix} = \begin{bmatrix} X & X \\ X & X \end{bmatrix} \begin{Bmatrix} \varphi_1 \\ \varphi_2 \end{Bmatrix}$$

根据设计矩阵可以看出,传统的冷热水龙头设计不满足独立性公理。为此,需要对其进行设计改进,理想情况下,希望冷热水龙头设计方程如下

$$\begin{Bmatrix} FT \\ FQ \end{Bmatrix} = \begin{bmatrix} X & 0 \\ 0 & X \end{bmatrix} \begin{Bmatrix} \varphi_1 \\ \varphi_2 \end{Bmatrix}$$

为此，可对其进行概念设计，形成初步的设计方案，如图 4-5 所示。

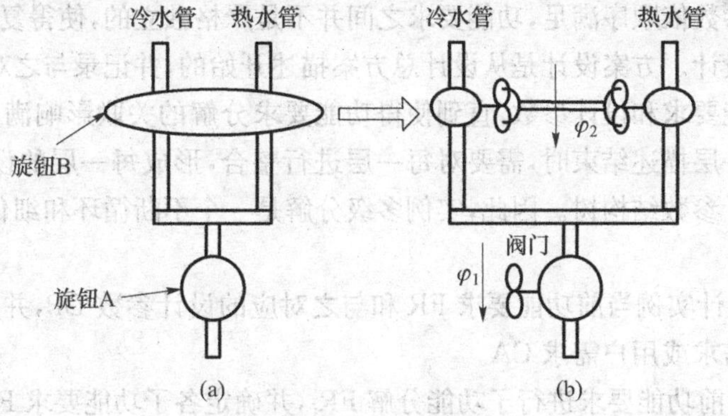

冷水管
热水管
旋钮B
旋钮A
冷水管
热水管
φ_2
阀门
φ_1
(a)
(b)

图 4-5　冷热水龙头概念设计

从设计矩阵上看，其满足独立性公理，但是在结构上却有 3 个阀门，为此需要通过物理集成减少设计信息，把其结构设计成如图 4-6 所示。

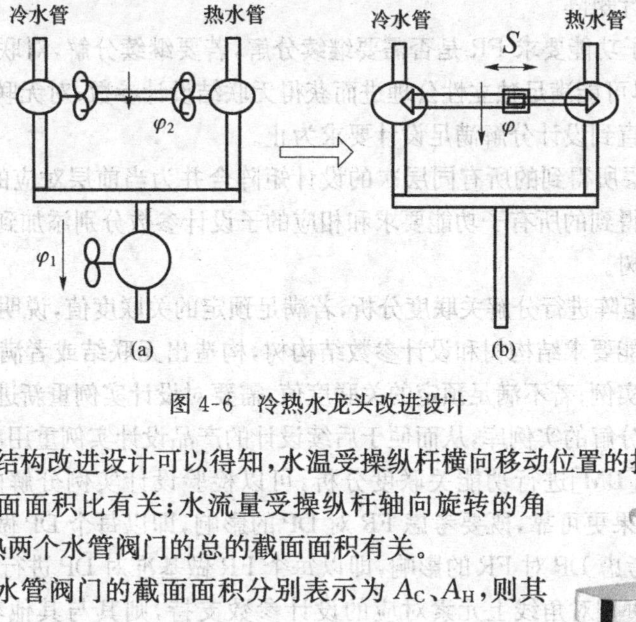

冷水管
热水管
φ_2
φ_1
冷水管
热水管
S
φ
(a)
(b)

图 4-6　冷热水龙头改进设计

通过上述的结构改进设计可以得知，水温受操纵杆横向移动位置的控制，其与冷热两个水管阀门的截面面积比有关；水流量受操纵杆轴向旋转的角度控制，其与冷热两个水管阀门的总的截面面积有关。

若冷热两个水管阀门的截面面积分别表示为 A_C、A_H，则其设计方程表示为

$$\begin{Bmatrix} FT \\ FQ \end{Bmatrix} = \begin{bmatrix} X & 0 \\ 0 & X \end{bmatrix} \begin{Bmatrix} f(A_C/A_H) \\ f(A_C+A_H) \end{Bmatrix} = \begin{bmatrix} X & 0 \\ 0 & X \end{bmatrix} \begin{Bmatrix} S \\ \varphi \end{Bmatrix}$$

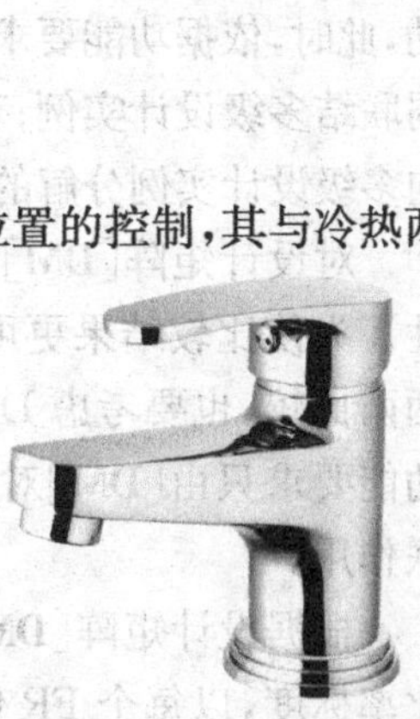

图 4-7　冷热水龙头产品设计实物

因此，在上述设计方程的基础上，针对操纵杆进行设计分析，即通过其位置不同控制水温，通过其旋钮控制板的角度（面积）控制水的流量，可获得具体的实物产品，其效果图如图 4-7 所示。

4.6.2 独立性公理应用案例:产品设计实例分解

对于复杂产品的设计实例来说,因素间不可避免地存在关联作用,一个功能要求可能要由多个设计参数依顺序满足,功能要求之间并不是严格独立的,使得复杂产品的方案设计多为弱联结设计。方案设计是从设计总方案描述开始的,并记录与之对应的总功能,然后逐层分解功能要求和设计参数,直到使得功能要求分解的关联影响满足实例多级分解的要求。在每一层描述结束时,需要对每一层进行整合,形成每一层的设计矩阵、功能要求结构树和设计参数结构树。因此,实例多级分解是一个不断循环和细化的过程,具体实现步骤如下:

(1) 描述设计实例当前功能要求 FR 和与之对应的设计参数 DP,并给出当前功能要求对应的设计需求或用户需求 CA。

(2) 基于当前功能要求进行子功能分解 FR_i,并确定各子功能要求 FR_i 对应的设计参数 DP_i,构建子功能要求和子设计参数之间的设计矩阵[$\mathbf{DM}_i$]。

(3) 根据设计矩阵的形式对其设计分解类型进行判断,是否为联结设计或者无联结设计,分别找出无联结设计和联结设计对应的子功能要求及影响子功能要求的设计参数,并确定相应的设计矩阵。

(4) 判断各子功能要求 FR_i 是否需要继续分解,若要继续分解,对联结设计进行关联因素分析,使其尽可能满足独立性公理进而获得无联结设计参数;对无联结设计重复步骤(2)的操作过程,直到设计分解满足设计要求为止。

(5) 将当前层所得到的所有同层次的设计矩阵合并为当前层对应的总体设计矩阵,并将当前层分解得到的所有子功能要求和相应的子设计参数分别添加到功能要求结构树和设计参数结构树。

(6) 对设计矩阵进行分解关联度分析,若满足预定的关联度值,说明设计实例分解成功,此时,依据功能要求结构树和设计参数结构树,构造出无联结或者满足关联度要求的弱联结多级设计实例;若不满足预定的关联度值,需要对设计实例重新进行分解。构建面向多级设计实例分解的实例库,从而便于后续设计的产品设计实例重用与共享。

对设计矩阵[**DM**]进行功能关联度分析,可以检验设计实例分解的有效性和实用性。为使比较结果更可靠,既要考虑 FR 对 DP 的影响,即以每个 DP 做基准对 FR 进行两两比较,也要考虑 DP 对 FR 的影响,即以每个 FR 做基准对 DP 进行两两比较。若某功能要求只由[**DM**]对角线上元素对应的设计参数支持,则其与其他功能要求没有关联作用。

根据设计矩阵[**DM**]的具体情况只比较有关联作用的元素,若领域专家采用 1～9 比率标度,以每个 FR 作准则,找到与准则相关的所有 DP 两两进行比较,根据 AHP 法确定对该准则的相对重要度,对所有 FR 进行综合,得到以 FR 作准则时基于 AHP 法的 FR-DP 比较矩阵 $\mathbf{WA}_1$;同理,得到以 DP 作准则时基于 AHP 法的 DP-FR 比较矩阵 $\mathbf{WA}_2$。

设以 FR 作准则时,基于 AHP 法的 FR-DP 比较矩阵 $\mathbf{WA}_1$ 为

$$\mathbf{WA}_1 = \begin{array}{c} \begin{matrix} DP_1 & DP_2 & \cdots & DP_n \end{matrix} \\ \begin{bmatrix} wa_{11} & wa_{12} & \cdots & wa_{1n} \\ wa_{21} & wa_{22} & \cdots & wa_{2n} \\ \cdots & \cdots & \cdots & \cdots \\ wa_{n1} & wa_{n2} & \cdots & wa_{nn} \end{bmatrix}_{n\times n} \end{array} \begin{matrix} FR_1 \\ FR_2 \\ \cdots \\ FR_n \end{matrix}$$

设以 DP 作准则时，基于 AHP 法的 DP-FR 比较矩阵 $\mathbf{WA}_2$ 为

$$\mathbf{WA}_2 = \begin{array}{c} \begin{matrix} FR_1 & FR_2 & \cdots & FR_n \end{matrix} \\ \begin{bmatrix} wb_{11} & wb_{12} & \cdots & wb_{1n} \\ wb_{21} & wb_{22} & \cdots & wb_{2n} \\ \cdots & \cdots & \cdots & \cdots \\ wb_{n1} & wb_{n2} & \cdots & wb_{nn} \end{bmatrix}_{n\times n} \end{array} \begin{matrix} DP_1 \\ DP_2 \\ \cdots \\ DP_n \end{matrix}$$

利用 $\mathbf{WA}_1$、$\mathbf{WA}_2$，采用几何平均并归一化后获得 FR-DP 之间的关联系数矩阵 **WA**

$$\mathbf{WA} = \begin{bmatrix} WA_{11} & WA_{12} & \cdots & WA_{1n} \\ WA_{21} & WA_{22} & \cdots & WA_{2n} \\ \cdots & \cdots & \cdots & \cdots \\ WA_{n1} & WA_{n2} & \cdots & WA_{nn} \end{bmatrix}_{n\times n}$$

其中

$$WA_{ij} = \frac{\sqrt{wa_{ij} \times wb_{ji}}}{\sqrt{wa_{1j} \times wb_{j1}} + \sqrt{wa_{2j} \times wb_{j2}} + \cdots + \sqrt{wa_{nj} \times wb_{jn}}}$$

实例多级分解的交角性 R(Reangularity)，即

$$R = \prod_{\substack{i=1,n-1 \\ j=1+i,n}} \left[1 - \frac{\left(\sum_{k=1}^{n} WA_{ki} WA_{kj} \right)^2}{\left(\sum_{k=1}^{n} WA_{ki} \right)^2 \left(\sum_{k=1}^{n} WA_{kj} \right)^2} \right]^{1/2}$$

实例多级分解的角相似性 S(Semangularity)，即

$$S = \prod_{i=1}^{n} \left[\frac{|WA_{ii}|}{\left(\sum_{k=1}^{n} WA_{ki}^2 \right)^{1/2}} \right]$$

根据该方法判断实例多级分解所有功能要求关联作用的程度，若领域专家设定的关联度阈值为 δ，当 $R \geqslant \delta$ 且 $S \geqslant \delta$ 时，设计实例多级分解的关联作用可以忽略；而当 $R < \delta$ 且 $S < \delta$ 时，设计实例多级分解的关联作用则不可忽略，此时需要基于公理化设计对设计实例的分解过程进行修改。

将上述方法用于大型复杂产品混流式水轮机设计中，通过多级设计分解分析，建立其层级结构，如图 4-8 所示。

其对应的设计方程为

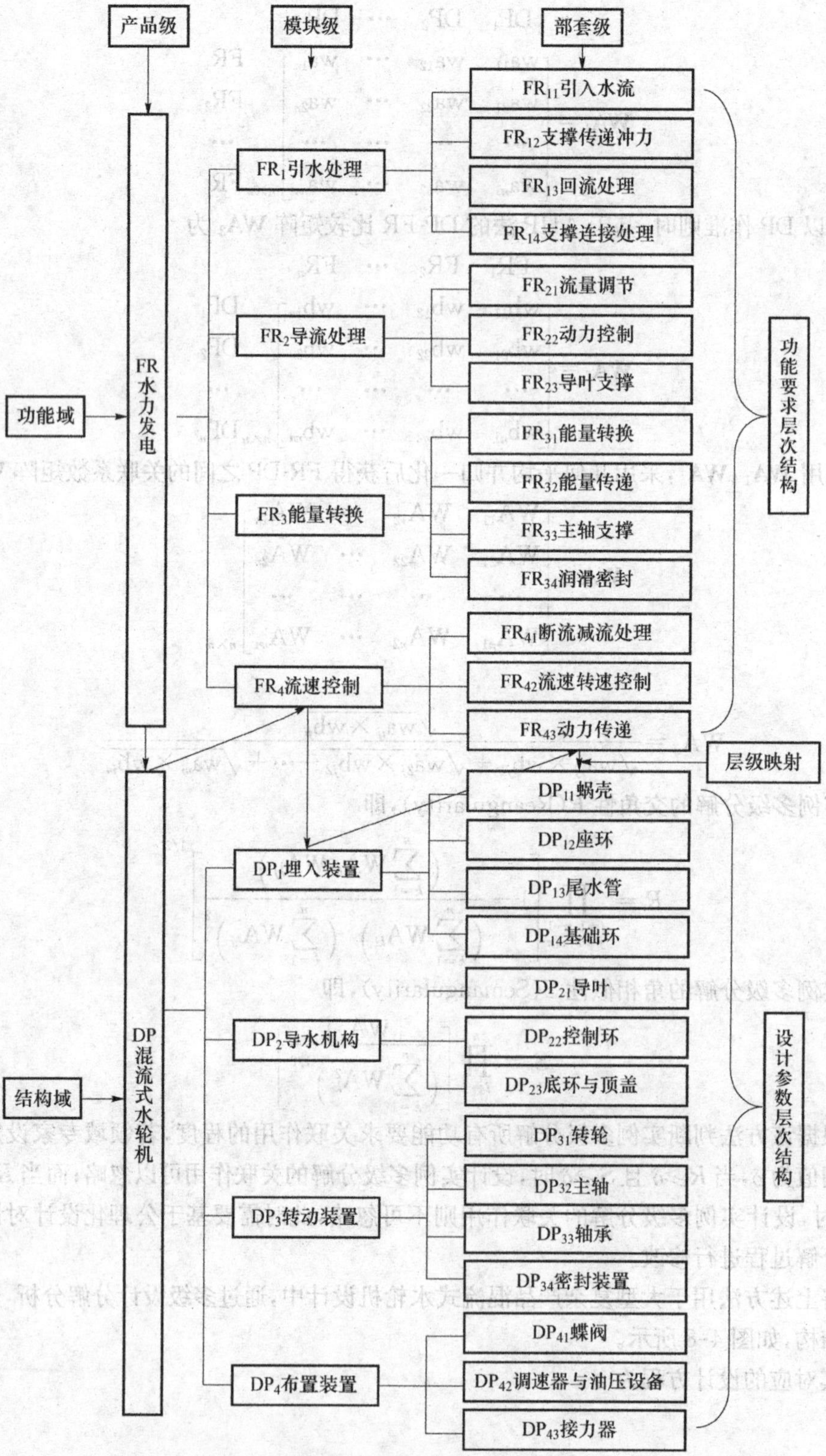
产品级
模块级
部套级
功能域
FR水力发电
FR1引水处理
FR11引入水流
FR12支撑传递冲力
FR13回流处理
FR14支撑连接处理
FR2导流处理
FR21流量调节
FR22动力控制
FR23导叶支撑
FR3能量转换
FR31能量转换
FR32能量传递
FR33主轴支撑
FR34润滑密封
FR4流速控制
FR41断流减流处理
FR42流速转速控制
FR43动力传递
功能要求层次结构
层级映射
结构域
DP混流式水轮机
DP1埋入装置
DP11蜗壳
DP12座环
DP13尾水管
DP14基础环
DP2导水机构
DP21导叶
DP22控制环
DP23底环与顶盖
DP3转动装置
DP31转轮
DP32主轴
DP33轴承
DP34密封装置
DP4布置装置
DP41蝶阀
DP42调速器与油压设备
DP43接力器
设计参数层次结构

图 4-8　混流式水轮机产品设计实例多级分解的层级映射结构

$$
\begin{Bmatrix} FR_{11} \\ FR_{12} \\ FR_{13} \\ FR_{14} \\ FR_{21} \\ FR_{22} \\ FR_{23} \\ FR_{31} \\ FR_{32} \\ FR_{33} \\ FR_{34} \\ FR_{41} \\ FR_{42} \\ FR_{43} \end{Bmatrix} = \begin{bmatrix}
1 & 0 & 1 & 0 & 1 & 0 & 0 & 1 & 0 & 0 & 0 & 0 & 0 & 0 \\
0 & 1 & 0 & 0 & 1 & 0 & 0 & 1 & 0 & 0 & 0 & 0 & 0 & 0 \\
1 & 0 & 1 & 0 & 0 & 0 & 0 & 0 & 0 & 0 & 0 & 0 & 0 & 0 \\
0 & 0 & 0 & 1 & 0 & 0 & 0 & 0 & 0 & 0 & 0 & 0 & 0 & 0 \\
1 & 1 & 0 & 0 & 1 & 0 & 0 & 1 & 0 & 0 & 0 & 0 & 0 & 0 \\
0 & 0 & 0 & 0 & 0 & 1 & 0 & 0 & 0 & 0 & 0 & 0 & 0 & 0 \\
0 & 0 & 0 & 0 & 0 & 0 & 1 & 0 & 0 & 0 & 0 & 0 & 0 & 0 \\
1 & 1 & 0 & 0 & 1 & 0 & 0 & 1 & 0 & 0 & 0 & 0 & 0 & 0 \\
0 & 0 & 0 & 0 & 0 & 0 & 0 & 0 & 1 & 0 & 0 & 0 & 0 & 0 \\
0 & 0 & 0 & 0 & 0 & 0 & 0 & 0 & 0 & 1 & 0 & 0 & 0 & 0 \\
0 & 0 & 0 & 0 & 0 & 0 & 0 & 0 & 0 & 0 & 1 & 0 & 0 & 0 \\
0 & 0 & 0 & 0 & 0 & 0 & 0 & 0 & 0 & 0 & 0 & 1 & 0 & 0 \\
0 & 0 & 0 & 0 & 0 & 0 & 0 & 0 & 0 & 0 & 0 & 0 & 1 & 0 \\
0 & 0 & 0 & 0 & 0 & 0 & 0 & 0 & 0 & 0 & 0 & 0 & 0 & 1
\end{bmatrix} \begin{Bmatrix} DP_{11} \\ DP_{12} \\ DP_{13} \\ DP_{14} \\ DP_{21} \\ DP_{22} \\ DP_{23} \\ DP_{31} \\ DP_{32} \\ DP_{33} \\ DP_{34} \\ DP_{41} \\ DP_{42} \\ DP_{43} \end{Bmatrix}
$$

(其中,“1”表示有关联影响,“0”表示关联影响可以忽略)

只考虑有关联作用的功能要求和设计参数,得到化简后的设计方程

$$
\begin{Bmatrix} FR_{11} \\ FR_{13} \\ FR_{21} \\ FR_{31} \end{Bmatrix} = \begin{bmatrix} 1 & 1 & 1 & 1 \\ 1 & 1 & 1 & 1 \\ 1 & 1 & 1 & 1 \\ 1 & 1 & 1 & 1 \end{bmatrix} \begin{Bmatrix} DP_{11} \\ DP_{13} \\ DP_{21} \\ DP_{31} \end{Bmatrix}
$$

基于 AHP 法并检验判断矩阵的一致性,得到以 FR 作准则时的 FR-DP 比较矩阵 $\mathbf{WA}_1$

$$
\mathbf{WA}_1 = \begin{bmatrix} 0.7110 & 0.1315 & 0.0708 & 0.0544 \\ 0.1444 & 0.7186 & 0.1226 & 0.0892 \\ 0.0892 & 0.0899 & 0.7358 & 0.1444 \\ 0.0544 & 0.0618 & 0.0708 & 0.7110 \end{bmatrix}
$$

基于 AHP 法并检验判断矩阵的一致性,得到以 DP 作准则时的 DP-FR 比较矩阵 $\mathbf{WA}_2$

$$
\mathbf{WA}_2 = \begin{bmatrix} 0.6990 & 0.0892 & 0.0643 & 0.0892 \\ 0.0912 & 0.7110 & 0.1561 & 0.0554 \\ 0.1533 & 0.1444 & 0.7153 & 0.1444 \\ 0.0565 & 0.0544 & 0.0643 & 0.7110 \end{bmatrix}
$$

几何平均并归一化后,获得 FR-DP 间的关联系数矩阵 $\mathbf{WA}$

$$
\mathbf{WA} = \begin{bmatrix} 0.7309 & 0.1095 & 0.0979 & 0.0599 \\ 0.1177 & 0.7137 & 0.1250 & 0.0753 \\ 0.0785 & 0.1184 & 0.6820 & 0.1032 \\ 0.0729 & 0.0584 & 0.0951 & 0.7616 \end{bmatrix}
$$

基于实例多级分解的交角性 R 和实例多级分解的角相似性 S 计算模型：$R=0.8011$，$S=0.9015$。设定关联度阈值为 $\delta=0.8$，此时有 $R\geqslant\delta$ 和 $S\geqslant\delta$，则多级实例分解是可行的。为此可建立混流式水轮机产品多级设计实例库，如图 4-9 所示。

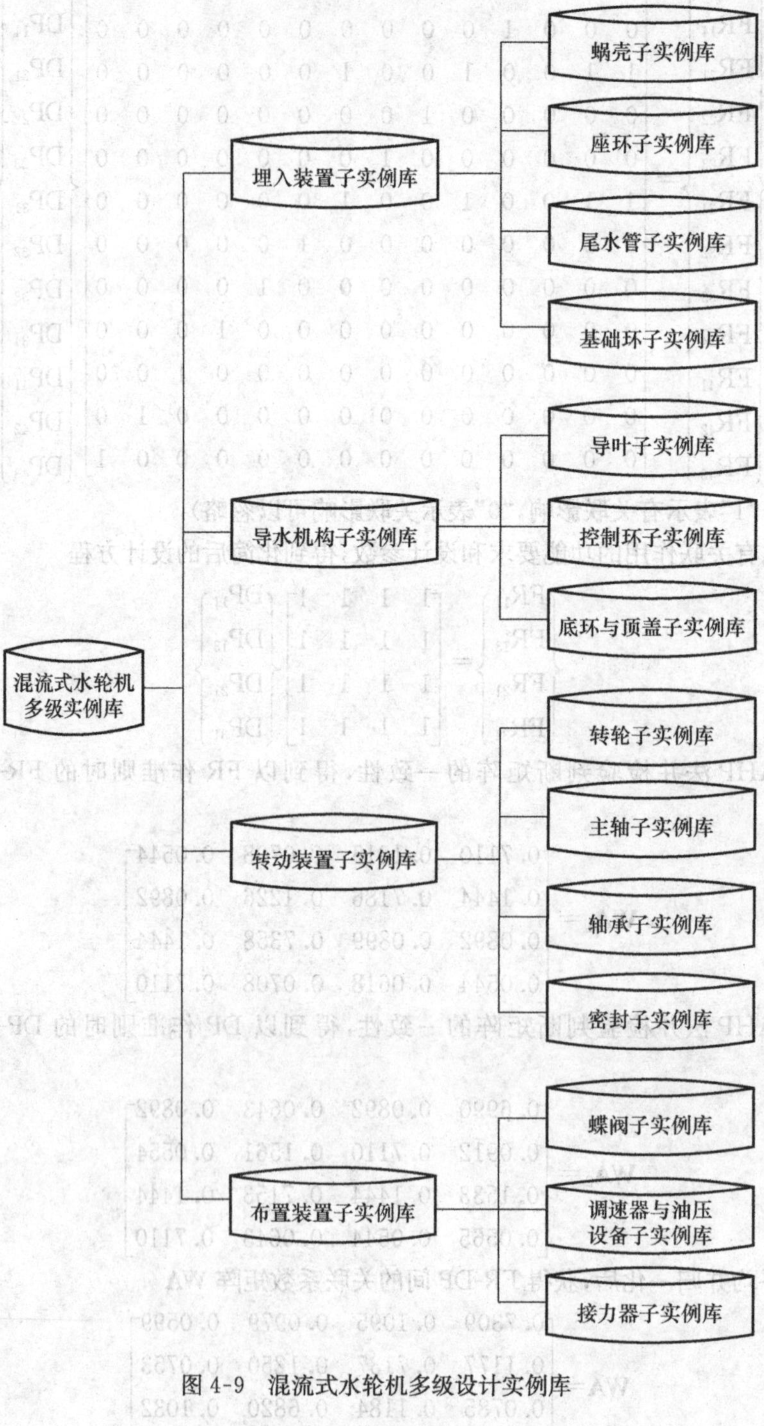

混流式水轮机
多级实例库
埋入装置子实例库
蜗壳子实例库
座环子实例库
尾水管子实例库
基础环子实例库
导水机构子实例库
导叶子实例库
控制环子实例库
底环与顶盖子实例库
转动装置子实例库
转轮子实例库
主轴子实例库
轴承子实例库
密封子实例库
布置装置子实例库
蝶阀子实例库
调速器与油压
设备子实例库
接力器子实例库

图 4-9　混流式水轮机多级设计实例库

4.6.3 信息公理应用案例一:购房位置优选

随着生活水平的不断提高,人们越来越注重于生活质量的提升,特别是在购房方面,需要综合考虑多方面的因素,比如上下班时间、是否是学区房、所在地区环境和空气质量、房屋价格等。不同的购房人所考虑的因素往往并不相同,表 4-1 给出了某位购房人的具体购房需求。

表 4-1 购房需求特性

编号	购房需求特性	具体内容
1	交通方便性	上下班的交通时间在 15～30 分钟内
2	学区教学质量	学区教学质量好,65%的毕业生进重点大学
3	生态环境	绿化环境好,每年 340 天以上空气质量良好
4	房子价格	房子性价比高,房子价格适中,总价在 65 万元以下

通过筛选,购房人看中了 3 个城市的房子,并且通过调研分析以及房地产开发商提供的相关信息,获得这 3 个城市的房子满足购房需求特性的情况,如表 4-2 所示。

表 4-2 购房评价初始数据

城市	交通方便性/分钟	学区教学质量	生态环境/天	房子价格/万元
A	20～40	50%～70%	300～320	45～55
B	20～30	50%～75%	340～350	45～65
C	25～45	50%～80%	350 以上	60～80

根据上述的信息量计算公式,可以获得不同评价指标的信息量,结果如表 4-3 所示。

表 4-3 购房评价指标信息量

城市	交通方便性	学区教学质量	生态环境	房子价格	总信息量
A	2.000	极大	0	极大	
B	0	1.320	0	0	1.32
C	2.000	1.000	0	2.000	5.000

由表 4-3 中的计算结构可知,对购房人的需求而言,城市 B 的房屋更符合该购房人的实际需求,因而,在其打算购买商品房时,城市 B 的房屋具有优先被选择的可能。

4.6.4 信息公理应用案例二:复杂产品设计方案评价

信息公理在复杂产品设计方案评价中也有着广泛的应用。大型复杂产品方案设计一般会涉及多种设计属性,并且有些设计属性不能进行精确的描述,这将导致大型复杂产品设计方案评价是一项复杂的、模糊的系统工程决策问题。基于信息公理为大型复杂产品设计方案评价提供了一种解决思路和途径,具体实施步骤如下:

(1) 确定多属性优选问题的复杂产品设计方案集 $A=\{A_1,A_2,\cdots,A_m\}$ 和评价指标集 $G=\{G_1,G_2,\cdots,G_n\}$,给出各评价指标对应的权重 w_j。为了讨论的一般性,可假设其权重也具有模糊性,可给出相应的区间值。

(2) 获得不同设计方案关于各个评价指标的初始评价数据，为了讨论的一般性，这里假设评价指标具有模糊性，给出相应的区间值。对于精确量值的评价指标，是模糊指标的一个特例，由此获得初始评价矩阵 **V**。

(3) 根据评价指标的类型是效益型指标还是成本型指标，对评价指标的初始评价数据进行标准化处理，获得标准化后的评价矩阵 **X**。

(4) 构建评价指标的理想设计信息区间 $x_0(j)$，其构建原则如下：

若评价指标 j 为效益型指标，则

$$x_0(j)=[x_0^L(j), x_0^R(j)]=[\max_{1\leqslant j\leqslant n} x_i^L(j), \max_{1\leqslant j\leqslant n} x_i^R(j)]$$

若评价指标 j 为成本型指标，则

$$x_0(j)=[x_0^L(j), x_0^R(j)]=[\min_{1\leqslant j\leqslant n} x_i^L(j), \min_{1\leqslant j\leqslant n} x_i^R(j)]$$

其中，$x_i^L(j)$、$x_i^R(j)$ 分别表示设计方案 i 关于评价指标 j 的模糊区间极限值。

(5) 计算设计方案 i 关于评价指标 j 的系统设计信息区间 $x_i(j)$ 与理想设计信息区间 $x_0(j)$ 之间的模糊距离，这里采用加权的区间数——欧氏距离，其计算模型如下

$$\widetilde{D}(i,j)=$$
$$[|\min(w_j \cdot x_i(j))-\min(w_j \cdot x_0(j))|^2+|\max(w_j \cdot x_i(j))-\max(w_j \cdot x_0(j))|^2]^{\frac{1}{2}}/\sqrt{2}$$

(6) 计算设计方案 i 关于评价指标 j 的系统设计信息区间 $x_i(j)$ 与理想设计信息区间 $x_0(j)$ 之间的模糊接近度，其计算模型如下

$$\delta(i,j)=1-\widetilde{D}(i,j)$$

其中，$\delta(i,j)$ 的具体含义为：若 $\delta(i,j)=1$，则表明 $x_i(j)$ 与 $x_0(j)$ 完全重叠，此时 $x_i(j)$ 完全满足设计需求；若 $\delta(i,j)=0$，则表明 $x_i(j)$ 与 $x_0(j)$ 没有重叠部分，此时 $x_i(j)$ 完全不能满足设计需求；若 $0<\delta(i,j)<1$，则说明 $x_i(j)$ 与 $x_0(j)$ 具有部分重叠性，此时 $x_i(j)$ 部分满足设计要求。

(7) 获取设计方案 i 关于评价指标 j 的系统设计信息区间 $x_i(j)$ 与理想设计信息区间 $x_0(j)$ 之间满足功能要求的概率，根据统计分布采用指数分布密度函数，其形式为

$$P_i(j)=\mathrm{e}^{-|1-\delta(i,j)|}$$

(8) 获取设计方案 i 关于评价指标 j 的系统设计信息区间 $x_i(j)$ 与理想设计信息区间 $x_0(j)$ 之间的模糊信息量，其计算模型为

$$I_i(j)=-\log_2 P_i(j)=\log_2 \mathrm{e}^{|1-\delta(i,j)|}$$

(9) 获取设计方案 i 关于所有评价指标的总的模糊信息量，其计算模型为

$$I_i=\sum_{j=1}^{n} I_i(j)$$

系统设计信息区间 $x_i(j)$ 与理想设计信息区间 $x_0(j)$ 越接近，则设计方案 i 关于评价指标 j 的信息量 $I_i(j)$ 越小，总的模糊信息量就越小，此时设计方案 i 越优，否则相反。

(10) 利用信息公理的优选原则获得最优设计方案，其优选原则为

$$I_o=I_i=\min(I_1, I_2, \cdots, I_n)$$

下面以大型水轮机选型设计为例进行说明。影响大型水轮机选型方案设计的因素包

括水电站的最大水头、额定水头、最小水头、装机台数、装机容量、功率、效率、汽蚀性能、运行特性、转轮直径和制造费用等方面，汽蚀性能以汽蚀系数衡量，运行特性以限制工况内的高效区衡量。但对于同一水电站来说，选型方案设计的最大水头、额定水头、最小水头、装机台数、装机容量基本一致。因此，大型水轮机选型方案设计主要考虑的因素为功率、效率、汽蚀性能、运行特性、转轮直径、制造费用等 6 个方面，其中功率、效率和运行特性为效益型指标，汽蚀性能、转轮直径和制造费用为成本型指标。初始数据如表 4-4 所示。

表 4-4 水轮机选型设计初始数据

方案	功率/MW	效率	汽蚀性能	运行特性	转轮直径/m	制造费用/万元
1	1.25～1.34	84.10%～84.30%	0.141～0.143	0.8410～0.8450	0.60	118.80
2	1.28～1.36	81.03%～81.15%	0.145～0.147	0.9040～0.9070	0.60	131.60
3	1.60～1.72	85.90%～86.10%	0.129～0.131	0.8915～0.8936	0.71	129.60

分别对初始评价矩阵 $\boldsymbol{V}$ 中的效益型指标和成本型指标进行标准化处理，获得标准化后的评价矩阵 $\boldsymbol{X}$

$$\boldsymbol{X}=\begin{bmatrix} [0.727,0.779] & [0.977,0.979] & [0.902,0.915] & [0.928,0.932] & [1.000,1.000] & [1.000,1.000] \\ [0.744,0.791] & [0.941,0.943] & [0.888,0.890] & [0.997,1.000] & [1.000,1.000] & [0.903,0.903] \\ [0.930,1.000] & [0.998,1.000] & [0.985,1.000] & [0.983,0.985] & [0.845,0.845] & [0.917,0.917] \end{bmatrix}$$

此时，理想设计信息区间序列 $x_0(j)$ 为

$$x_0(j)=([0.930,1.000],[0.998,1.000],[0.985,1.000],[0.997,1.000],[1.000,1.000],[1.000,1.000])$$

基于评价矩阵 $\boldsymbol{X}$，获得 $x_i(j)$ 与 $x_0(j)$ 间的接近度矩阵 $\boldsymbol{\delta}$

$$\boldsymbol{\delta}=\begin{bmatrix} 0.788 & 0.979 & 0.916 & 0.932 & 1.000 & 1.000 \\ 0.803 & 0.943 & 0.897 & 1.000 & 1.000 & 0.903 \\ 1.000 & 1.000 & 1.000 & 0.986 & 1.000 & 0.917 \end{bmatrix}$$

获得 $x_i(j)$ 与 $x_0(j)$ 间的信息量矩阵 $\boldsymbol{I}$

$$\boldsymbol{I}=\begin{bmatrix} 0.305 & 0.030 & 0.121 & 0.098 & 0.000 & 0.000 \\ 0.284 & 0.082 & 0.148 & 0.000 & 0.000 & 0.139 \\ 0.000 & 0.000 & 0.000 & 0.020 & 0.223 & 0.119 \end{bmatrix}$$

得到设计方案集的信息总含量序列 $\tilde{I}$

$$\tilde{I}=(0.554,0.653,0.362)$$

根据信息公理的优选原则可知最优方案为第三个。

第5章 可拓设计

可拓学是以广东工业大学蔡文研究员为首的中国学者创立的用形式化的模型研究事物拓展的可能性和开拓创新的规律和方法的一门新兴学科，它用形式化工具，从定性和定量的角度研究矛盾问题的规律和方法，以基元理论和可拓数学为支柱，把人们解决问题的过程形式化，从而建立相应的数学模型，并在这个基础上发展新的计算方法和技术，更智能化和形式化地解决大型复杂产品概念设计过程中的各种复杂设计问题，知识库中深层知识的存储、表示和处理问题，把知识工程中的知识向更形式化、更深入、更本质的方向推进。近年来，可拓学在计算机、人工智能、检测、控制、设计、管理等领域取得了广泛的应用，并取得了一系列的研究成果。随着可拓学理论基础的不断完善以及工程应用的不断深入，可拓设计将具有更加广阔的发展空间和工程应用潜力。

5.1 可拓设计概述

可拓学的研究对象是矛盾问题，其主要成果有可拓论、可拓方法和可拓工程。可拓学的基本理论是可拓论，可拓论包括基元理论、可拓集理论和可拓逻辑。基元理论提出了描述事、物和关系的基元——事元、物元、关系元以及它们之间的复合元，研究了基元的可拓性及可拓变换。基元以形式化的方式来描述事物以及事物之间的可变性和变换性。因此，用基元可以进行推理和运算，甚至可以计算机作为运算工具。基元理论使设计者能够全面去认识事物内部和外部关系、蕴含关系和平行关系，以及事物与其他事物的结合或者自身分解的可能性等，为解决矛盾问题提供了适合的方法和依据。可拓集理论是描述事物"是"与"非"的相互转化及量变与质变过程的定量化工具。可拓集理论包括可拓集合、可拓关系、关联函数，它通过引入可拓关联函数，将经典集合中的逻辑域(0,1)、模糊集合中的逻辑值域[0,1]扩展到(+∞,−∞)来描述事物的可变性。在可拓集合中，考虑了元素的可变性，可拓集合将客观事物矛盾问题引入到可拓集合论基本思想之中，这样就可以在可拓集合中描述通过各种途径促使矛盾转化的过程。可拓集合把设计过程中存在的"是"与"非"的定性描述转化为定量描述，并且能够表达出"变是为非""变非为是"的转化过程。可拓逻辑是研究解决矛盾问题的变换和推理规律的科学，兼有形式逻辑和辩证逻辑的特点。可拓逻辑是优于数理逻辑及模糊逻辑的逻辑方法，它为用计算机来处理矛盾问题提供了新的推理方法。可拓逻辑理论的研究内容包括：建立起形式化的方式表达量变与质变之间的逻辑；对解决矛盾问题的内部规律进行研究；从静态的命题及推理句的研究拓展为动态的命题及推理句的研究；研究可以描述既"是"又"非"的逻辑问题。可拓逻辑的构架主要包括：基元模型、关联函数、可拓集合与可拓变换、关于解决矛盾问题的推理。其中，关联函数理论及基元模型构成了可拓逻辑理论的基础。可拓逻辑与各领域的交叉融合形成可拓工程。

可拓学的方法体系是可拓方法，通过对矛盾问题进行分析、变换以及推理，产生解决矛盾问题的策略以及方法。主要方法有：表达基元拓展规律的拓展分析方法、全面分析事物结构的共轭分析方法、解决矛盾问题的过程形式化的可拓变换方法、对象进行综合评价的优度评价方法和菱形思维方法等可拓思维方法，由于方法特别适合于创新，因此也被称为可拓创新方法。可拓创新方法是用形式化、定量化模型处理各领域创新过程中的矛盾问题的有效方法，因此可拓创新方法可以与计算机辅助设计相结合，实现设计方法的软件化。随着可拓学的发展，已有许多领域的可拓软件诞生，如李小妹博士的可拓数据挖掘软件、苏楠博士的可拓设计软件、李卫华教授的租房策略的自动生成系统软件等。

可拓工程是指将可拓方法应用于工程技术、信息科学、经济管理、生物医学等领域，与各学科的方法和技术相结合，研究用形式化的方法处理各领域中的矛盾问题。在此过程中，形成可拓控制技术、可拓故障诊断方法、可拓策划方法、可拓策略生成技术、可拓信息技术、可拓搜索技术、可拓刑侦技术、可拓设计技术、可拓决策方法、可拓营销方法以及可拓检测技术等。可拓论与可拓方法应用到各个部门，出现了工业可拓工程、医学可拓工程、农业可拓工程、军事可拓工程、知识可拓工程等。

目前，可拓学在产品设计领域已有一些比较成功的应用。例如，杨春燕对可拓创新方法进行了研究，提出了基于可拓理论的产品构思 3 种创造方法。赵燕伟对基于可拓学理论的智能化产品概念设计进行了研究。杨国为对基于物元动态系统分析的智能化、模型化概念设计进行了研究，并开发了相关的概念设计系统。马辉、张树有等对基于可拓理论的产品方案设计配置和设计重用进行了研究。钟诗胜、王体春等对基于可拓理论的产品方案设计重用和可拓设计模式进行了研究。但应该注意的是，目前对可拓设计方法的研究尚属于成长期，可拓理论在产品方案设计中虽然取得了初步的研究成果，但在知识建模与演化能力、多因素耦合冲突消解与可拓推理以及可拓设计平台与软件实现等方面还迫切需要进行深入的研究和发展。

5.2 可拓设计建模

5.2.1 常用建模方法

现代设计是基于知识的设计，基于知识的产品信息模型更适合现代设计的发展需要。知识获取、知识表示和知识处理是知识工程的三大支柱，其核心是知识表示。为了让计算机能够识别、获取、存储并运用知识处理问题，必须将知识以某种形式逻辑地表示出来，不同类型的知识需要用不同的形式和方法来表示。常见的知识模型主要有谓词逻辑、产生式规则、语义网络、框架等。这些知识表示方法有各自的优点，但都存在自身的局限性，难以从定性和定量相结合的角度统一描述产品概念设计中存在的深层次复杂知识，如谓词逻辑的演绎虽然有其严谨性，在一定范畴内保证正确，但不能有效表示定性的知识，推理效率低；产生式规则的表达知识方式接近于人的思维，规则间相对独立，易于为其他人理解，但对结构性知识的表示有限；语义网络具有良好的灵活性、继承性，但其知识表示形式不严格，对复杂知识表示有很大的局限性；框架的层次结构具有较好的通用性、结构性、继承性，但在表述过程性设计知识时具有局限性。由此可以看出，不同类型的知识表示方法或者模型具有各自的优缺点，具有各自的适用范围，单一的知识表示方法能够满足知识类型较为单一的领域的问题求解，但往往难以解决宽知识领域的问题。因此，根据领域知识类型的不同，综合运用多种知识表示方法有利于有效地解决复杂问题。表 5-1 对几种常见的知识表示方法的优缺点进行了表述。

表 5-1　几种常见的知识表示方法的优缺点分析

知识表示方法	优点	缺点
谓词逻辑	自然性、精确性、严密性、易实现	结构性知识、不确定性知识难以有效表示，推理效率低
框架	结构性、自然性、继承性	过程性知识难以有效表示
语义网络	结构性、自然性、联想性	表示形式不严格，知识表示较复杂
产生式规则	清晰性、自然性、模块性、易实现	结构性知识难以有效表示

可拓学的基元理论为知识表示提供了新的形式化方法，可拓模型以基元为描述物、事和关系的基本元，包括物元、事元、关系元以及复合元。基于语义分割的方法对概念设计过程中的多类型设计信息进行分析与整理，形成能够表征设计特征的最小、完整、独立的设计信息单元，并针对不同设计信息单元的表现形式组建相应的设计知识单元，采用基元对其进行形式化和模型化的描述。同时，采用可拓学的基元理论与经典知识表示相结合形成的可拓知识表示方法，具有简单、规范和很强的可操作性，同时兼具逻辑化与形式化等特点，克服了传统知识表示方法中存在的缺点。

5.2.2　物元模型

在产品信息建模过程中，结构性知识、原理性知识、实例等设计知识均为静态型设计知识。当对静态型设计信息进行建模时，采用基元理论中的物元模型 $\boldsymbol{J}(R)$ 进行描述。若描述的设计对象具有 n 个设计特征，则物元模型 $\boldsymbol{J}(R)$ 表示如下

$$\boldsymbol{J}(R)=\begin{bmatrix} \Gamma(N) & C(N)_1 & V(C)_1 \\ & C(N)_2 & V(C)_2 \\ & \cdots & \cdots \\ & C(N)_n & V(C)_n \end{bmatrix}$$

其中，$\Gamma(N)$ 为描述对象的名称；$C(N)$ 为描述 $\Gamma(N)$ 的物元特征；$V(C)$ 为设计特征 $C(N)$ 的量值，并且 $V(C)$ 可以是精确的点值、具有模糊信息的区间量值、隶属函数以及定性的语义描述等多种形式。特别地，若设计特征的量值具有模糊特征的区间信息，即可以表示成 $\boldsymbol{V}=[v^L,v^R]$，则物元模型 $\boldsymbol{J}(R)$ 表示为

$$\boldsymbol{J}(R)=\begin{bmatrix} \Gamma(N) & C(N)_1 & [v(C)_1^L, v(C)_1^R] \\ & C(N)_2 & [v(C)_2^L, v(C)_2^R] \\ & \cdots & \cdots \\ & C(N)_n & [v(C)_n^L, v(C)_n^R] \end{bmatrix}$$

例如，用物元描述一个单级圆柱齿轮减速器结构，该减速器的速度小于 8m/s，轴承为滚动轴承，箱体材料为铸铁等，则该物元模型表示为

$$\boldsymbol{J}(R)=\begin{bmatrix}\text{单级圆柱齿轮减速器} & \text{速度} & v\leqslant 8\text{m/s}\\ & \text{轴承} & \text{滚动轴承}\\ & \cdots & \cdots\\ & \text{箱体} & \text{铸铁}\end{bmatrix}$$

用物元描述上述单级圆柱齿轮减速器物元模型中的滚动轴承的基本特点。滚动轴承的功能为支承零件和减小摩擦，承载能力较高，承载方式可分为径向和轴向，类型可分为向心轴承和推力轴承，则该物元模型表示为

$$\boldsymbol{J}(R)=\begin{bmatrix}\text{滚动轴承} & \text{功能} & \text{支承}\wedge\text{减小摩擦}\\ & \text{承载能力} & \text{较高}\\ & \text{承载方式} & \text{径向}\vee\text{轴向}\\ & \text{类型} & \text{向心}\vee\text{推力}\end{bmatrix}$$

5.2.3 事元模型

在产品信息建模过程中，过程型知识、动作型知识、变换型知识等动态知识均为行为型设计知识。当对行为型设计信息进行建模时，采用基元理论中的事元模型 $\boldsymbol{J}(I)$ 进行描述。若描述的设计行为具有 m 个设计特征，则事元模型 $\boldsymbol{J}(I)$ 表示如下

$$\boldsymbol{J}(I)=\begin{bmatrix}\Gamma(D) & B(D)_1 & U(B)_1\\ & B(D)_2 & U(B)_2\\ & \cdots & \cdots\\ & B(D)_m & U(B)_m\end{bmatrix}$$

其中，$\Gamma(D)$ 为描述对象的名称；$B(D)$ 为描述 $\Gamma(D)$ 的物元特征；$U(B)$ 为设计特征 $B(D)$ 的量值，并且 $U(B)$ 可以是精确的点值、具有模糊信息的区间量值、隶属函数以及定性的语义描述等多种形式。特别地，若设计特征的量值具有模糊特征的区间信息，即可以表示成 $\boldsymbol{U}=[u^L, u^R]$，则物元模型 $\boldsymbol{J}(I)$ 表示如下

$$\boldsymbol{J}(I)=\begin{bmatrix}\Gamma(D) & B(D)_1 & [u(B)_1^L, u(B)_1^R]\\ & B(D)_2 & [u(B)_2^L, u(B)_2^R]\\ & \cdots & \cdots\\ & B(D)_n & [u(B)_n^L, u(B)_n^R]\end{bmatrix}$$

例如，用事元模型描述曲柄滑块机构将转动转化为直线运动的行为。曲柄滑块机构由曲柄、连杆和滑块组成，曲柄的运动形式为转动，通过连杆带动滑块做直线运动，其中曲柄转动的速度、滑块的速度、加速度等作为转化行为的特征，则该事元模型表示为

$$\boldsymbol{J}(I)=\begin{bmatrix}\text{转化} & \text{支配对象} & \text{曲柄的转动}\\ & \text{施动对象} & \text{曲柄滑块机构}\\ & \cdots & \cdots\\ & \text{结果} & \text{滑块的直线运动}\end{bmatrix}$$

例如，用事元模型描述实例推理中设计需求匹配设计实例的过程，设计需求与设计实例匹配的程度用相似度表示，匹配算法采用可拓关联函数进行度量，则该事元模型表示为

$$\boldsymbol{J}(I)=\begin{bmatrix}\text{匹配} & \text{支配对象} & \text{设计实例} \\ & \text{施动对象} & \text{设计需求} \\ & \text{计算方法} & \text{关联函数} \\ & \text{匹配结果} & \text{相似度}\ k\end{bmatrix}$$

5.2.4 关系元模型

在产品信息建模过程中，设计规则、设计准则、设计约束、关联关系以及一些设计原理等均为关系型设计知识。当对关系型设计信息进行建模时，采用基元理论中的关系元模型 $\boldsymbol{J}(Q)$ 对设计过程中的配置关系、逻辑关系、蕴含关系、比较关系、装配关系等进行描述。若描述的设计约束关系具有 k 个设计特征，则关系元模型 $\boldsymbol{J}(Q)$ 表示如下

$$\boldsymbol{J}(Q)=\begin{bmatrix}\Gamma(S) & A(S)_1 & G(A)_1 \\ & A(S)_2 & G(A)_2 \\ & \cdots & \cdots \\ & A(S)_k & G(A)_k\end{bmatrix}$$

其中，$\Gamma(S)$ 为描述设计约束关系的名称；$\boldsymbol{A}(S)$ 为设计约束关系的关联特征；$G(A)$ 为关联特征的关联程度，可以是数理意义上的大小，也可以是语言、模型等。特别地，若设计特征的量值具有模糊特征的区间信息，即可以表示成 $\boldsymbol{G}=[g^L,g^R]$，则关系元模型 $\boldsymbol{J}(Q)$ 表示为

$$\boldsymbol{J}(Q)=\begin{bmatrix}\Gamma(S) & A(S)_1 & [g(A)_1^L,g(A)_1^R] \\ & A(S)_2 & [g(A)_2^L,g(A)_2^R] \\ & \cdots & \cdots \\ & A(S)_n & [g(A)_n^L,g(A)_n^R]\end{bmatrix}$$

例如，用关系元模型描述齿轮与轴之间用键连接的关系，连接程度分为过盈、过渡和间隙配合，则该关系元模型表示为

$$\boldsymbol{J}(Q)=\begin{bmatrix}\text{连接关系} & \text{前项} & \text{齿轮} \\ & \text{后项} & \text{轴} \\ & \cdots & \cdots \\ & \text{连接方式} & \text{键}\end{bmatrix}$$

用关系元模型描述水轮机的功率 P 和水头 H 之间的约束关系。根据功率 P 的公式可知，功率 P 与水轮机的效率 η、额定流量 Q 和额定水头 H 有关，则该关系元模型表示为

$$\boldsymbol{J}(Q)=\begin{bmatrix}\text{约束关系} & \text{前项} & \text{水轮机功率}\ P \\ & \text{后项} & \text{水头}\ H \\ & \cdots & \cdots \\ & \text{关系式} & P=9.81\eta QH\end{bmatrix}$$

5.2.5 复合元模型

在复杂产品设计过程中，设计知识往往具有混合特性的特征，是静态型设计信息、设计行为和设计约束关系等的组合体。为此，可以采用基元理论中的复合元模型 $\boldsymbol{J}(F)$ 对其进行建模，通过连接词 Θ 的作用来表征具有多层语义的、表达内容更为丰富的设计信息，常用的连接词 Θ 有与连接词"∧"和或连接词"∨"等，生成相应的与复合元、或复合元以及与或复合元等形式，进而形成方案设计的整体设计信息。复合元模型 $\boldsymbol{J}(F)$ 可以表示为

$$\boldsymbol{J}(F)=\begin{bmatrix} \Gamma(F) & (\Theta)C(\boldsymbol{J}(R_i)) & V(\boldsymbol{J}(R_i)) \\ & (\Theta)B(\boldsymbol{J}(I_j)) & U(\boldsymbol{J}(I_j)) \\ & (\Theta)A(\boldsymbol{J}(Q_s)) & G(\boldsymbol{J}(Q_s)) \end{bmatrix}$$

其中，i、j、s 分别表示复合元中含有的物元、事元、关系元的个数。

5.3 可 拓 变 换

5.3.1 可拓变换类型

可拓变换是可拓学解决矛盾问题的一种工具，通过采用一些可拓变换可将工程设计中的矛盾问题转化成非矛盾问题，将不相容问题转化成相容性问题，将不可知问题转化成可知问题，将不可行问题转化成可行问题。工程上，对设计对象（问题）施加可拓变换，将使得设计对象（问题）转化成新的设计对象（问题）进而对其进行分析求解。

一般而言，设计对象（问题）$\boldsymbol{J}_0\in\{\boldsymbol{J}(R),\boldsymbol{J}(I),\boldsymbol{J}(Q),\boldsymbol{J}(F),\boldsymbol{K},\boldsymbol{\Omega}\}$，即 $\boldsymbol{J}_0$ 为物元、事元、关系元、复合元、关联规则、论域中的任一设计对象（问题），若通过变换将设计对象（问题）$\boldsymbol{J}_0$ 转化为另外的设计对象（问题）$\boldsymbol{J}$，或者多个设计对象（问题）$\boldsymbol{J}_1,\boldsymbol{J}_2,\cdots,\boldsymbol{J}_n$，则该变换过程即为对设计对象（问题）$\boldsymbol{J}_0$ 的可拓变换，记为

$$\boldsymbol{TJ}_0=\boldsymbol{J}$$

或

$$\boldsymbol{TJ}_0=\{\boldsymbol{J}_1,\boldsymbol{J}_2,\cdots,\boldsymbol{J}_n\}$$

根据设计对象（问题）的具体内容以及对应的基元模型可知，设计对象（问题）$\boldsymbol{J}_0$ 的可拓变换类型有 3 种类型，即对基元模型 $\boldsymbol{J}(R)$，$\boldsymbol{J}(I)$，$\boldsymbol{J}(Q)$，$\boldsymbol{J}(F)$ 的变换，对关联规则的变换 $\boldsymbol{K}$ 和对论域 $\boldsymbol{\Omega}$ 的变换。

对基元模型 $\boldsymbol{J}(R)$，$\boldsymbol{J}(I)$，$\boldsymbol{J}(Q)$，$\boldsymbol{J}(F)$ 的变换可以通过对基元特征进行变换或者对特征量值进行变换来实现。若存在某一设计对象（问题），采用基元模型进行建模 $\boldsymbol{J}(X)=(\boldsymbol{\Gamma}(\boldsymbol{J}(X)),\boldsymbol{C}(\boldsymbol{J}(X)),\boldsymbol{V}(\boldsymbol{J}(X)))$，当对其基元特征进行变换获得新的基元特征时，即 $\boldsymbol{T}_C\boldsymbol{C}(\boldsymbol{J}(X))=\boldsymbol{C}_1(\boldsymbol{J}_1(X))$，则其可拓变换表示为

$$\boldsymbol{TJ}(X)=(\boldsymbol{\Gamma}(\boldsymbol{J}(X)),\boldsymbol{T}_C\boldsymbol{C}(\boldsymbol{J}(X)),\boldsymbol{V}(\boldsymbol{J}(X)))=(\boldsymbol{\Gamma}(\boldsymbol{J}_1(X)),\boldsymbol{C}_1(\boldsymbol{J}_1(X)),\boldsymbol{V}(\boldsymbol{J}_1(X)))$$

当对其基元特征量值进行变换获得新的基元特征量值时，即 $\boldsymbol{T}_V\boldsymbol{V}(\boldsymbol{J}(X))=$

$\boldsymbol{V}_1(\boldsymbol{J}(X))$，则其可拓变换表示为

$$\boldsymbol{TJ}(X)=(\boldsymbol{\Gamma}(\boldsymbol{J}(X)),\boldsymbol{C}(\boldsymbol{J}(X)),\boldsymbol{T}_V\boldsymbol{V}(\boldsymbol{J}(X)))=(\boldsymbol{\Gamma}(\boldsymbol{J}(X)),\boldsymbol{C}(\boldsymbol{J}(X)),\boldsymbol{V}_1(\boldsymbol{J}(X)))$$

对设计对象(问题)的关联规则的变换是指对设计矛盾问题实施一种关联约束或者限制的变换，通过对关联规则的变换改变对设计问题或者设计对象的约束与限制，进而获得可行的求解。关联规则 $\boldsymbol{K}$ 的可拓变换可以表示为

$$\boldsymbol{T}_K\boldsymbol{K}=\boldsymbol{K}'$$

$$\boldsymbol{T}_K\boldsymbol{K}\,|\,\boldsymbol{J}(X)=\boldsymbol{K}'\,|\,\boldsymbol{J}_1(X)$$

$$\boldsymbol{J}(X)=(\boldsymbol{\Gamma}(\boldsymbol{J}(X)),\boldsymbol{C}(\boldsymbol{J}(X)),\boldsymbol{V}(\boldsymbol{J}(X)))$$

$$\boldsymbol{J}_1(X)=(\boldsymbol{\Gamma}(\boldsymbol{J}_1(X)),\boldsymbol{C}_1(\boldsymbol{J}(X)),\boldsymbol{V}_1(\boldsymbol{J}(X)))$$

对设计对象(问题)的论域的变换是指对设计矛盾问题的求解范围进行拓展，不再局限于某一固定的论域范围内。通过不断地拓展求解问题的论域，进而获得解决设计矛盾问题的可行解。论域 $\boldsymbol{\Omega}$ 的可拓变换可以表示为

$$\boldsymbol{T}_\Omega\boldsymbol{\Omega}=\boldsymbol{\Omega}'$$

$$\boldsymbol{T}_\Omega\boldsymbol{\Omega}\,|\,\boldsymbol{J}(X)=\boldsymbol{\Omega}'\,|\,\boldsymbol{J}_1(X)$$

$$\boldsymbol{J}(X)=(\boldsymbol{\Gamma}(\boldsymbol{J}(X)),\boldsymbol{C}(\boldsymbol{J}(X)),\boldsymbol{V}(\boldsymbol{J}(X)))$$

$$\boldsymbol{J}_1(X)=(\boldsymbol{\Gamma}(\boldsymbol{J}_1(X)),\boldsymbol{C}_1(\boldsymbol{J}(X)),V_1(\boldsymbol{J}(X)))$$

5.3.2 基本变换

可拓变换的基本变换包括增删变换、分解变换、置换变换、扩缩变换、复制变换等形式。

1. **增删变换**

增删变换包括增加变换和删减变换两种形式。假设存在两个基元 $\boldsymbol{J}(X)=(\boldsymbol{\Gamma}(\boldsymbol{J}(X)),\boldsymbol{C}(\boldsymbol{J}(X)),\boldsymbol{V}(\boldsymbol{J}(X)))$，$\boldsymbol{J}_1(X)=(\boldsymbol{\Gamma}(\boldsymbol{J}_1(X)),\boldsymbol{C}_1(\boldsymbol{J}(X)),\boldsymbol{V}_1(\boldsymbol{J}(X)))$，若 $\boldsymbol{J}(X)$ 与 $\boldsymbol{J}_1(X)$ 具有可加性，则称可拓变换：$\boldsymbol{TJ}(X)=\boldsymbol{J}(X)+\boldsymbol{J}_1(X)$ 为基元 $\boldsymbol{J}(X)=(\boldsymbol{\Gamma}(\boldsymbol{J}(X)),\boldsymbol{C}(\boldsymbol{J}(X)),\boldsymbol{V}(\boldsymbol{J}(X)))$ 的增加变换。

若 $\boldsymbol{J}(X)$ 与 $\boldsymbol{J}_1(X)$ 具有可减性，则称可拓变换：$\boldsymbol{TJ}(X)=\boldsymbol{J}(X)-\boldsymbol{J}_1(X)$ 为基元 $\boldsymbol{J}(X)=(\boldsymbol{\Gamma}(\boldsymbol{J}(X)),\boldsymbol{C}(\boldsymbol{J}(X)),\boldsymbol{V}(\boldsymbol{J}(X)))$ 的删减变换。

2. **分解变换**

假设存在基元 $\boldsymbol{J}(X)=(\boldsymbol{\Gamma}(\boldsymbol{J}(X)),\boldsymbol{C}(\boldsymbol{J}(X)),\boldsymbol{V}(\boldsymbol{J}(X)))$，若存在

$$\begin{cases}\boldsymbol{J}(X)=\boldsymbol{J}_1(X)+\boldsymbol{J}_2(X)+\cdots+\boldsymbol{J}_n(X)\\ \boldsymbol{TJ}(X)=\{\boldsymbol{J}_1(X),\boldsymbol{J}_2(X),\cdots,\boldsymbol{J}_n(X)\}\end{cases}$$

则称变换 $\boldsymbol{TJ}(X)$ 为基元 $\boldsymbol{J}(X)=(\boldsymbol{\Gamma}(\boldsymbol{J}(X)),\boldsymbol{C}(\boldsymbol{J}(X)),\boldsymbol{V}(\boldsymbol{J}(X)))$ 的分解变换。

3. **置换变换**

假设存在两个基元

$$\boldsymbol{J}(X)=(\boldsymbol{\Gamma}(\boldsymbol{J}(X)),\boldsymbol{C}(\boldsymbol{J}(X)),\boldsymbol{V}(\boldsymbol{J}(X)))$$

$$\boldsymbol{J}_1(X)=(\boldsymbol{\Gamma}(\boldsymbol{J}_1(X)),\boldsymbol{C}_1(\boldsymbol{J}(X)),\boldsymbol{V}_1(\boldsymbol{J}(X)))$$

如果存在变换 $\boldsymbol{T}$ 使得 $\boldsymbol{J}(X)$ 变为 $\boldsymbol{J}_1(X)$，则称

$$TJ(X)=J_1(X)$$

为基元 $J(X)=(\Gamma(J(X)),C(J(X)),V(J(X)))$ 的置换变换。

4. **扩缩变换**

假设存在基元 $J(X)=(\Gamma(J(X)),C(J(X)),V(J(X)))$，若存在

$$\begin{cases}TJ(X)=J_1(X)\\ J_1(X)=\alpha J(X)\end{cases}$$

则称变换 $TJ(X)$ 为基元 $J(X)=(\Gamma(J(X)),C(J(X)),V(J(X)))$ 的扩缩变换。

特别地，若 $\alpha>1$，则可拓变换 $TJ(X)$ 为扩大变换；若 $\alpha<1$，则可拓变换 $TJ(X)$ 为缩小变换；若 $\alpha=1$，则可拓变换 $TJ(X)$ 为幺变换。

5. **复制变换**

假设存在基元 $J(X)=(\Gamma(J(X)),C(J(X)),V(J(X)))$，若存在

$$TJ(X)=\{J(X),J^*(X)\}$$

则称变换 $TJ(X)$ 为基元 $J(X)=(\Gamma(J(X)),C(J(X)),V(J(X)))$ 的复制变换。

在可拓变换的 3 种类型中，即对基元模型 $J(R)$，$J(I)$，$J(Q)$，$J(F)$ 的变换，对关联规则的变换 K 和对论域 Ω 的变换，每一种类型的可拓变换都具有增删变换、分解变换、置换变换、扩缩变换、复制变换等基本形式。

5.3.3 常用的可拓变换运算方法

常用的可拓变换运算方法有积变换方法、与变换方法、或变换方法、非变换方法、逆变换方法等形式。

1. **积变换方法**

假设存在变换 T_1，使得

$$\begin{cases}T_1J(X)=J_1(X)\\ J(X)=(\Gamma(J(X)),C(J(X)),V(J(X)))\\ J_1(X)=(\Gamma(J_1(X)),C_1(J_1(X)),V_1(J_1(X)))\end{cases}$$

存在变换 T_2，使得

$$\begin{cases}T_2J_1(X)=J_2(X)\\ J_1(X)=(\Gamma(J_1(X)),C_1(J(X)),V_1(J(X)))\\ J_2(X)=(\Gamma(J_2(X)),C_2(J_2(X)),V_2(J_2(X)))\end{cases}$$

则称变换

$$TJ(X)=T_2(T_1J(X))=T_2J_1(X)=J_2(X)$$

为可拓变换 T_1 与可拓变换 T_2 的积。可以看出，积变换方法是通过对设计对象(问题)连续施加多次可拓变换的方式使得问题得以求解。

2. **与变换方法**

假设存在变换 T_1，使得

$$\begin{cases}T_1J(X)=J_1(X)\\ J(X)=(\Gamma(J(X)),C(J(X)),V(J(X)))\\ J_1(X)=(\Gamma(J_1(X)),C_1(J_1(X)),V_1(J_1(X)))\end{cases}$$

存在变换 T_2，使得

$$\begin{cases} T_2J(X)=J_2(X) \\ J(X)=(\Gamma(J(X)),C(J(X)),V(J(X))) \\ J_2(X)=(\Gamma(J_2(X)),C_2(J_2(X)),V_2(J_2(X))) \end{cases}$$

并且满足 $J_1(X)\wedge J_2(X)=J_0(X)$，则称变换

$$TJ(X)=T_1J(X)\wedge T_2J(X)=J_1(X)\wedge J_2(X)=J_0(X)$$

为可拓变换 T_1 与可拓变换 T_2 的与变换。可以看出，与变换方法是通过对设计对象（问题）同时施加多个可拓变换的方式使得问题得以求解。

3. **或变换方法**

假设存在变换 T_1，使得

$$\begin{cases} T_1J(X)=J_1(X) \\ J(X)=(\Gamma(J(X)),C(J(X)),V(J(X))) \\ J_1(X)=(\Gamma(J_1(X)),C_1(J_1(X)),V_1(J_1(X))) \end{cases}$$

同时也存在变换 T_2，使得

$$\begin{cases} T_2J(X)=J_1(X) \\ J(X)=(\Gamma(J(X)),C(J(X)),V(J(X))) \\ J_1(X)=(\Gamma(J_1(X)),C_1(J_1(X)),V_1(J_1(X))) \end{cases}$$

则称变换

$$TJ(X)=T_1J(X)\vee T_2J(X)=J_1(X)$$

为可拓变换 T_1 与可拓变换 T_2 的或变换。可以看出，或变换方法即是通过对设计对象（问题）选择性地施加不同的等效可拓变换的方式使得问题得以求解。

4. **非变换方法**

假设存在变换 T_1，使得

$$\begin{cases} T_1J(X)=J_1(X) \\ J(X)=(\Gamma(J(X)),C(J(X)),V(J(X))) \\ J_1(X)=-(\Gamma(J(X)),C(J(X)),V(J(X))) \end{cases}$$

则称变换

$$TJ(X)=T_1J(X)=J_1(X)=-J(X)$$

为非变换。可以看出，非变换方法是通过对设计对象（问题）施加一个反向的可拓变换的方式使得问题得以求解。

5. **逆变换方法**

假设存在变换 T_1，使得

$$\begin{cases} T_1J(X)=J_1(X) \\ J(X)=(\Gamma(J(X)),C(J(X)),V(J(X))) \\ J_1(X)=(\Gamma(J_1(X)),C_1(J_1(X)),V_1(J_1(X))) \end{cases}$$

则称变换

$$TJ_1(X)=T(T_1J(X))=eJ(X)=J(X)$$

为可拓变换 T_1 的逆变换。可以看出，逆变换方法是通过对设计对象(问题)施加一个具有还原性的可拓变换的方式使得问题得以求解。

5.3.4 传导变换

设计对象之间以及设计对象内部特性往往会存在某些隐性或者显性的关联性，当对其中一个或者多个设计对象施加变换，则会导致与其相关联的设计对象也发生改变，或者当对设计对象内部一个或者多个设计特性施加变换，则会导致与其相关联的其他设计特性也发生改变，这种特性称为设计对象或者设计特性的传导性，基于传导性产生的变换称为传导变换。

传导变换的形式有多种，下面简要介绍几种常见的传导变换形式。

1. 基元特性间的传导变换

假设存在基元 $J(X)=(\Gamma(J(X)),C(J(X)),V(J(X)))$，则可能有如下几种情况存在。

当对 $\Gamma(J(X))$ 进行变换 $T_1\Gamma(J(X))=\Gamma_1(J(X))$ 时，若必然存在变换 $T_2C(J(X))=C_1(J(X))$，则其传导变换表示为

$$T_1\Gamma(J(X))=\Gamma_1(J(X))\Rightarrow T_2C(J(X))=C_1(J(X))$$

当对 $\Gamma(J(X))$ 进行变换 $T_1\Gamma(J(X))=\Gamma_1(J(X))$ 时，若必然存在变换 $T_2V(J(X))=V_1(J(X))$，则其传导变换表示为

$$T_1\Gamma(J(X))=\Gamma_1(J(X))\Rightarrow T_2V(J(X))=V_1(J(X))$$

当对 $\Gamma(J(X))$ 进行变换 $T_1\Gamma(J(X))=\Gamma_1(J(X))$ 时，若必然存在变换 $T_2(C(J(X))\wedge V(J(X)))=C_1(J(X))\wedge V_1(J(X))$，则其传导变换表示为

$$T_1\Gamma(J(X))=\Gamma_1(J(X))\Rightarrow T_2(C(J(X))\wedge V(J(X)))=C_1(J(X))\wedge V_1(J(X))$$

当对 $\Gamma(J(X))$ 进行变换 $T_1C(J(X))=C_1(J(X))$ 时，若必然存在变换 $T_2\Gamma(J(X))=\Gamma_1(J(X))$，则其传导变换表示为

$$T_1C(J(X))=C_1(J(X))\Rightarrow T_2\Gamma(J(X))=\Gamma_1(J(X))$$

当对 $\Gamma(J(X))$ 进行变换 $T_1C(J(X))=C_1(J(X))$ 时，若必然存在变换 $T_2V(J(X))=V_1(J(X))$，则其传导变换表示为

$$T_1C(J(X))=C_1(J(X))\Rightarrow T_2V(J(X))=V_1(J(X))$$

2. 基元间的传导变换

假设存在两个具有某种相关性的基元 $J(X)=(\Gamma(J(X)),C(J(X)),V(J(X)))$，$J_1(X)=(\Gamma(J_1(X)),C_1(J(X)),V_1(J(X)))$，当对基元施加变换 $T_1J(X)=J'(X)$ 时，若必然存在变换 $T_2J_1(X)=J'_1(X)$，则其传导变换表示为

$$T_1J(X)=J'(X)\Rightarrow T_2J_1(X)=J'_1(X)$$

3. 多级传导变换

多级传导变换是指设计对象或者设计特性之间存在多级关联关系，当对其中的一个设计对象或者设计特性进行变换时，会导致后续的设计对象或者设计特性产生连锁反应。假设存在基元 $J(X)$、$J_1(X)$、…、$J_{n-1}(X)$、$J_n(X)$，当对基元施加变换 $T_1J(X)=J'(X)$ 时，

若必然存在变换 $T_2 J_1(X)=J'_1(X)$、…、$T_n J_{n-1}(X)=J'_{n-1}(X)$、$T_{n+1} J_n(X)=J'_n(X)$，则其传导变换表示为

$$T_2 J_1(X)=J'_1(X) \Rightarrow T_2 J_1(X)=J'_1(X) \Rightarrow \cdots \Rightarrow T_n J_{n-1}(X)=J'_{n-1}(X)$$
$$\Rightarrow T_{n+1} J_n(X)=J'_n(X)$$

并称此种类型的传导变换为 n 级传导变换。

5.3.5 共轭变换

共轭变换是基于设计对象的共轭性进行的可拓变换。一般而言，设计对象或者产品的共轭性都包括 4 个部分，即虚实特性、软硬特性、潜显特性和正负特性。从物质性的角度看，所谓设计对象或者产品的虚实特性，即指设计对象或者产品的物质性部分为其实部特性，相应的非物质性部分为其虚部特性。从系统性的角度看，所谓设计对象或者产品的软硬特性，即指设计对象或者产品的组成部分的全体为其硬部特性，而组成部分之间或者其内部的关系则为其软部特性。从动态性的角度看，所谓设计对象或者产品的潜显特性，即指设计对象或者产品的直观呈现出来的特性为其显部特性，需要进行挖掘的设计对象或者产品的隐性存在的特性为其潜部特性。从对立性的角度看，所谓设计对象或者产品的正负特性，即指对设计对象或者产品有利的特性为其正部特性，而对设计对象或者产品不利的特性为其负部特性。

若将设计对象或者产品的实部、虚部分别表示为 $J_{\mathrm{re}}(X)$、$J_{\mathrm{im}}(X)$；硬部、软部分别表示为 $J_{\mathrm{hr}}(X)$、$J_{\mathrm{sf}}(X)$；显部、潜部分别表示为 $J_{\mathrm{ap}}(X)$、$J_{\mathrm{lt}}(X)$；正部、负部分别表示为 $J_{\mathrm{ps}}(X)$、$J_{\mathrm{ng}}(X)$。则其对应的变换如下

$$\begin{cases} T_{\mathrm{re}} J_{\mathrm{re}}(X)=J'_{\mathrm{re}}(X), & T_{\mathrm{im}} J_{\mathrm{im}}(X)=J'_{\mathrm{im}}(X) \\ T_{\mathrm{hr}} J_{\mathrm{hr}}(X)=J'_{\mathrm{hr}}(X), & T_{\mathrm{sf}} J_{\mathrm{sf}}(X)=J'_{\mathrm{sf}}(X) \\ T_{\mathrm{ap}} J_{\mathrm{ap}}(X)=J'_{\mathrm{ap}}(X), & T_{\mathrm{lt}} J_{\mathrm{lt}}(X)=J'_{\mathrm{lt}}(X) \\ T_{\mathrm{ps}} J_{\mathrm{ps}}(X)=J'_{\mathrm{ps}}(X), & T_{\mathrm{ng}} J_{\mathrm{ng}}(X)=J'_{\mathrm{ng}}(X) \end{cases}$$

在进行共轭变换或者共轭分析时，上述介绍的可拓变换在其虚实特性、软硬特性、潜显特性和正负特性的变换过程中依然具有适应性。

5.4 可拓评价

5.4.1 可拓距

经典数学中给出了距离的概念，即点 x 与点 y 之间的距离为：$\rho(x,y)=|x-y|$。这种概念可以用以表征设计对象间的接近程度，但在经典数学中，当点位于区间内部时，定义点和区间的距离为 0，从本质上看，该概念体现了“类内即为同”的定性描述，而这种描述是无法有效表达设计对象的量变和质变的。为了描述类内事物的区别，可拓学规定了可拓距的概念。假设 x 为实轴上的任意一点，$X=[a,b]$，$a\leqslant b$ 为实域上的任一区间，则称

$$\rho(x,X)=\left|x-\frac{a+b}{2}\right|-\frac{b-a}{2}$$

为点 x 与区间 $X=[a,b]$，$a\leqslant b$ 的可拓距。由上式可知，当 $x<a$ 或 $x>b$ 时，$\rho>0$；当 $x\in[a,b]$ 时，$\rho\leqslant 0$；当 $x=(a+b)/2$ 时，ρ 最小，即表示点 x 与区间 $X=[a,b]$，$a\leqslant b$ 之间的距离最小，两者最为接近。

根据点 x 与区间 $X=[a,b]$，$a\leqslant b$ 的位置关系，上式可以表达为

$$\rho(x,X)=\left|x-\frac{a+b}{2}\right|-\frac{b-a}{2}=\begin{cases}a-x, & x<(a+b)/2\\(a-b)/2, & x=(a+b)/2\\x-b, & x>(a+b)/2\end{cases}$$

可拓距的性质有：

(1) 点 $x\in X$，且 $x\neq a,b$ 的充要条件是 $\rho(x,X)<0$；

(2) 点 $x\notin X$，且 $x\neq a,b$ 的充要条件是 $\rho(x,X)>0$；

(3) 点 $x=a$ 或 $x=b$ 的充要条件是 $\rho(x,X)=0$。

当某评价指标或者测评对象的最优点在区间中点时，可以用可拓距来描述论域中的该评价指标或者测评对象具有某种性质的程度。但在具体的工程问题分析中，评价指标或者测评对象的最优点往往不在区间的中点。为了描述这种情况下类内事物的区别，可拓学规定了可拓侧距的概念。

假设存在 $X=[a,b]$，$a\leqslant b$，若最优点 $x_0\in[a,\frac{a+b}{2}]$ 时，则点 x 与区间 $X=[a,b]$，$a\leqslant b$ 关于最优点 x_0 的左侧距为

$$\rho_l(x,x_0,X)=\begin{cases}a-x, & x<a\\\dfrac{b-x_0}{a-x_0}(x-a), & a\leqslant x\leqslant x_0\\x-b, & x>x_0\end{cases}$$

特别地，若最优点 $x_0=a$ 时，即最优点为区间的左端点，则点 x 与区间 $X=[a,b]$，$a\leqslant b$ 关于最优点 x_0 的左侧距为

$$\rho_l(x,a,X)=\begin{cases}a-x, & x<a\\a-b, & x=a\\x-b, & x>a\end{cases}$$

假设存在区间 $X=[a,b]$，$a\leqslant b$，当最优点 $x_0\in[\frac{a+b}{2},b]$ 时，则点 x 与区间 $X=[a,b]$，$a\leqslant b$ 关于最优点 x_0 的右侧距为

$$\rho_r(x,x_0,X)=\begin{cases}a-x, & x<x_0\\\dfrac{a-x_0}{b-x_0}(b-x), & x_0\leqslant x\leqslant b\\x-b, & x>b\end{cases}$$

特别地，当最优点 $x_0=b$ 时，即最优点为区间的右端点，则点 x 与区间 $X=[a,b]$，$a\leqslant b$ 关于最优点 x_0 的右侧距为

$$\rho_r(x,b,X)=\begin{cases}a-x, & x<b\\a-b, & x=b\\x-b, & x>b\end{cases}$$

在解决实际工程问题的过程中，有时除了要考虑点与区间的位置关系，往往还需要考虑点和两个区间之间的位置关系或者区间与区间之间的位置关系。定义这两个区间的关系为区间套，区间与区间之间以及点和这两个区间的关系用位值来表示。

假设存在区间$X_1=[a_1,b_1]$，$a_1\leqslant b_1$，$X_2=[a_2,b_2]$，$a_2\leqslant b_2$，并且$X_1\in X_2$，则点 x 与区间$X_1=[a_1,b_1]$，$a_1\leqslant b_1$，$X_2=[a_2,b_2]$，$a_2\leqslant b_2$的位值为

$$D(x,X_1,X_2)=\begin{cases}\rho(x,X_2)-\rho(x,X_1), & \rho(x,X_2)\neq\rho(x,X_1)\wedge x\notin X_1\\a-b, & \rho(x,X_2)=\rho(x,X_1)\\\rho(x,X_2)-\rho(x,X_1)+a-b, & \rho(x,X_2)\neq\rho(x,X_1)\wedge x\in X_1\end{cases}$$

特别地，若区间$X_1=[a_1,b_1]$，$a_1\leqslant b_1$，$X_2=[a_2,b_2]$，$a_2\leqslant b_2$，没有公共端点时，上式又可以写成

$$D(x,X_1,X_2)=\begin{cases}\rho(x,X_2)-\rho(x,X_1), & x\notin X_1\\\rho(x,X_2)-\rho(x,X_1)+a-b, & x\in X_1\end{cases}$$

可以看出，可拓距与位值概念的引入，可以把点与区间以及区间与区间的位置关系用定量的形式精确地表述。当待评估对象在目标区间内时，经典数学认为其距离都是 0，而在可拓集合中，利用可拓距的概念，就可以根据可拓距的值的不同描述出待评估对象在目标区间内的位置的不同。可拓距的概念对待评估对象与目标区间的位置关系的描述，使人们从“类内即为同”发展到类内也有不同程度区别的定量描述。

5.4.2 可拓关联函数

在可拓理论中用可拓关联函数来描述设计问题，用可拓关联度来描述论域 Ω 中的元素具有某种性质的程度。可拓关联函数不但能够定量地描述论域 Ω 中任一元素属于正域、负域或零界，而且对于处于同一个域中的不同元素，可以由关联函数值的大小不同而分出不同的层次。可拓关联函数有简单关联函数、初等关联函数等类型，下面给出一些简单的介绍。

1. 简单关联函数

在具体的工程设计问题中，有时待分析对象或者待分析问题的基本区间和质变区间相同，即区间套退化成单区间，这时可以用简单关联函数来表达事物符合设计要求的程度。

(1) 假设存在区间 $X=[a,b]$，$a\leqslant b$，若最优点为$x_0\in[a,b]$，则关联函数 $k(x)$表示为

$$k(x)=\begin{cases}\dfrac{x-a}{x_0-a}, & x\leqslant x_0\\[2ex]\dfrac{b-x}{b-x_0}, & x\geqslant x_0\end{cases}$$

特别地，当$x_0=a$ 时，则关联函数 $k(x)$表示为

$$k(x)=\begin{cases}\dfrac{x-a}{b-a}, & x<a\\ \dfrac{b-x}{b-a}, & x\geqslant a\end{cases}$$

当$x_0=b$时，则关联函数$k(x)$表示为

$$k(x)=\begin{cases}\dfrac{x-a}{b-a}, & x\leqslant b\\ \dfrac{b-x}{b-a}, & x>b\end{cases}$$

(2) 假设存在区间$X=[a,+\infty)$，若最优点为$x_0\in[a,+\infty)$，则关联函数$k(x)$表示为

$$k(x)=\begin{cases}\dfrac{x-a}{x_0-a}, & x\leqslant x_0\\ \dfrac{x_0}{2x-x_0}, & x\geqslant x_0\end{cases}$$

特别地，当$x_0=a$时，则关联函数$k(x)$表示为

$$k(x)=\begin{cases}x-a, & x<a\\ \dfrac{a}{2x-a}, & x\geqslant a\end{cases}$$

若关联函数$k(x)$在$[a,+\infty)$内不存在最大值，可取$k(x)=x-a$。

(3) 假设存在区间$X=(-\infty,b]$，若最优点为$x_0\in(-\infty,b]$，则关联函数$k(x)$表示为

$$k(x)=\begin{cases}\dfrac{x_0}{2x_0-x}, & x\leqslant x_0\\ \dfrac{x-b}{x_0-b}, & x\geqslant x_0\end{cases}$$

特别地，当$x_0=b$时，则关联函数$k(x)$表示为

$$k(x)=\begin{cases}b-x, & x>b\\ \dfrac{b}{2b-x}, & x\leqslant b\end{cases}$$

若关联函数$k(x)$在$(-\infty,b]$内不存在最大值，可取$k(x)=b-x$。

(4) 假设存在区间$X=(-\infty,+\infty)$，若最优点为

$$k(x)=\begin{cases}\dfrac{1}{1+x_0-x}, & x\leqslant x_0\\ \dfrac{1}{x+1-x_0}, & x\geqslant x_0\end{cases}$$

若关联函数$k(x)$在$(-\infty,+\infty)$内不存在最大值，可取$k(x)=e^x\vee e^{-x}$。

2. 初等关联函数

简单关联函数在实际使用中比较适用来计算点和区间之间的关联程度，对于出现的区间套的情形，则可以用初等关联函数来解决。

假设存在区间$X_1=[a_1,b_1]$，$a_1\leqslant b_1$，$X_2=[a_2,b_2]$，$a_2\leqslant b_2$，并且$X_1\in X_2$，$x_0=\dfrac{a_1+b_1}{2}$，

若X_1，X_2的公共端点记为x_g，则对任意 $x \neq x_g$，x 关于X_1，X_2在$x_0=\frac{a_1+b_1}{2}$处取得最优值的关联函数表示为

$$k(x)=\begin{cases}\frac{\rho(x,X_1)}{D(x,X_1,X_2)}-1, & \rho(x,X_2)=\rho(x,X_1)\wedge x\notin X_1\\ \frac{\rho(x,X_1)}{D(x,X_1,X_2)}, & \text{其他}\end{cases}$$

特别地，若X_1，X_2没有公共端点，则上式可以表示为

$$k(x)=\frac{\rho(x,X_1)}{D(x,X_1,X_2)}$$

假设存在区间$X_1=[a_1,b_1]$，$a_1\leqslant b_1$，$X_2=[a_2,b_2]$，$a_2\leqslant b_2$，并且$X_1\in X_2$，$x_0\in[a_1,b_1]\wedge x_0\neq\frac{a_1+b_1}{2}$，若$X_1$，$X_2$没有公共端点，则关联函数表示为

$$k(x)=\frac{\rho(x,x_0,X_1)}{D(x,X_1,X_2)}$$

假设存在区间$X_1=[a_1,b_1]$，$a_1\leqslant b_1$，$X_2=[a_2,b_2]$，$a_2\leqslant b_2$，并且$X_1\in X_2$，$x_0\in[a_1,b_1]\wedge x_0\neq\frac{a_1+b_1}{2}$，若$X_1$，$X_2$公共端点记为$x_g$，则对任意 $x\neq x_g$，关联函数表示为

$$k(x)=\begin{cases}\frac{\rho(x,x_0,X_1)}{D(x,X_1,X_2)}-1, & \rho(x,X_2)=\rho(x,X_1)\wedge x\notin X_1\\ \frac{\rho(x,x_0,X_1)}{D(x,X_1,X_2)}, & \text{其他}\end{cases}$$

5.4.3 可拓优度评价

在建立可拓距和可拓关联函数的基础上，可以基于可拓优度对设计对象进行评价与决策分析，其基本实现过程有如下几个步骤。

1. 确定评价指标集

评价指标集的确定需要针对具体的工程问题进行分析，一般而言，在选取相关评价指标时需要遵循一些基本的指标选取原则，包括科学性原则、客观性原则、系统性原则、针对性原则、全面性原则、可操作性原则等，以使得选取的评价指标更加具有合理性，更能够反映出工程问题评价或者决策的本质问题。假设选取的评价指标为 n 个，其评价指标集为

$$C=\{C_1,C_2,\cdots,C_{n-1},C_n\}$$

2. 确定评价指标的权重

不同的评价指标往往对评价决策问题的贡献程度有所不同，为了能够有效区分各个评价指标对设计决策问题的重要程度，需要对不同的评价指标进行权重的分配。权重的分配方法有多种，如 AHP 法、熵权法、综合分析法、模糊数学法等，可针对具体工程问题的评价分析选取合适的评价指标权重分配方法。若评价指标 i 的权重为w_i，则与评价指标集 C 对应的权重集为

$$W=\{w_1,w_2,\cdots,w_{n-1},w_n\}$$

3. **剔除不满足必须条件的评价对象**

在复杂的系统工程评价决策分析过程中，有些评价指标具有必须要满足的特性，当评价对象不满足该评价指标时，将不需要进行后续的评价或者决策分析，可将其直接剔除。

4. **建立可拓距计算模型**

结合工程设计问题的实际情况，建立合适的可拓距计算模型。在这里需要考虑待评价对象的最优值位置及对应的区间特性，进而确定相应的可拓距、可拓侧距及位值公式。

5. **建立可拓关联函数模型**

结合工程设计问题的实际情况，建立合适的可拓关联函数计算模型。同可拓距计算模型建立相类似，可拓关联函数的建立也需要考虑评价对象的最优值位置以及对应的区间特性，进而确定相应的初等关联函数、简单关联函数及其他关联函数。

6. **可拓关联函数的规范化处理**

假设设计对象 i 关于评价指标 j 对应的可拓关联函数为$k_i(x_j)$，则其规范化处理公式为

$$\bar{k}_i(x_j)=\begin{cases}\dfrac{k_i(x_j)}{\max\limits_{1\leqslant i\leqslant n}k_i(x_j)}, & k_i(x_j)>0\\[2ex] \dfrac{k_i(x_j)}{\max\limits_{1\leqslant i\leqslant n}|k_i(x_j)|}, & k_i(x_j)<0\end{cases}$$

7. **建立可拓关联度计算模型**

设计对象 i 关于评价指标集 C 的可拓关联度 $\bar{k}_i(x)$表示为

$$\bar{k}_i(x)=W\otimes\begin{bmatrix}\bar{k}_i(x_1)\\ \bar{k}_i(x_2)\\ \vdots\\ \bar{k}_i(x_{n-1})\\ \bar{k}_i(x_n)\end{bmatrix}=\{w_1,w_2,\cdots,w_{n-1},w_n\}\otimes\begin{bmatrix}\bar{k}_i(x_1)\\ \bar{k}_i(x_2)\\ \vdots\\ \bar{k}_i(x_{n-1})\\ \bar{k}_i(x_n)\end{bmatrix}$$

8. **基于可拓关联度进行结果选优**

基于可拓关联度计算模型获得关于所有设计对象的可拓关联度序列，即

$$K=\{\bar{k}_1(x),\bar{k}_2(x),\cdots,\bar{k}_{m-1}(x),\bar{k}_m(x)\}$$

根据可拓关联度序列 K 中的可拓关联度的大小，获得最佳的设计对象。

5.4.4 可拓集

在经典数学中，用特征函数来描述论域中的元素是否具有某种性质，取值为 0 和 1，其集合论基础是康托集。康托集是对确定性事物的分类。在模糊数学中，用隶属函数来描述论域中的元素具有某种性质的程度，取值范围为[0,1]，其集合论基础是模糊集。模糊集是对模糊性事物的描述。在可拓数学中，用关联函数来描述论域中的元素具有某种性质的程度，取值范围为(−∞，+∞)，关联函数能够定量地表述元素具有某种性质的程

度及其量变与质变过程，其集合论基础是可拓集。可拓集是可拓学中三大理论支柱之一，是对事物性质变化的描述。传统的数学基于康托集和模糊集，但它们描述的事物性质是固定的，无法描述事物性质的变化，但是解决矛盾问题必须要考虑事物间性质的变化。可拓集将矛盾变化和转化的辩证思想引入到集合论中，这样就可以从定性和定量综合考虑事物的变化，为解决矛盾问题打下了集合论的基础。可拓集的建立，为形成新的数学分支——可拓数学打下了基础。可拓数字与康托经典数字、模糊数字的区别和联系如表 5-2所示。

表 5-2　可拓数学与经典数学、模糊数学的区别和联系

数学分支	集合基础	性质函数	取值范围	距离概念	逻辑思维	处理问题
经典数学	康托集	特征函数	{0,1}	距离	形式逻辑	确定问题
模糊数学	模糊集	隶属函数	[0,1]	距离	模糊逻辑	模糊问题
可拓数学	可拓集	关联函数	$(-\infty,+\infty)$	距、侧距	可拓逻辑	矛盾问题

5.5　可拓推理

采用基元或者复合元能够对设计过程中各种类型的设计知识进行模型化和形式化的表达，而根据设计对象的基元模型的拓展性可以对相应的基元模型进行可拓分析，进而形成一系列的工程设计可拓推理方法，这些推理方法对于解决复杂的工程设计问题具有很好的指导作用。本节主要介绍几种常用的可拓推理方法，包括发散推理、相关推理、蕴含推理、共轭推理、可扩推理及菱形思维模式等。

5.5.1　发散推理

在工程设计中，设计对象对应的基元模型往往表现为一物多征、一征多物、一值多物等发散特性，基于这些基元特性进行拓展处理，形成相应的发散推理规则与方法。

假设存在基元 $\boldsymbol{J}(X)=(\Gamma(N),C(N),V(C))$，其对应的论域为 $\boldsymbol{\Omega}$，对应的关联准则 $C_0(\boldsymbol{J}(X))$ 或者关联函数为 $K(C(\boldsymbol{J}(X)))$，则关于基元 $\boldsymbol{J}(X)$ 的发散（"$\dashv$"表示发散）表示为

$$\boldsymbol{J}(X)\dashv\{\boldsymbol{J}(X_i)\mid \boldsymbol{J}(X_i)=(\Gamma_i(N),C(N),V(C))\},$$
$$1\leqslant i\leqslant n,\Gamma_i(N)\in\Gamma(\Omega),\boldsymbol{J}(X_i)\in\boldsymbol{J}(\Omega)$$

关于基元 $\boldsymbol{J}(X)$ 特征的发散表示为

$$\boldsymbol{J}(X)\dashv\{\boldsymbol{J}(X_i)\mid \boldsymbol{J}(X_i)=(\Gamma(N),C_i(N),V(C))\},$$
$$1\leqslant i\leqslant n,C_i(N)\in C(\Omega),\boldsymbol{J}(X_i)\in\boldsymbol{J}(\Omega)$$

关于基元 $\boldsymbol{J}(X)$ 特征量值的发散表示为

$$\boldsymbol{J}(X)\dashv\{\boldsymbol{J}(X_i)\mid \boldsymbol{J}(X_i)=(\Gamma(N),C(N),V_i(C))\},$$
$$1\leqslant i\leqslant n,V_i(C)\in V(\Omega),\boldsymbol{J}(X_i)\in\boldsymbol{J}(\Omega)$$

关于基元 $\boldsymbol{J}(X)$ 特征与特征量值的发散表示为

$$\boldsymbol{J}(X)\dashv\{\boldsymbol{J}(X_i)\mid \boldsymbol{J}(X_i)=(\Gamma(N),C_i(N),V_i(C))\},$$
$$1\leqslant i\leqslant n,C_i(N)\in C(\Omega),V_i(C)\in V(\Omega),\boldsymbol{J}(X_i)\in\boldsymbol{J}(\Omega)$$

关于基元 $J(X)$ 名称与特征的发散表示为

$$J(X) \dashv \{J(X_i) \mid J(X_i) = (\Gamma_i(N), C_i(N), V(C))\},$$
$$1 \leqslant i \leqslant n, \Gamma_i(N) \in \Gamma(\Omega), C_i(N) \in C(\Omega), J(X_i) \in J(\Omega)$$

关于基元 $J(X)$ 名称、特征以及特征量值的发散表示为

$$J(X) \dashv \{J(X_i) \mid J(X_i) = (\Gamma_i(N), C_i(N), V_i(C))\}, 1 \leqslant i \leqslant n,$$
$$\Gamma_i(N) \in \Gamma(\Omega), C_i(N) \in C(\Omega), V_i(C) \in V(\Omega), J(X_i) \in J(\Omega)$$

关于基元 $J(X)$ 特征论域的发散表示为

$$J(X) \dashv \{J(X_i) \mid J(X_i) = (\Gamma(N), C(N), V(C))\},$$
$$1 \leqslant i \leqslant n, J(X_i) \in J(\Omega_i)$$

关于基元 $J(X)$ 关联准则或者评价特征的发散表示为

$$J(X) \dashv \{J(X_i) \mid J(X_i) = (\Gamma_i(N), C_i(N), V_i(C))\}, 1 \leqslant i \leqslant n,$$
$$C_0(J(X)) - | \{C_{0j}(J(X))\}, 1 \leqslant i \leqslant m$$

关于基元 $J(X)$ 关联函数的发散表示为

$$J(X) \dashv \{J(X_i) \mid J(X_i) = (\Gamma_i(N), C_i(N), V_i(C))\}, 1 \leqslant i \leqslant n,$$
$$K(C_0(J(X))) - | \{K(C_{0j}(J(X)))\}, 1 \leqslant i \leqslant m$$

基于基元的关键特性进行发散分析，建立解决工程设计问题的发散树，在建立工程设计问题发散树的基础上，通过匹配待解决设计问题的需求属性，获得解决问题所需要的设计对象。在工程设计中，可通过多种途径进行发散分析与推理，进而获得更为丰富的设计知识，提升解决复杂问题的智能推理能力。

5.5.2 相关推理

相关推理是指根据设计对象之间存在的某种依赖关系进行设计问题的求解与分析，采用基元对设计对象或者设计问题建模形成形式化的模型，根据基元模型的名称、特征、量值之间的相关特性进行推理分析，进而获得匹配的解。

假设存在基元 $J(X) = (\Gamma(N), C(N), V(C))$，$J(X_1) = (\Gamma_1(N), C_1(N), V_1(C))$ 和 $J(X_2) = (\Gamma_2(N), C_2(N), V_2(C))$。

若 $J(X)$ 与 $J(X_1)$ 之间存在相关性，则表示为

$$J(X) = (\Gamma(N), C(N), V(C)) \sim J(X_1) = (\Gamma_1(N), C_1(N), V_1(C))$$

若 $J(X)$ 与 $J(X_1)$ 之间存在相关性，而 $J(X_1)$ 与 $J(X_2)$ 之间也存在相关性，则表示为

$$J(X) \sim J(X_1) \wedge J(X_1) \sim J(X_2) \Rightarrow J(X) \sim J(X_2)$$

若 $J(X)$ 与 $J(X_1)$ 之间存在与运算进而与 $J(X_2)$ 之间存在相关性，则表示为

$$J(X) \wedge J(X_1) \sim J(X_2)$$

或

$$J(X_2) \sim J(X) \wedge J(X_1)$$

相应地，相关推理的形式也有多种，若 $J(X)$ 与 $J(X_1)$ 是关于基元名称相关的，其关联函数为 $K(x)$，评价特征为 C_0，评价函数为 φ，则上式表示为

$$J(X) \sim \Gamma_1(J(X_1)) \Rightarrow (\exists \varphi, K(J(X_1)) = K(\varphi(C_0(J(X)))))$$

若$\boldsymbol{J}(X)$与$\boldsymbol{J}(X_1)$是关于基元特征相关的，其关联函数为$K(x)$，评价特征为C_0，评价函数为φ，则上式表示为

$$\boldsymbol{J}(X)\sim C_1(\boldsymbol{J}(X_1))\Rightarrow(\exists\varphi,K(\boldsymbol{J}(X_1))=K(\varphi(C_0(\boldsymbol{J}(X)))))$$

若$\boldsymbol{J}(X)$与$\boldsymbol{J}(X_1)$是关于基元名称相关的，$\boldsymbol{J}(X_1)$与$\boldsymbol{J}(X_2)$是关于基元名称相关的，其关联函数为$K(x)$，评价特征为C_0，评价函数为φ，则上式表示为

$$\boldsymbol{J}(X)\sim\Gamma_1(\boldsymbol{J}(X_1))\wedge\boldsymbol{J}(X_1)\sim\Gamma_2(\boldsymbol{J}(X_2))$$
$$I=(\exists\varphi,K(\boldsymbol{J}(X_2))=K(\varphi(C_0(\boldsymbol{J}(X)))))$$

若$\boldsymbol{J}(X_1)$与$\boldsymbol{J}(X_2)$是关于基元特征相关的，$\boldsymbol{J}(X_1)$与$\boldsymbol{J}(X_2)$是关于基元特征相关的，其关联函数为$K(x)$，评价特征为C_0，评价函数为φ，则上式表示为

$$\boldsymbol{J}(X)\sim C_1(\boldsymbol{J}(X_1))\wedge\boldsymbol{J}(X_1)\sim C_2(\boldsymbol{J}(X_2))$$
$$I=(\exists\varphi,K(\boldsymbol{J}(X_2))=K(\varphi(C_0(\boldsymbol{J}(X)))))$$

在相关网中，一个相关属性的改变，会导致网中与其相关的其他模型发生变化，也就是“牵一发而动全身”，因此，需要基于基元的关键特性进行相关分析，从而建立解决工程设计问题的相关网，在建立工程设计问题相关网的基础上，通过匹配待解决设计问题的需求属性，获得解决问题所需要的设计对象。

5.5.3 蕴含推理

所谓蕴含性，是指上位元素的改变会导致下位元素进行相应的变换，在工程设计中，而表现为上位设计对象或者工程设计问题的改变会导致下位设计对象或者工程设计问题的变换。对设计对象或者工程设计问题进行基元建模后，这种蕴含性则表现为基元之间的蕴含性。

假设存在基元$\boldsymbol{J}(X)=(\Gamma(N),C(N),V(C))$，$\boldsymbol{J}(X_1)=(\Gamma_1(N),C_1(N),V_1(C))$和$\boldsymbol{J}(X_2)=(\Gamma_2(N),C_2(N),V_2(C))$，关联函数为$K(x)$，评价特征为$C_0$，论域为$\Omega$，若基元间存在蕴含性，则表示为

$$\boldsymbol{J}(X)=(\Gamma(N),C(N),V(C))\Rightarrow\boldsymbol{J}(X_1)=(\Gamma_1(N),C_1(N),V_1(C))$$

其中，$\boldsymbol{J}(X)$为上位基元，$\boldsymbol{J}(X_1)$为下位基元。

基元的蕴含性有多种表现形式。若存在$\boldsymbol{J}(X)\Rightarrow\boldsymbol{J}(X_1)\wedge\boldsymbol{J}(X_2)$，则称$\boldsymbol{J}(X)$蕴含$\boldsymbol{J}(X_1)\wedge\boldsymbol{J}(X_2)$。若存在$\boldsymbol{J}(X)\wedge\boldsymbol{J}(X_1)\Rightarrow\boldsymbol{J}(X_2)$，则称$\boldsymbol{J}(X)$，$\boldsymbol{J}(X_1)$与蕴含$\boldsymbol{J}(X_2)$。若存在$\boldsymbol{J}(X)\vee\boldsymbol{J}(X_1)\Rightarrow\boldsymbol{J}(X_2)$，则称$\boldsymbol{J}(X)$，$\boldsymbol{J}(X_1)$或蕴含$\boldsymbol{J}(X_2)$。若存在$\boldsymbol{J}(X)\Rightarrow\boldsymbol{J}(X_1)\wedge\boldsymbol{J}(X_1)\Rightarrow\boldsymbol{J}(X_2)$，则称$\boldsymbol{J}(X)$传导蕴含$\boldsymbol{J}(X_2)$。

根据基元的蕴含性，形成多条蕴含推理规则。

若存在$\boldsymbol{J}(X)\Rightarrow\boldsymbol{J}(X_1)$，则有

$$\begin{cases}\text{如果 }K(\boldsymbol{J}(X))\leqslant 0\text{，则 }K(\boldsymbol{J}(X_1))\leqslant 0\\\text{如果 }K(\boldsymbol{J}(X_1))\geqslant 0\text{，则 }K(\boldsymbol{J}(X))\geqslant 0\end{cases}$$

若存在$\boldsymbol{J}(X)\wedge\boldsymbol{J}(X_1)\Rightarrow\boldsymbol{J}(X_2)$，则有

$$\begin{cases}\text{如果 }K(\boldsymbol{J}(X))\leqslant 0\wedge K(\boldsymbol{J}(X_1))\leqslant 0\text{，则 }K(\boldsymbol{J}(X_2))\leqslant 0\\\text{如果 }K(\boldsymbol{J}(X_2))\geqslant 0\text{，则 }K(\boldsymbol{J}(X))\geqslant 0\vee K(\boldsymbol{J}(X_1))\geqslant 0\end{cases}$$

若存在 $J(X)\Rightarrow J(X_1)\wedge J(X_1)\Rightarrow J(X_2)$，则有

$$\begin{cases}\text{如果 } K(J(X))\leqslant 0, \text{则 } K(J(X_2))\leqslant 0 \\ \text{如果 } K(J(X_2))\geqslant 0, \text{则 } K(J(X))\geqslant 0\end{cases}$$

若存在 $J(X)\Rightarrow J(X_2)\wedge J(X_1)\Rightarrow J(X_2)$，则有 $J(X)\vee J(X_1)\Rightarrow J(X_2)$。

进行蕴含分析的关键在于确定上位基元和对应的下位基元，一般情况下，可以采用数据挖掘的方式获得面向蕴含分析的频繁模式，在获得相应频繁模式的条件下，构建出工程设计对象或者设计问题的蕴含系。蕴含系可分为事物蕴含系和特征蕴含系等，具有可压缩性、可截断性和可膨胀性。采用蕴含系的方法解决问题时，一般先列出目标对象或者设计问题，然后与蕴含系中的上位基元进行匹配，在获得匹配结果的条件下，获得对应的下位基元，对下位基元进行再分析获得解决问题的解。

5.5.4 共轭推理

共轭推理是指通过对工程设计对象或者设计问题的虚实部分、软硬部分、潜显部分、正负部分 8 个方面进行共轭分析，获取虚实部分、软硬部分、潜显部分、负正部分的内部或者外在关联关系，进而建立相应部分的映射模型，形成对应的解决问题的共轭对。

从物质性的角度考虑，把能表征工程设计对象或者设计问题的基元特征分为实部特征和虚部特征，构建实部特征和虚部特征之间的关联特性，形成共轭分析的映射模型，并建立相应的共轭对，可表示为

$$J_{re}(X)=(\Gamma_{re}(N),C_{re}(N),V_{re}(C))\Leftrightarrow J_{im}(X)=(\Gamma_{im}(N),C_{im}(N),V_{im}(C))$$

从系统性的角度考虑，把能表征工程设计对象或者设计问题的基元特征分为硬部特征和软部特征，构建硬部特征和软部特征之间的关联特性，形成共轭分析的映射模型，并建立相应的共轭对，可表示为

$$J_{hr}(X)=(\Gamma_{hr}(N),C_{hr}(N),V_{hr}(C))\Leftrightarrow J_{sf}(X)=(\Gamma_{sf}(N),C_{sf}(N),V_{sf}(C))$$

从动态性的角度考虑，把能表征工程设计对象或者设计问题的基元特征分为显部特征和潜部特征，构建显部特征和潜部特征之间的关联特性，形成共轭分析的映射模型，并建立相应的共轭对，可表示为

$$J_{ap}(X)=(\Gamma_{ap}(N),C_{ap}(N),V_{ap}(C))\Leftrightarrow J_{lt}(X)=(\Gamma_{lt}(N),C_{lt}(N),V_{lt}(C))$$

从对立性的角度考虑，把能表征工程设计对象或者设计问题的基元特征分为正部特征和负部特征，构建正部特征和负部特征之间的关联特性，形成共轭分析的映射模型，并建立相应的共轭对，可表示为

$$J_{ps}(X)=(\Gamma_{ps}(N),C_{ps}(N),V_{ps}(C))\Leftrightarrow J_{ng}(X)=(\Gamma_{ng}(N),C_{ng}(N),V_{ng}(C))$$

5.5.5 可扩推理

可扩推理是指采用可扩分析的方式进行工程设计对象或者设计问题的求解推理。可扩分析的基础是可扩性，是指工程设计对象或者设计问题的可组合性、可分解性和可扩缩性。可组合性是指工程设计对象或者设计问题之间的结合或者组合形成了新的解决设计问题的可能性。可分解性是指工程设计对象或者设计问题通过进行分解处理形成了新的

解决设计问题的可能性。工程设计对象或者设计问题的可扩缩性是指工程设计对象或者设计问题通过对相关特征、量值、论域、关联准则等参数进行扩大和缩小形成了新的解决设计问题的可能性。

假设存在基元 $\boldsymbol{J}(X_1)=(\Gamma_1(N),C_1(N),V_1(C))$ 和基元 $\boldsymbol{J}(X_2)=(\Gamma_2(N),C_2(N),V_2(C))$，若两者具有可组合性并可组合成新的基元 $\boldsymbol{J}(X)$，则其组合过程表示为

$$\boldsymbol{J}(X)=\boldsymbol{J}(X_1)\oplus\boldsymbol{J}(X_2)=(\Gamma_1(N)\oplus\Gamma_2(N),C_1(N)\oplus C_2(N),V_1(C)\oplus V_2(C))$$

假设存在基元 $\boldsymbol{J}(X)=(\Gamma(N),C(N),V(C))$ 具有可分解性，并可以分解成基元 $\boldsymbol{J}(X_1),\cdots,\boldsymbol{J}(X_i),\cdots,\boldsymbol{J}(X_n)$，且 $\boldsymbol{J}(X_i)=(\Gamma_i(N),C_i(N),V_i(C))$，则其分解过程表示为

$$\boldsymbol{J}(X)//\{\boldsymbol{J}(X_1),\cdots,\boldsymbol{J}(X_i),\cdots,\boldsymbol{J}(X_n)\},1\leqslant i\leqslant n$$

假设存在基元 $\boldsymbol{J}(X)=(\Gamma(N),C(N),V(C))$ 具有可扩缩性，扩缩因子为 α，通过扩缩获得新的基元 $\boldsymbol{J}(X_1)=(\Gamma_1(N),C_1(N),V_1(C))$，则其可扩缩过程表示为

$$\begin{aligned}\boldsymbol{J}(X_1)&=(\Gamma_1(N),C_1(N),V_1(C))=\alpha\otimes\boldsymbol{J}(X)\\&=(\alpha\otimes\Gamma(N),C(N),\alpha\otimes V(C))\end{aligned}$$

通过对工程设计对象或者设计问题不断地进行可扩分析，即组合、分解、扩缩，再组合、再分解、再扩缩的处理分析过程，则形成了解决工程设计问题的一种有效方法——分合链。

5.5.6　可拓知识库

对工程设计对象或者设计问题进行可拓推理，不可避免地要对处理分析过程中的各种类型的设计知识进行利用，为此要构建面向可拓推理的知识库。在构建知识库的过程中，基元建模是将已有的知识信息转化为模块信息并存储到数据库中的关键步骤。设计专家将生产过程中的知识积累转化为知识源，然后借助基元建模将知识信息进行抽取和转化，形成不同的知识单元，不同的知识单元分属于各个知识层和知识模块，对应于基元建模中的物元、事元、关系元和复合元模型，利用基元的蕴含性和可拓性，通过可拓变换和蕴含挖掘，使得已有的知识信息形成聚类和模块化，最后进行知识的输入、检测和存储。知识转换成适合存储于知识库的可拓基元，有以下两个步骤：

(1) 将各模块的知识信息经过处理变成独立的信息单元，能够利用静态型、行为型、关系型和复合型中的一种基元模型进行表示；

(2) 经过可拓基元建模的信息单元能够通过相关处理变成知识库所要求和接受的知识信息形态。

对于复杂的知识库系统来说，各种功能模块应该是互相配合集成创新，因此需要可拓变换使得知识信息单元更加饱满，并使得不同知识信息单元之间产生外部关联，最终使单一的或多个知识信息单元形成系统性的模块知识。对知识信息单元生成相应的基元模型，然后基于基元模型来探讨物元、事元、关系元及复合元模型的构建，其一般流程如图5-1所示。

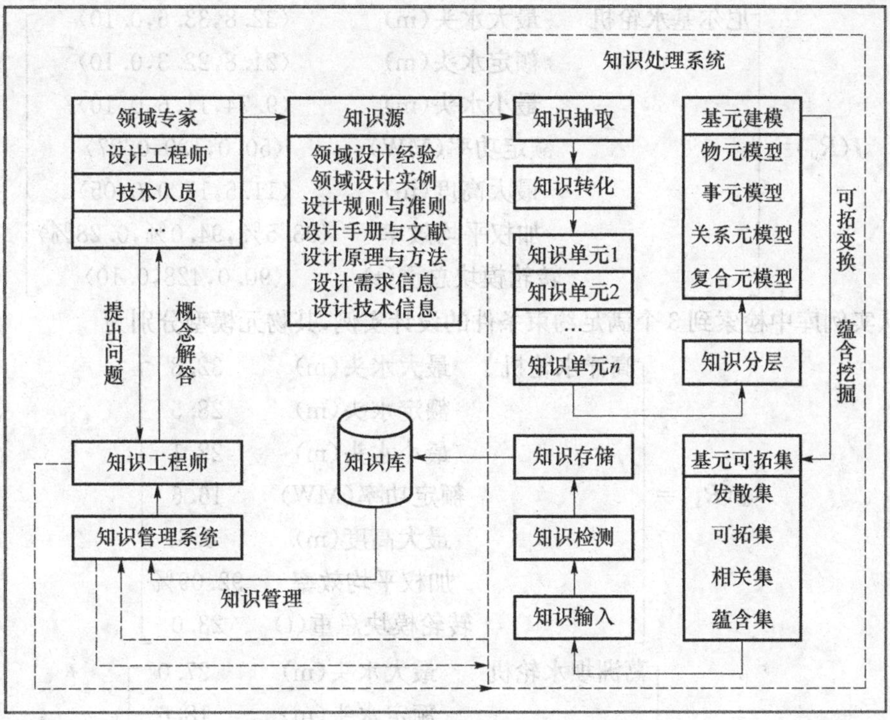
知识处理系统
领域专家
设计工程师
技术人员
…
知识源
领域设计经验
领域设计实例
设计规则与准则
设计手册与文献
设计原理与方法
设计需求信息
设计技术信息
知识抽取
知识转化
知识单元1
知识单元2
…
知识单元n
基元建模
物元模型
事元模型
关系元模型
复合元模型
可拓变换
蕴含挖掘
知识分层
提出问题
概念解答
知识工程师
知识库
知识存储
基元可拓集
发散集
可拓集
相关集
蕴含集
知识管理系统
知识检测
知识输入
知识管理

图 5-1　基于基元建模的知识库构建流程

5.6　可拓工程应用

5.6.1　可拓设计案例分析

大型水轮机设计领域存在大量已研制水轮机的设计方案和设计过程中所形成的设计知识与经验，利用物元的概念，可以把实例、实例特征及特征的取值放在一个统一体里来考虑，从而形成了定量与定性相结合的实例表示方法。水轮机选型方案设计是水轮机产品方案设计的一个重要组成部分，它的主要任务是由客户对水轮机的工作环境的需求确定水轮机的额定转速、额定流量等性能参数，从而选择水轮机转轮的型号。水轮机工作的最大水头、额定水头、最小水头和额定功率是水轮机设计的功能特征，水轮机转轮的型号标称直径、额定转速、额定流量、加权平均效率、可靠度、转轮模块总重为选型设计中需要确定的特征。下面以尼尔基水电站选型方案设计转轮选取与重用为例进行说明。根据设计要求确定最大水头、额定水头、最小水头、额定功率、最大高度、加权平均效率和转轮模块总重为尼尔基水电站水轮机工作的设计特征，根据专家的经验分配各个物元特征对应的权值，建立尼尔基水电站问题实例 $J(R_0)$ 的物元模型

$$
J(R_0)=\left[\begin{array}{lll}
\text{尼尔基水轮机} & \text{最大水头(m)} & \langle 32.8,33.6,0.10\rangle \\
 & \text{额定水头(m)} & \langle 21.8,22.3,0.10\rangle \\
 & \text{最小水头(m)} & \langle 9.74,11.6,0.10\rangle \\
 & \text{额定功率(MW)} & \langle 50.0,130,0.27\rangle \\
 & \text{最大高度(m)} & \langle 11.5,17.0,0.05\rangle \\
 & \text{加权平均效率} & \langle 93.5\%,94.0\%,0.28\%\rangle \\
 & \text{转轮模块总重(t)} & \langle 90.0,428,0.10\rangle
\end{array}\right]
$$

从实例库中检索到3个满足约束条件的设计实例，其物元模型分别为

$$
J(R_1)=\left[\begin{array}{lll}
\text{高洋水轮机} & \text{最大水头(m)} & 32.3 \\
 & \text{额定水头(m)} & 28.5 \\
 & \text{最小水头(m)} & 22.1 \\
 & \text{额定功率(MW)} & 16.6 \\
 & \text{最大高度(m)} & 8.6 \\
 & \text{加权平均效率} & 92.09\% \\
 & \text{转轮模块总重(t)} & 23.0
\end{array}\right]
$$

$$
J(R_2)=\left[\begin{array}{lll}
\text{葛洲坝水轮机} & \text{最大水头(m)} & 27.0 \\
 & \text{额定水头(m)} & 18.6 \\
 & \text{最小水头(m)} & 20.6 \\
 & \text{额定功率(MW)} & 129.0 \\
 & \text{最大高度(m)} & 16.5 \\
 & \text{加权平均效率} & 92.87\% \\
 & \text{转轮模块总重(t)} & 425
\end{array}\right]
$$

$$
J(R_3)=\left[\begin{array}{lll}
\text{乐滩水轮机} & \text{最大水头(m)} & 31.5 \\
 & \text{额定水头(m)} & 19.5 \\
 & \text{最小水头(m)} & 8.65 \\
 & \text{额定功率(MW)} & 153.1 \\
 & \text{最大高度(m)} & 11.3 \\
 & \text{加权平均效率} & 92.63\% \\
 & \text{转轮模块总重(t)} & 430
\end{array}\right]
$$

引入可拓距计算式，即第 r 个设计实例关于第 i 个物元特征与目标方案第 i 个设计需求区间的接近度为

$$
\rho(v_i^r, v_{0r})=\left|v_i^r-\frac{a_{0r}+b_{0r}}{2}\right|-\frac{b_{0r}-a_{0r}}{2}
$$

获得可拓距矩阵

$$
\boldsymbol{\rho}=\begin{bmatrix}
0.5 & 6.2 & 10.49 & 33.4 & 2.9 & 1.41 & 67 \\
5.8 & 3.2 & 8.99 & -1 & -0.5 & 0.63 & -3 \\
1.3 & 2.3 & 1.09 & 23.1 & 0.2 & 0.87 & 2
\end{bmatrix}^{\mathrm{T}}
$$

引入可拓关联度计算式，即

$$K_i^r=\begin{cases}\dfrac{\rho(v_i^r,v_{0r})}{\max\limits_{1\leqslant r\leqslant m}\rho(v_i^r,v_{0r})}, & \rho(v_i^r,v_{0r})>0\\ 0, & \rho(v_i^r,v_{0r})=0\\ \dfrac{\rho(v_i^r,v_{0r})}{\max\limits_{1\leqslant r\leqslant m}|\rho(v_i^r,v_{0r})|}, & \rho(v_i^r,v_{0r})<0\end{cases}$$

获得可拓关联度矩阵

$$\boldsymbol{K}=\begin{bmatrix}0.086 & 1.000 & 1.000 & 1.000 & 1.000 & 1.000 & 1.000\\ 1.000 & 0.517 & 0.857 & -1.000 & -1.000 & 0.447 & -1.000\\ 0.224 & 0.371 & 0.104 & 0.692 & 0.069 & 0.617 & 0.030\end{bmatrix}^{\mathrm{T}}$$

建立加权可拓关联度计算模型（即第 r 个设计实例关于评价指标集 C 的可拓关联度 K^r）

$$K^r=W\otimes\begin{bmatrix}K_1^r\\ K_2^r\\ \vdots\\ K_{n-1}^r\\ K_n^r\end{bmatrix}=\{w_1,w_2,\cdots,w_{n-1},w_n\}\otimes\begin{bmatrix}K_1^r\\ K_2^r\\ \vdots\\ K_{n-1}^r\\ K_n^r\end{bmatrix}$$

获得加权关联度序列：$K=\{0.986,-0.058,0.436\}$。根据匹配属性，可以获得葛洲坝水电站水轮机与尼尔基水电站水轮机最匹配，并由此获得相应的转轮物元模型

$$\begin{bmatrix}\text{葛洲坝水轮机} & \text{最大水头(m)} & 27.0\\ & \text{额定水头(m)} & 18.6\\ & \text{最小水头(m)} & 8.3\\ & \text{额定功率(MW)} & 129\\ & \text{最大高度(m)} & 16.5\\ & \text{加权平均效率} & 93.87\%\\ & \text{转轮模块总重(t)} & 425\end{bmatrix}\Rightarrow$$

$$\begin{bmatrix}\text{转轮型号 ZZ500-LH} & \text{最大水头(m)} & 27.0\\ & \text{单位转速(r/min)} & 62.5\\ & \text{单位流量(m}^3\text{/s)} & 825.0\\ & \text{效率} & 93.87\%\end{bmatrix}$$

结合领域知识以及相关设计约束对匹配的设计实例进行可拓变换，包括设计实例的发散、设计实例特征的发散和设计实例特征值的发散，可以得到一系列满足特定设计要求的设计方案。对这些发散得到的候选方案进行收敛性分析和评价，即可获得理想的设计方案。如果通过一级发散—收敛的适应性修改没有获得理想的设计方案，需要进行多次发散—收敛的修改过程，从而形成多级菱形思维的适应性修改。若设计实例 j 为检索获得的与目标方案相似的设计实例，则其一级菱形思维的适应性修改过程如下。

设计实例方案的发散

$$\boldsymbol{J}(R^j)=(N^j,c^j,v^{j*})\dashv\begin{cases}(N^j,c^j,v^{j*})=\{(N_1,c_1,v_1^{j*}),(N_2,c_2,v_2^{j*}),\cdots,(N_n,c_n,v_n^{j*})\}\\(N^j,c^{j*},v^j)=\{(N_1,c_1^{j*},v_1),(N_2,c_2^{j*},v_2),\cdots,(N_n,c_n^{j*},v_n)\}\\(N^{j*},c^j,v^j)=(\{(N_1^{j*},c_1,v_1),(N_2^{j*},c_2,v_2),\cdots,(N_n^{j*},c_n,v_n)\}\end{cases}$$

发散实例方案的收敛

$$\left.\begin{array}{l}(N^j,c^j,v^{j*})=\{(N_1,c_1,v_1^{j*}),(N_2,c_2,v_2^{j*}),\cdots,(N_n,c_n,v_n^{j*})\}\\(N^j,c^{j*},v^j)=\{(N_1,c_1^{j*},v_1),(N_2,c_2^{j*},v_2),\cdots,(N_n,c_n^{j*},v_n)\}\\(N^{j*},c^j,v^j)=(\{(N_1^{j*},c_1,v_1),(N_2^{j*},c_2,v_2),\cdots,(N_n^{j*},c_n,v_n)\}\end{array}\right\}\models\boldsymbol{J}(R^*)$$

$$=(N^*,c^*,v^*)$$

其中,符号"$\dashv$"表示发散,符号"$\models$"表示收敛。

通过可拓发散方法可拓出多个物元,从而获得大量的实例信息,这个过程可以形式化表示为 $P=GL$。其中,G 为目标物元,是设计问题 P 在一定条件下希望达到的结果;L 为条件物元,是目标实现的主客观因素即条件,包括约束条件和使用条件;P 为设计实例的可拓求解问题,由目标物元 G 和条件物元 L 构成,依据条件 L 从可行性或相容性等角度出发,可利用可拓重用度优选算法对可拓发散问题 P 进行分析,若优劣程度或物元相容度 $K(P)\geqslant 0$,则发散是可行的。

由于葛洲坝水轮机年代已久,随着科技的进步,试验手段和设计手段都有了很大的进步,因此不能直接采用葛洲坝水电站的转轮型号 ZZ500-LH。由此,通过对模型转轮 ZZ500-LH 进行优化,获得理想模型转轮 ZZA833-LH,根据模型转轮综合特性曲线绘制软件,可发散出既满足功率要求又有较高综合效率的合理的转轮标称直径、额定转速和额定流量的 3 个组合,结果如图 5-2 所示。

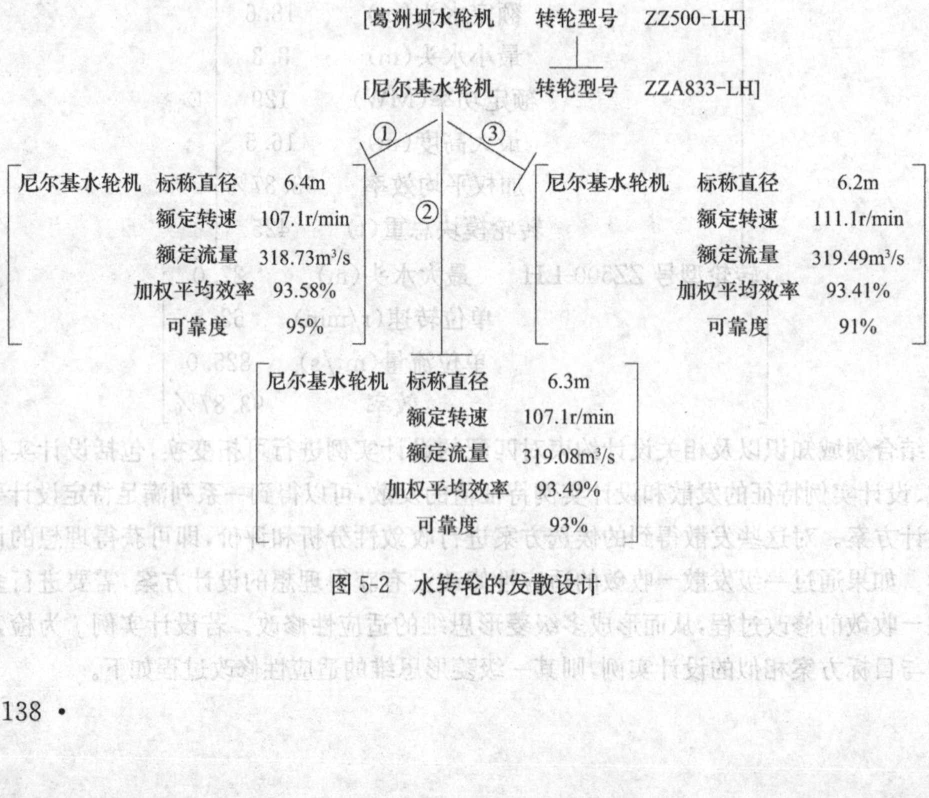
[葛洲坝水轮机 转轮型号 ZZ500-LH]
[尼尔基水轮机 转轮型号 ZZA833-LH]
①
②
③
尼尔基水轮机 标称直径 6.4m
额定转速 107.1r/min
额定流量 318.73m³/s
加权平均效率 93.58%
可靠度 95%
尼尔基水轮机 标称直径 6.2m
额定转速 111.1r/min
额定流量 319.49m³/s
加权平均效率 93.41%
可靠度 91%
尼尔基水轮机 标称直径 6.3m
额定转速 107.1r/min
额定流量 319.08m³/s
加权平均效率 93.49%
可靠度 93%

图 5-2 水转轮的发散设计

5.6.2 基于可拓理论的设计知识推送案例分析

知识推送技术能够解决知识检索过程中效率低、准确性低、及时性差等问题。通过建立产品设计知识基元知识库、知识推送决策模糊物元模型，并建立其与约束特征经典域、节域的可拓距，获得约束项的关联函数，从而获得设计任务与各知识基元的综合可拓关联度，基于综合可拓关联度的大小对各知识基元进行筛选、排序，并通过设定的阈值，将关联度大于阈值的知识基元推送给设计人员。图 5-3 给出了产品协同设计中知识推送的流程图。

在此过程中，知识推送决策的模糊物元模型构建以及知识推送可拓关联函数构建是其中较为关键的步骤。

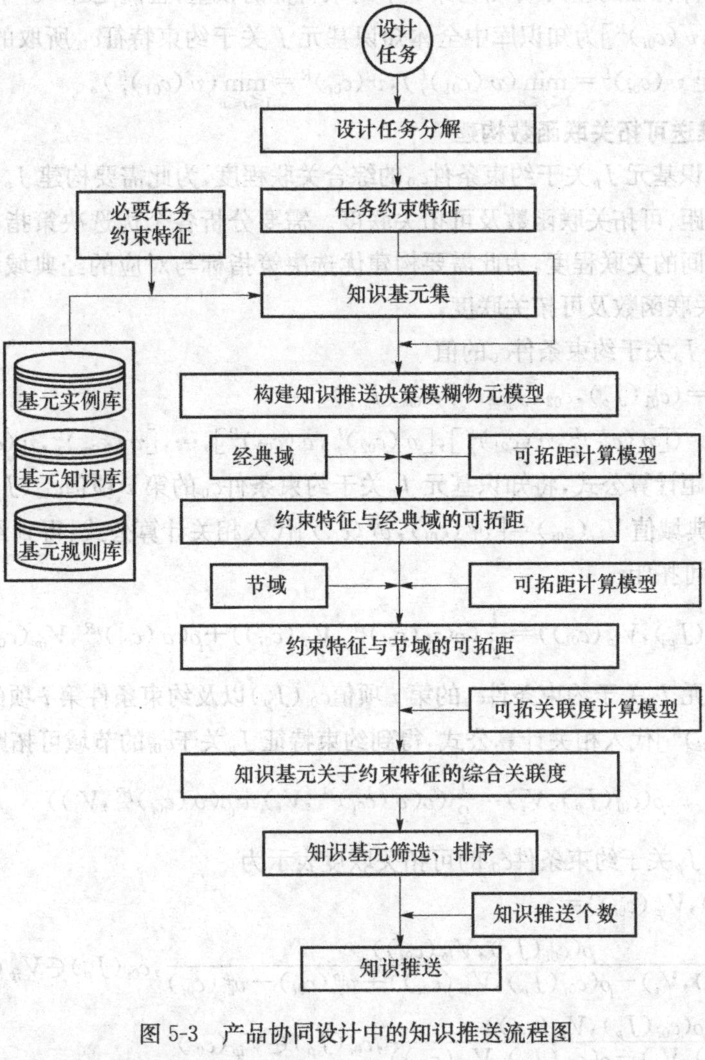

设计任务
设计任务分解
任务约束特征
必要任务约束特征
知识基元集
基元实例库
基元知识库
基元规则库
构建知识推送决策模糊物元模型
经典域
可拓距计算模型
约束特征与经典域的可拓距
节域
可拓距计算模型
约束特征与节域的可拓距
可拓关联度计算模型
知识基元关于约束特征的综合关联度
知识基元筛选、排序
知识推送个数
知识推送

图 5-3　产品协同设计中的知识推送流程图

1. 知识推送决策的模糊物元模型构建

假设知识库中某一知识基元为 J_p，可根据已有的约束特征 c_0 构建其物元模型。由于在给定约束特征下知识基元可能具有一些不确定性的设计信息,因此,其对应约束特征下的特征量值往往具有模糊性。对于能够精确表示的特征信息可用精确点值描述,对于含有不确定性设计信息的特征量值采用区间量值形式描述,同时具有不同的优选特征权重。

因此,知识基元 J_p 的模糊物元模型表示为

$$\boldsymbol{R}_p=(\boldsymbol{J},\boldsymbol{C},\boldsymbol{V})=\begin{bmatrix} J_p & c_{01} & ([v_1^{1p}(c_{01}),v_2^{1p}(c_{01})],\alpha_1) \\ & c_{02} & ([v_1^{2p}(c_{02}),v_2^{2p}(c_{02})],\alpha_2) \\ & \vdots & \vdots \\ & c_{0m} & ([v_1^{mp}(c_{0m}),v_2^{mp}(c_{0m})],\alpha_m) \end{bmatrix}$$

其中,$V_{ip}(c_{0i})=[v_1^{ip}(c_{0i}),v_2^{ip}(c_{0i})]$为确定知识基元 J_p 对于第 i 个约束所取的区间量值,即为关于该条件特征的经典域,α_i 为第 i 个约束特征的权重,且满足 $\alpha_1+\alpha_2+\cdots+\alpha_m=1$。$V_i=[v(c_{0i})^L,v(c_{0i})^R]$为知识库中全体知识基元 J 关于约束特征 c_{0i} 所取的量值范围,即为节域,且满足 $v(c_{0i})^L=\min\limits_{1\leqslant j\leqslant n}(v(c_{01})_j^L)$,$v(c_{0i})^R=\min\limits_{1\leqslant j\leqslant n}(v(c_{01})_j^R)$。

2. 知识推送可拓关联函数构建

要求得知识基元 J_p 关于约束条件 c_0 的综合关联程度,为此需要构建 J_p 与对应约束条件之间的可拓距、可拓关联函数及可拓关联度。需要分析各个优选决策指标与对应的经典域和节域之间的关联程度,为此需要构建优选决策指标与对应的经典域和节域之间的可拓距、可拓关联函数及可拓关联度。

知识基元 J_p 关于约束条件 c_0 的值

$$\begin{aligned} c_0(J_p)&=(c_{01}(J_p),c_{02}(J_p),\cdots,c_{0m}(J_p)) \\ &=([v(c_{01})_p^L,v(c_{01})_p^R],[v(c_{02})_p^L,v(c_{02})_p^R],\cdots,[v(c_{0m})_p^L,v(c_{0m})_p^R]) \end{aligned}$$

根据可拓距计算公式,将知识基元 J_p 关于约束条件 c_0 的第 i 项值 $c_{0i}(J_p)$ 以及约束条件第 i 项的经典域值 $V_{ip}(c_{0i})=[v_1^{ip}(c_{0i}),v_2^{ip}(c_{0i})]$代入相关计算公式,得到约束特征 J_p 关于 c_{0i} 的经典域可拓距

$$\rho(c_{0i}(J_p),V_{ip}(c_{0i}))=\frac{1}{2}(\rho(v(c_{0i})^{pL},V_{ip}(c_{0i}))+\rho(v(c_{0i})^{pR},V_{ip}(c_{0i})))$$

将知识基元 J_p 关于约束条件 c_0 的第 i 项值 $c_{0i}(J_p)$ 以及约束条件第 i 项的节域值 $V_i=[v(c_{0i})^L,v(c_{0i})^R]$代入相关计算公式,得到约束特征 J_p 关于 c_{0i} 的节域可拓距

$$\rho(c_{0i}(J_p),V_i)=\frac{1}{2}(\rho(v(c_{0i})^{pL},V_i)+\rho(v(c_{0i})^{pR},V_i))$$

知识基元 J_p 关于约束条件 c_{0i} 的可拓关联度表示为

$$k_i(c_{0i}(J_p),V_{ip}(c_{0i}))=$$

$$\begin{cases} \dfrac{\rho(c_{0i}(J_p),V_{ip}(c_{0i}))}{\rho(c_{0i}(J_p),V_i)-\rho(c_{0i}(J_p),V_{ip}(c_{0i}))+v_1^{ip}(c_{0i})-v_2^{ip}(c_{0i})}, & c_{0i}(J_p)\in V_{ip}(c_{0i}) \\ \dfrac{\rho(c_{0i}(J_p),V_{ip}(c_{0i}))}{\rho(c_{0i}(J_p),V_i)-\rho(c_{0i}(J_p),V_{ip}(c_{0i}))}, & c_{0i}(J_p)\notin V_{ip}(c_{0i}) \end{cases}$$

对于每一个约束特征 c_{0i},取权重系数 α_i,并且满足 $\alpha_1+\alpha_2+\cdots+\alpha_m=1$,则知识基元 J_p 关于约束条件 c_0 的综合关联度为

$$K(J_p)=\sum_{i=1}^{m}\alpha_i k_i(c_{0i}(J_p),V_{ip}(c_{0i}))$$

以某水电站的转轮设计为例，对基于可拓理论的知识推送技术进行补充说明。通过对设计任务分解、计算得到水电站转轮的模糊约束特征，其值以区间值形式给出：额定水头 55～60m，额定功率 320～330MW，额定流量 570～590m³/s。根据专家知识库确定约束特征额定水头、额定功率和额定流量等的权重系数，依次为 0.4、0.4、0.2。

根据转轮这一关键约束特征对基元实例库进行初步筛选，筛选出实例库中水轮机转轮的基元实例。由于实例库中转轮实例较多，无法列举出所有实例，本书在初步筛选的基元实例中选取了五强溪、岩滩、隔河岩、白山、三峡、葛洲坝水电站 6 个转轮的功能基元实例，它们的功能基元模型分别为 $\boldsymbol{J}(R_1)$、$\boldsymbol{J}(R_2)$、$\boldsymbol{J}(R_3)$、$\boldsymbol{J}(R_4)$、$\boldsymbol{J}(R_5)$和 $\boldsymbol{J}(R_6)$，具体如下：

$$\boldsymbol{J}(R_1)=\begin{bmatrix}\text{转轮} & \text{额定水头(m)} & 44.5\\ & \text{额定功率(MW)} & 248\\ & \text{额定流量(m}^3\text{/s)} & 625.3\\ & \text{额定转速(r/min)} & 68.18\\ & \text{效率} & 95\%\end{bmatrix}$$

$$\boldsymbol{J}(R_2)=\begin{bmatrix}\text{转轮} & \text{额定水头(m)} & 59.4\\ & \text{额定功率(MW)} & 302.5\\ & \text{额定流量(m}^3\text{/s)} & 580\\ & \text{额定转速(r/min)} & 75\\ & \text{效率} & 94.4\%\end{bmatrix}$$

$$\boldsymbol{J}(R_3)=\begin{bmatrix}\text{转轮} & \text{额定水头(m)} & 103\\ & \text{额定功率(MW)} & 300\\ & \text{额定流量(m}^3\text{/s)} & 326\\ & \text{额定转速(r/min)} & 136.4\\ & \text{效率} & 94.4\%\end{bmatrix}$$

$$\boldsymbol{J}(R_4)=\begin{bmatrix}\text{转轮} & \text{额定水头(m)} & 112\\ & \text{额定功率(MW)} & 300\\ & \text{额定流量(m}^3\text{/s)} & 307\\ & \text{额定速(r/min)} & 80\\ & \text{效率} & 93.5\%\end{bmatrix}$$

$$\boldsymbol{J}(R_5)=\begin{bmatrix}\text{转轮} & \text{额定水头(m)} & 177\\ & \text{额定功率(MW)} & 607\\ & \text{额定流量(m}^3\text{/s)} & 886\\ & \text{额定速(r/min)} & 135\\ & \text{效率} & 94.21\%\end{bmatrix}$$

$$J(R_6)=\begin{bmatrix} \text{转轮} & \text{额定水头(m)} & 114 \\ & \text{额定功率(MW)} & 300 \\ & \text{额定流量(m}^3\text{/s)} & 543 \\ & \text{额定速(r/min)} & 144 \\ & \text{效率} & 93.11\% \end{bmatrix}$$

建立转轮基元实例的模糊物元模型

$$\boldsymbol{R}_p=(\boldsymbol{J},\boldsymbol{C},\boldsymbol{V})=\begin{bmatrix} J_i & \text{额定水头(m)} & ([55,60],0.4) \\ & \text{额定功率(MW)} & ([320,330],0.4) \\ & \text{额定流量(m}^3\text{/s)} & ([570,590],0.2) \end{bmatrix},i=1\sim6$$

知识基元 J_i 关于 $c=(c_1,c_2,c_3)=$(额定水头(m),额定功率(MW),额定流量(m^3/s))的经典域为 $V_1=(V_{11},V_{22},V_{33})=([55,60],[320,330],[570,590])$,知识基元 J_i 关于 c 的节域为 $V=(V_1,V_2,V_3)=([44.5,177],[248,607],[307,886])$。

将知识基元 J_1 关于约束特征 c_1 的特征值和经典域 V_{11} 代入经典域可拓距公式,获得 c_1 关于 J_1 的经典可拓距

$$\rho(c_1(J_1),V_{11}(c_1))=\left|44.5-\frac{55+60}{2}\right|-\frac{1}{2}(60-55)=10.5$$

将知识基元 J_1 关于约束特征 c_1 的特征值和节域 V_1 代入节域可拓距公式,获得 c_1 关于 J_1 的节域可拓距

$$\rho(c_1(J_1),V_1(c_1))=\left|44.5-\frac{44.5+177}{2}\right|-\frac{1}{2}(177-44.5)=0$$

将经典域可拓距与节域可拓距代入可拓关联度公式,获得知识基元 J_1 关于约束条件 c_1 的可拓关联度:$k_1(c_1(J_1),V_{11}(c_1))=-1$。

采用类似的处理过程,计算获得知识基元 J_1 关于约束条件 c_2、c_3 的可拓关联度 k_2、k_3 分别为−1、−1.08。将约束特征权重系数 $\alpha=(\alpha_1,\alpha_2,\alpha_3)=(0.4,0.4,0.2)$ 以及知识基元 J_1 关于约束条件 c_i 的可拓关联度 k_1、k_2、k_3 代入综合关联度公式,获得知识基元 J_1 关于约束条件 c 的综合关联度

$$K(\boldsymbol{J}(R_1))=\sum_{i=1}^{3}\alpha_i k_i(c_i(J_1),V_{i1}(c_i))=-1.016$$

采用类似的处理过程,计算获得转轮知识基元 $\boldsymbol{J}(R_2)$、$\boldsymbol{J}(R_3)$、$\boldsymbol{J}(R_4)$、$\boldsymbol{J}(R_5)$ 和 $\boldsymbol{J}(R_6)$ 的综合关联度 $K(\boldsymbol{J}(R_2))$、$K(\boldsymbol{J}(R_3))$、$K(\boldsymbol{J}(R_4))$、$K(\boldsymbol{J}(R_5))$、$K(\boldsymbol{J}(R_6))$ 分别为 0.276、−0.466、0.088、−0.864、0.116,按综合关联度排序为 $K(\boldsymbol{J}(R_2))>K(\boldsymbol{J}(R_6))>K(\boldsymbol{J}(R_4))>0>K(\boldsymbol{J}(R_3))>K(\boldsymbol{J}(R_5))>K(\boldsymbol{J}(R_1))$,所以知识基元 $\boldsymbol{J}(R_2)$、$\boldsymbol{J}(R_6)$、$\boldsymbol{J}(R_4)$ 满足约束条件。如果设定推送知识基元个数为 2 个,那么会将岩滩转轮、葛洲坝转轮的基元实例按顺序推送给设计人员。如果设定推送知识基元个数为 3 个,那么会将岩滩转轮、葛洲坝转轮、白山转轮的基元实例按顺序推送给设计人员。

5.6.3 基于可拓理论的故障诊断案例分析

可拓理论为评价当前事物状态提供了一种有效的手段,其特点是利用基元特征的关

联函数，建立多指标参数的物元模型，通过划分出评价级别和实际观测获得的数据建立评价的经典域、节域，通过关联度算法获得关联程度的综合评价，进而从定性和定量两个角度去分析问题。基于可拓理论的故障诊断与预测的基本思路是以得到的标准状态样本故障模型作为参考指标，通过得到的监测数据建立故障预测模型，通过关联函数对待评估模型与参考指标模型之间的关联度计算，对设备现行状态作出评价。基于可拓理论的故障诊断与预测分析流程如图 5-4 所示。

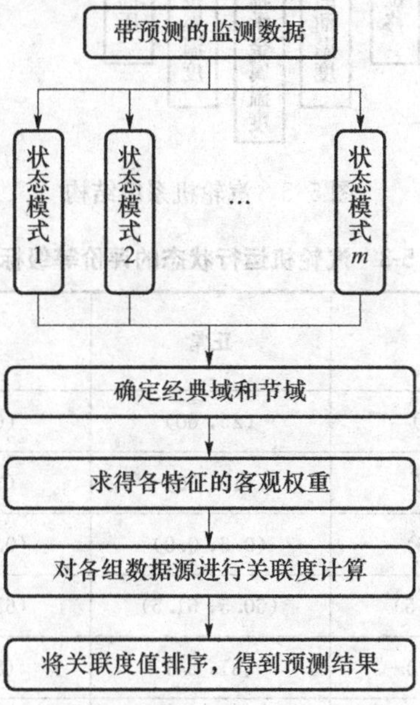
带预测的监测数据
状态模式1
状态模式2
…
状态模式m
确定经典域和节域
求得各特征的客观权重
对各组数据源进行关联度计算
将关联度值排序，得到预测结果

图 5-4　基于可拓理论的故障诊断与预测分析流程

基于可拓理论的故障诊断与预测分析的基本步骤包括：①确定故障诊断与预测的衡量标准；②确定故障诊断与预测的经典域和节域；③确定故障诊断与预测特征的权重；④首次评价，去除那些必须满足的条件；⑤建立故障诊断与预测的可拓距计算模型，并获得相应的可拓距；⑥建立故障诊断与预测的关联函数计算模型，并获得相应的关联度系数；⑦获得待评估系统关于不同状态等级的综合关联度；⑧根据综合关联度的大小确定系统处于何种状态。

以汽轮机状态监测及故障预测为例对上述步骤进行说明。汽轮机是一种典型的旋转机械，其结构非常复杂，涉及电、油、磁等系统。各个系统的运行状态优劣，难以通过单一的指标来进行评价，因为这些系统内部的各个零件之间交互作用、相互影响，为评价带来很大困难。在运行过程中能准确并且在早期就及时地检测出汽轮机的故障，是汽轮机能够可靠、安全运行的重要保障。

将汽轮机分为转子轴承系统和流通部分两个子系统，如图 5-5 所示。

根据领域知识及实践经验将设备运行划分为 4 个等级标准：良好、正常、较差、警告，每个标准对应的量值区间如表 5-3 所示。

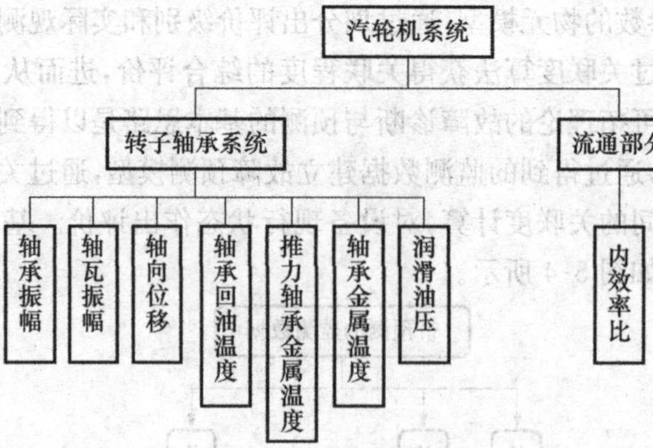
汽轮机系统
转子轴承系统
流通部分
轴承振幅
轴瓦振幅
轴向位移
轴承回油温度
推力轴承金属温度
轴承金属温度
润滑油压
内效率比

图 5-5　汽轮机系统结构

表 5-3　汽轮机运行状态的评价等级标准

特征 \ 评价等级	良好	正常	较差	警告
轴承振幅/μm	(0, 25)	(25, 60)	(60, 90)	(90, 120)
轴瓦振幅/μm	(0, 15)	(15, 30)	(30, 45)	(45, 70)
轴向位移/mm	(0, 0.6)	(0.6, 0.9)	(0.9, 1.2)	(1.2, 1.4)
轴承回油温度/℃	(59, 60.5)	(60.5, 61.5)	(61.5, 63)	(63, 65)
推力轴承金属温度/℃	(79, 81)	(81, 84)	(84, 87)	(87, 90)
轴承金属温度/℃	(60, 65)	(65, 68)	(68, 71)	(71, 75)
润滑油压/MPa	(0.07, 0.09)	(0.09, 0.12)	(0.12, 0.13)	(0.14, 0.15)
内效率比	(0.9, 1.0)	(0.8, 0.9)	(0.7, 0.8)	(0.5, 0.7)

将检测到的运行数据用 n 维基元进行表达如下

$$J(R_0)=\begin{bmatrix} \Gamma_0 & c_1 & 30.00 \\ & c_2 & 16.00 \\ & c_3 & 0.80 \\ & c_4 & 62.00 \\ & c_5 & 85.00 \\ & c_6 & 69.00 \\ & c_7 & 0.11 \\ & c_8 & 0.81 \end{bmatrix}$$

依据故障诊断的特征，建立不同状态等级的经典域基元

$$J(R_1)=\begin{bmatrix} 良好 & c_1 & (0,25.00) \\ & c_2 & (0,15.00) \\ & c_3 & (0,0.60) \\ & c_4 & (59.00,60.50) \\ & c_5 & (79.00,81.00) \\ & c_6 & (60.00,65.00) \\ & c_7 & (0.07,0.09) \\ & c_8 & (0.90,1.00) \end{bmatrix}$$

$$J(R_2)=\begin{bmatrix} 正常 & c_1 & (25.00,60.00) \\ & c_2 & (15.00,30.00) \\ & c_3 & (0.60,0.90) \\ & c_4 & (60.50,61.50) \\ & c_5 & (81.00,84.00) \\ & c_6 & (65.00,68.00) \\ & c_7 & (0.09,0.12) \\ & c_8 & (0.80,0.90) \end{bmatrix}$$

$$J(R_3)=\begin{bmatrix} 差 & c_1 & (60.00,90.00) \\ & c_2 & (30.00,45.00) \\ & c_3 & (0.90,1.20) \\ & c_4 & (61.50,63.00) \\ & c_5 & (84.00,87.00) \\ & c_6 & (68.00,71.00) \\ & c_7 & (0.12,0.13) \\ & c_8 & (0.70,0.80) \end{bmatrix}$$

$$J(R_4)=\begin{bmatrix} 警告 & c_1 & (90.00,120.00) \\ & c_2 & (45.00,70.00) \\ & c_3 & (1.20,1.40) \\ & c_4 & (63.00,65.00) \\ & c_5 & (87.00,90.00) \\ & c_6 & (71.00,75.00) \\ & c_7 & (0.13,0.15) \\ & c_8 & (0.50,0.70) \end{bmatrix}$$

建立对应不同状态等级的节域基元为

$$
J(R_*)=\begin{bmatrix}
\Gamma_* & c_1 & (0,125.00) \\
 & c_2 & (0,75.00) \\
 & c_3 & (0,1.50) \\
 & c_4 & (55.00,70.00) \\
 & c_5 & (75.00,95.00) \\
 & c_6 & (55.00,80.00) \\
 & c_7 & (0.05,0.20) \\
 & c_8 & (0.40,1.00)
\end{bmatrix}
$$

确定不同故障诊断与预测分析特征的权重，其权重序列为

$$
\begin{cases}
W=\{W_1,W_2\}=\{0.550,0.450\} \\
W_1=\{w_{11},w_{12},w_{13},w_{14},w_{15},w_{16},w_{17}\} \\
\quad =\{0.281,0.223,0.124,0.080,0.161,0.088,0.043\} \\
W_1=\{w_{21}\}=\{1.000\}
\end{cases}
$$

根据关联函数计算模型获得相应的关联度系数计算结果，如表 5-4 所示。

表 5-4 关联度系数计算结果

关联度系数	S1	S2	S3	S4
k_{1j}	−0.14	0.29	−0.5	−0.67
k_{2j}	−0.06	0.13	−0.47	−0.64
k_{3j}	−0.47	−0.08	−0.08	−0.35
k_{4j}	−0.18	−0.07	0.67	−0.13
k_{5j}	−0.29	−0.09	0.67	−0.17
k_{6j}	−0.27	−0.08	0.67	−0.15
k_{7j}	−0.25	0.67	−0.14	−0.33
k_{8j}	−0.32	0.20	−0.05	−0.37

根据关联度计算模型获得综合关联度序列 $K=\{-0.257,0.147,-0.04,-0.409\}$。将各标准模式与待测数据的综合关联度按从大到小排列，可见设备所处的状态应该是正常的，这与已有文献中的实际结果相符，表明用该方法对汽轮机进行状态监测和故障预测是有效的。

第6章 遗传算法

遗传算法(GA,Genetic Algorithm)是一种融合达尔文物种进化和孟德尔基因学说的通用的随机化搜索方法,是由美国 J. H. Holland 教授在 1975 年提出来的。遗传算法是一种通过模拟自然进化过程搜索全局最优解的方法,主要特点是简单、高效,全体搜索策略和全体中个体之间的信息交换,降低了对人机交互的依赖。因此,遗传算法十分适用于处理传统的搜索方法难以解决的复杂的非线性、多目标、多约束等问题。随着遗传算法的不断发展,其被广泛地应用于各个领域,如函数优化、组合规划、非线性优化、参数识别、生产调度、自动控制、机器学习、图像处理、生物学、计算机科学及社会科学等。

6.1 遗传算法的发展概况

19 世纪 60 年代至 70 年代就有关于遗传算法的早期研究,为后面遗传算法的提出奠定了基础。19 世纪 60 年代末,著名的英国生物学家达尔文(C. R. Darwin)发表了《物种起源》,在这本著作中,他系统地提出并建立了以"优胜劣汰""适者生存"的自然选择为基础的生物进化论学说,并且在这个进化论学说的基础上指出了遗传、变异和选择是自然界生物进化的主要原因。19 世纪 70 年代中期,奥地利植物学家孟德尔(J. G. Mendel)对遗传学进行了深入的研究,并形成了遗传学说,他认为遗传作为一种指令遗传码封装在每个细胞中,并以基因的形式包含在染色体中,每个基因有特殊的位置并控制某种特性,基因杂交和基因突变可能产生对环境适应性强的后代,通过优胜劣汰的自然选择,使适应性强的基因结构保存下来。染色体—DNA—基因的结构以及基因的复制、重组、交换、变异等操作成为了现代遗传算法的基础。

从 20 世纪 40 年代开始,有学者利用计算机从生物学的角度研究生物的进化过程以及生物的遗传过程等模拟工作。20 世纪 60 年代初,A. S. Fraser 在《理论生物学杂志》上发表了论文《遗传系统的模拟》,在该论文中提出了和现代遗传算法十分相似的概念和思想。20 世纪 60 年代至 70 年代间,美国密执安大学的 J. H. Holland 教授和他的学生们受到生物模拟技术的启发,创造出了一种基于生物遗传和进化机制的适合于复杂系统优化计算的自适应概率优化技术——遗传算法。1967 年,Holland 教授的博士生 Bagley 在他的博士论文中首次提出了遗传算法的术语,并讨论了遗传算法在自动博弈中的应用。Bagley 在其博士论文中提出的选择、交叉、变异、显性和倒位等操作与现代遗传算法的操作十分接近。1975 年,Holland 教授出版了他的著名著作《自然系统与人工系统中的适应性》,这是遗传算法创立的标志,这一年是遗传算法研究史上具有里程碑意义的一年。同一年,De Jong 博士完成了博士论文《遗传自适应系统的行为分析》,在其博士论文中,他结合 Holland 教授的模式定理对纯数值函数优化计算进行了大量的实验研究和分析,不仅进一步完善和系统化了选择、交叉和变异等操作，而且还提出了代沟等新的遗传操作技术以及著名的 De Jong 五函数测试平台，进而树立了遗传算法的工作框架，并得到了一些重要且具有指导意义的结论。

20 世纪 80 年代至 90 年代是遗传算法发展兴盛的时期，各研究者在理论上进一步完善了遗传算法的基本操作，提出了许多优化和学习的规则。20 世纪 80 年代末，D. J. Goldberg 出版了专著《搜索、优化和机器学习中的遗传算法》，该著作全面、完整地论述了遗传算法的基本原理及其应用，为现代遗传算法奠定了科学基础。20 世纪 90 年代初期，L. Davis 出版了《遗传算法手册》，书中介绍了大量的遗传算法工程应用案例，为遗传算法的普及和推广带来了巨大的推动作用。在此期间，J. R. Koza 提出了遗传编程的概念，在计算机程序的优化设计及自动生成过程中深入应用遗传算法。经过这个阶段的快速发展，遗传算法在应用上拓宽到几乎所有的工程领域，如自动控制、生产调度、管道控制、导弹控制、遗传编程、通信网络设计、喷气发动机设计、图像处理、组合优化、模式识别、信号处理、机器人学、人工生命、机器学习、多目标优化等。

20 世纪 90 年代至 21 世纪初期是遗传算法与其他智能计算方法结合、交叉、渗透进一步发展的时期。如：①遗传算法与模糊系统方法、神经网络方法、混沌理论等智能计算方法之间的相互渗透和结合，对 21 世纪新的智能计算方法的拓展以及智能计算机的发展具有十分重要的意义。②遗传算法与组合优化方法之间的相互渗透和结合，使得许多难以解决的组合优化难题得以解决。③遗传算法与机器学习之间的相互渗透和结合，对于解决工程中的知识获取的瓶颈问题以及专家系统中的分类器设计问题具有十分重要的意义。④遗传算法与并行处理之间的相互渗透和结合，使得并行遗传算法得以快速发展，并促进智能计算机体系结构的不断改进。⑤遗传算法与计算机科学之间的相互渗透和结合，通过利用计算机网络和智能体发展各种基于多智能体的网络合作系统，解决复杂的工程应用问题。⑥遗传算法与自动控制、生物、医疗、图像处理等学科的相互渗透和结合，解决不同学科中的难题。

6.2 遗传算法的基本原理

6.2.1 遗传算法的基本概念

遗传算法是一种借鉴生物界中遗传机制和自然选择的随机化搜索方法，自然选择和遗传理论为其基础，在遗传算法中引入了生物遗传学的概念。下面对遗传算法中的一些基本概念进行必要的说明。

基因：DNA 或 RNA 长链结构中占有一定位置的基本遗传单位。

染色体：由多个基因组成的遗传物质的主要载体。

个体：指染色体带有特征的实体，是优化问题的解。

群体：染色体带有特征的个体的集合，并且群体的大小为群体内所含的个体数量。

基因型：性状染色体的内部表现形式，是一种基因组合的模型。

表现型:由染色体决定性状的外部表现。

基因座:遗传因子在染色体中的位置表现。

进化:生物个体在生存过程中能够不断地适应环境,并使得生物的品质得到不断的改良和优化。

适应度:生物个体对于环境的适应程度。

遗传:指生物子代的性状、特征总是和亲代具有相同的或相似的性状,亲代把生物信息交给子代,子代按照所得到的信息进行发育和分化。

变异:指生物亲代和生物子代之间以及生物子代和生物亲代个体之间存在的差异性,即使DNA发生某种变异,产生新的染色体,这些新的染色体表现出新的性状,导致生物子代与生物亲代总具有一些不相似。变异是随机发生的,是生物个体之间区别的基础,为生物的进化发展创造了条件,是大千世界中生物多样性的根源。

选择:以一定的概率从生物群体中选择若干生物个体进行操作,选择决定了生物优胜劣汰、适者生存的进化方向,使生物变异和生物遗传向着适应环境的方向发展。

复制:指细胞分裂时,遗传物质转移到新生的细胞中,新生的细胞继承了旧细胞的基因。

交叉:生物个体按照一定的原则进行部分基因交换的操作,使得染色体之间某个相同位置DNA被切断,进而形成新的染色体。

编码:遗传算法中遗传编码从表现型到基因型的映射。

解码:编码的逆过程,即遗传算法中遗传编码从基因型到表现型的映射。

6.2.2 遗传算法的基本操作

1. 编码

生物个体的遗传编码有多种形式,常用的有二进制编码和浮点编码等。所谓二进制编码,是指个体的每个基因值是一个二进制编码符号串,并且二进制编码方式的精度依赖于染色体的基因位数以及设计变量的范围。所谓浮点编码,是指个体的每个基因值用某一范围内的一个浮点数来表示,个体的编码长度等于其决策变量的个数,因为这种编码方法使用的是决策变量的真实值,所以浮点编码方法也称为真值编码方法。需要注意的是,在浮点编码方法中,必须保证基因值在给定的区间限制范围内,遗传算法中所使用的交叉、变异等遗传算子也必须保证运算结果所产生的新个体的基因值也在这个区间限制范围内。另外,当用多字节来表示一个基因值时,交叉运算必须在两个基因的分界字节处进行,而不能在某个基因的中间字节分隔处进行。

2. 选择操作

(1) 比例选择法

所谓比例选择操作,是指生物个体在进行选择操作时,各个生物个体被选中的概率与其适应度大小成正比。比例选择法是一种回放式随机采样的方法,也被称为轮盘赌选择法。若生物群体大小记为m,生物个体适应度记为F_i,则生物个体被选中的概率P_i表示为

$$P_i = \frac{F_i}{\sum_{i=1}^{m} F_i}$$

根据上式可以看出，适应度越高的生物个体被选中的概率就会越大，适应度越低的生物个体被选中的概率就会越小。

(2) 锦标赛选择法

所谓锦标赛选择法，是指采用随机的方式从生物群体中选择一定数目的生物个体，然后将最好的生物个体作为父个体。重复进行最优生物个体的选择，直到完成所有生物个体的选择。

(3) 稳态繁殖法

所谓稳态繁殖法，是指在生物进化过程中，将生物群体中的部分父个体用优质的新的子个体进行替换，进而形成新的生物群体，并将其作为下一代进化的生物群体。在稳态繁殖法中有一种称为没有重串的稳态繁殖法，其基本思想是在形成新的一代生物群体时，使其中的群体均不出现重复，即在将某个生物个体加入新的一代生物群体之前，先检查该生物个体和生物群体中已有的生物个体是否相同，若出现重复则舍弃该生物个体。

(4) 最优生物个体保留法

所谓最优生物个体保留法，是指采用最优保存策略进行生物个体的优胜劣汰操作，在进行选择操作的过程中，当前生物群体中适应度最高的生物个体不进行交叉和变异操作，而是将它对本代生物群体中适应度最低的生物个体进行代替。

3. 交叉操作

(1) 单点交叉

单点交叉也称为简单交叉或者一点交叉。对生物个体进行遗传编码，在对两个生物个体进行交叉操作时，可在两个生物个体编码串中随机设定一个交叉点即交叉位置，对在此交叉位置的前后两个生物个体编码串进行相互交换，进而生成两个新的生物个体。

例如，有两个生物个体 A 和 B，其对应的编码分别是 001110101 和 110010110，则其在不同位置进行单点交叉的操作如表 6-1 所示。

表 6-1 单点交叉操作

交叉前 A	交叉前 B	交叉后 A	交叉后 B
001|110101	110|010110	001|010110	110|110101
0011|10101	1100|10110	0011|10110	1100|10101
00111|0101	11001|0110	00111|0110	11001|0101

(2) 多点交叉

多点交叉是指对生物个体进行遗传编码，在对两个生物个体进行交叉操作时，可在两个生物个体编码串中随机设定多个交叉点即交叉位置，对在此交叉位置的前后两个生物个体编码串进行相互交换，进而生成两个新的生物个体。

还是采用上述的两个生物个体 A 和 B 为例进行说明，其在不同位置进行多点交叉的操作如表 6-2 所示。

表 6-2　多点交叉操作

交叉前 A	交叉前 B	交叉后 A	交叉后 B
001|1|10|101	110|0|10|110	001|0|10|110	110|1|10|101
00|11|101|01	11|00|101|10	00|00|101|10	11|11|101|01
001|11|010|1	110|01|011|0	001|01|010|0	110|11|010|1

(3) 变异操作

所谓变异操作，是指将生物群体中的生物个体进行遗传编码，并将其对应的编码串上的基因值用该编码串上的其他等位基因进行替换，进而形成一个新的生物个体。对于采用二进制编码的生物个体，变异操作就是用 0 替换 1，或用 1 替换 0。对于采用浮点编码的生物个体，若某一变异点处的基因值的取值范围为$[a,b]$，变异操作就是用该范围内的一个随机数去替换原基因值。对于采用符号编码的生物个体，变异操作就是用这个字符集中的一个随机指定的且与原基因值不相同的符号去替换变异点上的原有符号。变异操作的类型有很多，如均匀变异、非均匀变异、高斯变异等。以二进制编码为例对生物个体变异操作进行说明，如表 6-3 所示。

表 6-3　变异操作

变异位置	变异前	变异
第一位	001110101	101110101
第四位	001110101	001010101
第六位	001110101	001111101

6.2.3　遗传算法实现的基本过程

如前所述，遗传算法是一种基于自然选择和群体遗传机理的搜索算法，它模拟了自然选择和自然遗传过程中发生的繁殖、杂交和突变现象。遗传算法的实现过程是从一组随机产生的群体开始的搜索过程，首先对群体遗传信息进行编码，一般采用二进制编码，群体中的每个个体是问题的一个解，然后通过选择、交叉、变异运算，产生新一代个体，其具有更好的适应性。通过不断向更优解进化，经过若干代之后，算法收敛，获得最优个体，并通过解码作为问题的近似最优解。遗传算法实现的基本过程如图 6-1 所示。

① 对问题参数集进行遗传编码，即把一个问题的可行解从其解空间转换到遗传算法所能处理的搜索空间的转换方法。一般采用二进制编码的形式。

② 进行群体的初始化，遗传算法是从代表问题可能潜在的解集的一个群体开始的。群体的每一个个体，都对应于问题的某个解。群体的初始化是指按照某种编码方法，生成一定数量或者规模的个体。

③ 进行适应度函数的选取，适应度函数用来检验某一个个体的适应能力。适应度函数的设计要结合求解问题的要求而定，通常是目标函数本身，也可能需要进行一定的变换，以更好地适应遗传操作。

④ 进行个体适应度的计算，并基于所选择的适应度函数进行个体适应度大小的计算。适应度越高的个体对应的解越符合优化准则，越有可能被选择复制，进入下一代组成

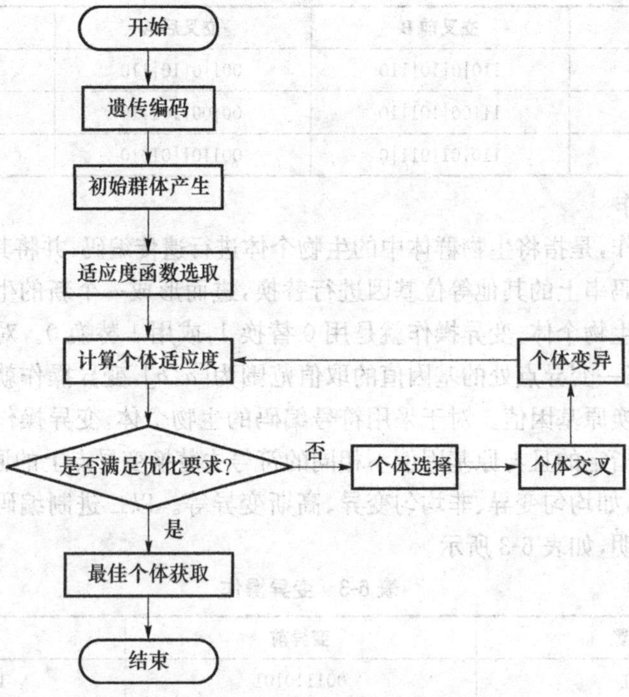

开始
遗传编码
初始群体产生
适应度函数选取
计算个体适应度
个体变异
是否满足优化要求?
否
个体选择
个体交叉
是
最佳个体获取
结束

图 6-1　遗传算法实现的基本过程

新的个体。

⑤ 进行个体评价，即判断是否符合优化要求，按照个体评判的相关规则，计算对应的相对误差。若相对误差小于给定的阈值，则遗传算法结束，进而输出最优个体即最优解；否则继续迭代，并在迭代过程中选择合适的操作，直到获得最优解。

⑥ 进行个体操作，是指进行选择算子、交叉算子、变异算子等的操作，目的是通过相应的操作获得优质个体而抛弃劣质个体，避免基因缺失，提高全局收敛性和计算效率。

6.2.4　遗传算法的基本参数分析

1. 适应度函数

适应度函数是遗传算法进行进化搜索的依据，在遗传算法的进化搜索过程中需要基于群体中的各个个体的适应度值来进行搜索，因此适应度函数的选取将直接影响到遗传算法的收敛速度以及能否找到最优解。适应度函数的设计一般需要满足一些条件，如：

(1) 适应度函数需要满足单值、连续、非负以及实现最大化的要求。

(2) 适应度函数选取要合理，能满足一致性要求，即要求个体适应度值能够反映出对应解的优劣程度。

(3) 为了减少算法的计算时间和空间上的复杂性，降低计算成本，适应度函数设计得要尽可能简单，其计算量要尽可能小。

(4) 适应度函数要具有较强的通用性，对某一类问题的处理尽可能都适应，理想状态下不需要改变适应度函数的参数。

有时直接将待求解的目标函数转化为适应度函数，若目标函数为最大化问题，则适应度函数 $f(x)$ 可表示为

$$\mathrm{Fit}[f(x)]=f(x)$$

若目标函数为最小化问题，则适应度函数 $f(x)$ 可表示为

$$\mathrm{Fit}[f(x)]=-f(x)$$

上述适应度函数比较简单、直观，但是往往会存在一些问题，如：有时不能够满足适应度函数非负的要求；对于某些待求解的函数在函数值分布上有较大差异时，其平均适应度会出现不利于体现群体的平均性能的可能性，从而影响遗传算法的性能等。在能够获得目标函数 $f(x)$ 的极限估值的情况下，如 $f(x)$ 的极大估值为 $C_{\max}$，则目标函数为最小化问题的适应度函数可构建如下

$$\mathrm{Fit}[f(x)]=\begin{cases}C_{\max}-f(x), & f(x)<C_{\max}\\ 0, & \text{其他}\end{cases}$$

如 $f(x)$ 的极小估值为 $C_{\min}$，则目标函数为最大化问题的适应度函数可构建如下

$$\mathrm{Fit}[f(x)]=\begin{cases}f(x)-C_{\min}, & f(x)>C_{\min}\\ 0, & \text{其他}\end{cases}$$

通常情况下，适应度函数是由目标函数变换获取的，对目标函数值域的某种映射变换称为适应度的尺度变换，包括线性变换法、指数变换法、幂函数变换法等。

线性变换法：若初始的适应度函数表示为 $f(x)$，变换后的适应度函数表示为 $f^*(x)$，线性变换可表示如下

$$f^*(x)=\alpha\cdot f(x)+\beta$$

变换系数 α、β 的确定有多种方法，但要满足一些条件，如：初始的适应度平均值等于变换后的适应度平均值，以保证适应度为平均值的个体在下一代的期望复制数为 1；变换后的适应度最大值应等于初始的适应度平均值的指定倍数，这个倍数一般在 1～2 之间，以控制适应度最大的个体在下一代中的复制数。

指数变换法：该方法的基本思想来源于模拟退火过程，若初始的适应度函数表示为 $f(x)$，变换后的适应度函数表示为 $f^*(x)$，其变换式表示如下

$$f^*(x)=\mathrm{e}^{-\alpha\cdot f(x)}$$

变换系数 α 决定了复制的强制性，α 越小，复制的强制性就越趋向于最大适应度的个体。

幂函数变换法：若初始的适应度函数表示为 $f(x)$，变换后的适应度函数表示为 $f^*(x)$，其变换可表示如下

$$f^*(x)=f(x)^k$$

式中，幂指数 k 往往与要求解的最优化问题有关。

2. 编码串长度

编码串长度与所选用的遗传编码类型有关。若生物个体的遗传编码采用二进制编码形式，编码串长度的选取和问题所要求的求解精度有关；若生物个体的遗传编码采用浮点编码形式，编码串长度与决策变量个数相等；若生物个体的遗传编码采用符号

编码形式，编码串长度由问题的编码方式来决定；此外，还可以使用变长度的编码来表示生物个体。

3. 群体大小

群体的大小为群体内所含的生物个体数量，群体大小的取值范围一般推荐为 20～200。这是因为若群体的大小取值较大，会使得遗传算法的运行效率降低；若群体的大小取值较小，虽然遗传算法的运算速度得以提高，但是降低了群体的多样性，同时还可能引起遗传算法的早熟现象。

4. 交叉概率

交叉操作是遗传算法中产生新个体的主要方法，交叉概率是交叉操作中的重要参数，交叉概率的大小取值范围一般推荐为 0.40～0.99。这是因为若交叉概率的取值过小，遗传过程中新个体产生的速度十分缓慢；若交叉概率的取值过大，往往会破坏群体中的优良模式，对进化运算反而产生不良的影响。此外，还可以采用自适应的思想来确定交叉概率。

5. 变异概率

变异操作也是遗传算法中产生新个体的主要方法，变异概率是变异操作中的重要参数，变异概率的大小取值范围一般推荐为 0.0001～0.1。这是因为若变异概率的取值过小，遗传过程中变异操作产生新个体的能力和抑制早熟现象的能力就较弱；若变异概率的取值过大，虽然在遗传算法过程中能够产生出较多的新个体，但往往会出现破坏很多较好的模式的可能性，使得遗传算法的性能近似于随机搜索算法的性能。

6. 终止代数

终止代数是表示遗传算法运行结束条件的一个参数，它表示遗传算法运行到指定的进化代数之后就停止运行，并将当前群体中的最佳个体作为所求问题的最优解输出。终止代数的大小取值范围一般推荐为 100～1000。此外，还可以利用某种判定准则作为终止条件，当判定群体已经进化成熟且不再有进化趋势时就可以终止运行过程。常用的判定准则有两种：一是连续几代生物个体的平均适应度的差异小于某一个极小的阈值；二是群体中所有生物个体适应度的方差小于某一个极小的阈值。

7. 代沟

代沟是表示各代群体之间个体重叠程度的一个参数，它表示每一代群体中被替换的个体在全部个体中所占的百分比。

6.2.5 遗传算法的早熟收敛性分析

作为一种随机优化方法，遗传算法存在着寻优精度不高、早熟收敛、局部寻优能力差等缺点。在工程应用中，很明显要针对其不足之处进行有针对性的改进和完善，以期提高遗传算法的性能。群体数目、交叉概率、变异概率等控制参数都对遗传算法的性能产生影响，如何选取合适的参数组合使遗传算法获得更好的优化性能就显得十分重要。早熟收敛是遗传算法中易于出现的现象，工程应用中需要对此进行高度的关注。

1. 早熟现象

若有个别或极少数适应度非常高的个体出现在群体中，将可能使得这些个体在群体中快速繁殖，可能只需要经过少数几次迭代后就占满了群体的位置，导致遗传算法的求解过程快速结束，获得了相应的问题求解，即通常说的遗传算法收敛了。但这种收敛有可能只是获得了问题求解的局部最优解，遗传算法出现了早熟的现象。而且，若个别个体占满了群体的位置，其在群体中的个体适应度往往非常接近，它们具有平等的机会进行下次配对迭代过程，并且由此获得的新个体变化不大，使得遗传算法搜索过程很难有效地进行，使进化陷于停顿的状态。因此，在工程应用过程中，往往是不希望个别个体在遗传算法运算的最初几代迭代时在群体中占据主导地位。

2. 早熟现象产生的原因

理论上遗传算法考虑的所有遗传操作都是绝对精确的，但是在具体工程实现时，往往只能使用有限的群体，因此在这个过程中不可避免地会产生误差。为此，根据这些有误差的数据进行分析、计算和优化，将使得遗传算法搜索过程中所保留的群体中个体的多样性过早地丧失，使遗传算法陷入局部极值的状态。同时，遗传算法主要采用选择、交叉和变异等操作。选择操作体现了适者生存的原则；交叉操作是组合父代群体中有价值的信息，进而遗传产生新的后代个体；变异操作则是保持群体中基因的多样性。但是随着遗传算法的搜索过程的进行，其不断收敛导致群体中的多样性逐渐减少，使得遗传算法有时不完全能收敛到全局极值点，而是收敛到局部极值点。

3. 早熟现象的解决方法

首先，需要对早熟现象的出现进行判断。当早熟现象出现时，群体中个体的适应度相似，群体中适应度的方差就会减小，由此可以采用群体适应度的方差 E 来判断早熟现象的产生，即

$$E = \frac{1}{M}\sum_{i=1}^{M} | f_i - f_{\text{avg}} |$$

当群体适应度的方差 E 小于某一阈值时，则可以认为遗传算法出现早熟现象，需要对其进行处理。

根据前面的分析可以知道，增加群体的多样性是解决早熟性收敛的根本方法。因此可以通过保留部分优秀个体的同时淘汰其他个体，并且通过采用“移民策略”随机产生部分“优质移民”补充到群体中去，从而增加群体的多样性。传统的遗传算法中的交叉、变异等操作虽然会增加群体的多样性，但往往不考虑个体的适应度大小，随机性极强，致使父代群体当中适应度好的优秀个体极容易遭到破坏，对算法的运行效率、收敛性都有不利的影响，因此需要要求遗传算法中的交叉、变异等操作一方面不要过多地破坏群体中的优良个体模式，另一方面又能够有效地产生一些较好的新个体模式。目前，通常采用最优保存策略实现这一目的，然而最优保存策略将当前群体中适应度最高的个体完全排除在交叉、变异操作之外，致使其不能进化，而其他个体仍然被随机地进行进化操作，这显然不符合生物的进化机制。为此，可以采用与个体适应度大小相关联的自适应个体交叉、变异操作，对应的交叉、变异概率如下

$$P_{ci} = P_c \cdot \left[1.0 - \frac{f(x_i)}{\sum_{i=1}^{M} f(x_i)}\right]$$

$$P_{mi}=P_m\cdot\left[1.0-\frac{f(x_i)}{\sum_{i=1}^{M}f(x_i)}\right]$$

其中，P_{ci}、P_{mi}分别为第i个个体被选择进行交叉、变异操作的概率，P_c、P_m分别为事先给定的交叉、变异操作的概率。

由此，选定好需要参加交叉和变异运算的父代群体后，当前群体中适应度越大的个体被选择参加交叉、变异运算的概率越小，适应度越小的个体选择参加交叉、变异运算的概率越大。与最优保存策略相比较，改进后的方法使得当前群体中适应度最高的个体也有一定的小概率参加交叉、变异运算，并且不同的个体参加交叉、变异运算的概率也不尽相同。可以看出，这种改进策略更符合生物的进化机制，有望在确保遗传算法的全局收敛的前提下有效提高遗传算法的运行效率。

6.2.6 基本遗传算法的改进

遗传算法自J. Holland教授提出以来，被广泛研究和应用。随着应用领域的不断扩大和实际工程问题的复杂化，遗传算法逐渐显现出了一些不足和缺点。针对这些问题，一些改进的算法相继被提出。

(1) 保持物种多样性的遗传算法

保持种群的多样性可以有效避免陷入进化过程"早熟"。

(2) 多目标优化遗传算法

其基于Pareto最优概念实现遗传算法的多目标优化。

(3) 带约束处理法

实际问题中带有约束处理优化的遗传算法，如惩罚函数法。

(4) 小生境遗传算法

基于这种小生境的遗传算法(NGA)，可以更好地保持解的多样性，同时具有很高的全局寻优能力和收敛速度，特别适合于复杂多峰函数的优化问题。

(5) 混合遗传算法

混合遗传算法的实质是将不同遗传算法的优点进行有机结合，改善单纯遗传算法的性能。

(6) 其他改进的遗传算法及新型算法

如蜜蜂进化遗传算法、云遗传算法、自组织遗传算法、M-精英协同进化算法(MECA)等。

6.2.7 遗传算法的基本特征及其优越性

遗传算法作为一种有效的、智能的搜索算法，具有一些基本的特征，具体表现在如下几个方面。

智能性：基于遗传算法的基本应用过程可知，对求解问题进行编码、选取适应度函数以及确定相应的遗传操作之后，遗传算法将利用获得的相关信息并按照适者生存、劣者淘汰的进化规律进行问题求解的自行组织搜索，这种自适应、自组织、自学习的能力是遗传算法智能性的直接体现。

并行性：包括遗传算法的内在并行性和隐式并行性。内在并行性是指遗传算法可以不依赖于计算机通信联系，由计算机单独进行进化计算分析；隐式并行性是指遗传算法通过群体的方式组织搜索，可以实现解空间的多区域同时搜索。

全局优化性：遗传算法能够在问题求解空间中进行多区域同时搜索，更利于获取全局最优解，而不是局部最优解。

稳健性：适应度函数的引入使得遗传算法更易于适应不同的求解环境和求解条件，更加有利于推动群体的进化，并能够保持一种较好的效率和效益权衡。

不确定性：遗传算法实施过程中需要用到相关的遗传操作，而遗传操作因子具有随机性，这将使得遗传算法运行过程中呈现出很强的不确定性。

多解性：遗传算法采用的是群体方式进行搜索，每次搜索往往可以从多个解出发获得多个新的近似解，从而为多目标搜索提供有力的支持。

非定向性：遗传算法遵循自然选择和繁殖的非定向机制，没有特定的迭代方程，而是利用个体的内部结构调整实现对环境和条件的适应能力，进而实现问题的求解。

和其他传统的搜索算法相比较，遗传算法具有一些独特的优越之处，具体表现如下：

(1) 遗传算法采用群体的方式组织搜索，从多个解进行设计问题求解，不是从一个解开始进行设计问题求解，因此有利于寻求到全部最优解。

(2) 遗传算法通过适应度函数来选择优秀群体，对搜索空间没有任何特殊的要求，也不需要推导和附属信息，因而对求解问题的依赖性较小。

(3) 遗传算法对适应度函数没有什么特别限制，既不要求适应度函数连续，也不要求适应度函数满足可微性；并且，适应度函数可以是显函数和隐函数的多种形式。

(4) 遗传算法是一种启发式搜索，既不是穷举法搜索也不是完全的随机搜索。只要基因位置和遗传操作因子选择恰当，往往在有限的迭代次数内就可以获得最优解，搜索效率高。

(5) 遗传算法是通过对设计问题解的某种形式的编码进行作用，而不是直接对解空间进行作用，更利于设计问题求解。

(6) 遗传算法可以分解成不同的染色体的基因串来解决设计问题，因而容易与多智能体相对应，所以遗传算法很容易应用于解决智能网络求解的问题。

(7) 遗传算法具有并行计算分析的特点，因而可以在遗传算法实施中采用大规模并行计算来提高问题求解的计算速度。

(8) 遗传算法采用随机的转移规则而不是确定性的转移规则，环境适应能力强，更利于复杂问题的求解。

(9) 遗传算法特别适用于复杂大系统问题的多目标优化问题的求解。

6.3 遗传算法的应用

6.3.1 遗传算法的应用领域

遗传算法是整体寻优，不是从一个点开始而是从许多点开始搜索，因此有利于寻求到全部最优解。通过适应度函数来选择优秀种群，不需要其他推导和附属信息，因而对问题的依赖性较小。遗传算法对寻优的函数(适应度函数)基本没有限制，既不要求函数连续，也不要求可微；既可以是显函数也可以是隐函数，因而应用广泛。遗传算法可以分解成不同的染色体的基因串来解决问题，因而容易与多智能体相对应，所以遗传算法很容易应用于解决智能网络求解的问题。遗传算法特别适用于复杂大系统问题的优化求解。目前，遗传算法在很多领域都有着较为深入的应用，具体体现在以下几个方面。

1. **函数优化**

函数优化是遗传算法的经典应用领域，也是对遗传算法进行性能评价的常用算例。很多人构造出了各种各样的复杂形式的测试函数，有连续函数也有离散函数，有凸函数也有凹函数，有低维函数也有高维函数，有确定函数也有随机函数，有单峰值函数也有多峰值函数等。用这些几何特性各具特色的函数来评价遗传算法的性能，更能反映算法的本质效果。而对于一些非线性、多模型、多目标的函数优化问题，用其他优化方法较难求解，而遗传算法却可以方便地得到较好的结果。

2. **组合优化**

随着问题规模的增大，组合优化问题的搜索空间也急剧扩大，在目前的计算机上用枚举法很难或甚至不可能求出其精确最优解。对这类复杂问题，人们已意识到应用主要精力放在寻求对应的满意解上，而遗传算法是寻求这种满意解的最佳工具之一。例如，遗传算法已经在求解旅行商问题、背包问题、装箱问题、图形划分问题等方面得到成功的应用。

3. **生产调度问题**

生产调度问题在很多情况下所建立起来的数学模型难以精确求解，即使经过一些简化之后可以进行求解，也会因简化太多使得求解结果与实际相差甚远。而目前在现实生产中主要是靠一些经验来进行调度的。现在遗传算法已成为解决复杂调度问题的有效工具，在单件生产车间调度、流水线生产车间调度、生产规划、任务分配等方面遗传算法都得到了有效的应用。

4. **自动控制**

在自动控制领域中有很多与优化相关的问题需要求解，遗传算法已在其中得到了初步的应用，并显示了良好的效果。例如，用遗传算法进行航空控制系统的优化、使用遗传算法设计空间交会控制器、基于遗传算法的模糊控制规则的学习、利用遗传算法进行人工神经网络的结构优化设计和权值学习等，都显示出了遗传算法在这些领域中应用的可能性。

5. **机器人学**

机器人是一类复杂的难以精确建模的人工系统，而遗传算法的起源就来自于对人工自适应系统的研究，所以机器人学理所当然地成为遗传算法的一个重要应用领域。例如，遗传算法已经在移动机器人路径规划、关节机器人运动轨迹规划、机器人逆运动学求解、细胞机器人的结构优化和行为协调等方面得到研究和应用。

6. **图像处理**

图像处理是计算机视觉中的一个重要研究领域。在图像处理过程中，如扫描、特征提取、图像分割等不可避免地会存在一些误差，这些误差会影响图像处理的效果。如何使这些误差最小是使计算机视觉达到实用化的重要要求。遗传算法目前已在模式识别、图像恢复、图像边缘特征提取等方面得到了应用。

7. **人工生命**

人工生命是用计算机、机械等人工媒体模拟或构造出的具有自然生物系统特有行为的人造系统。自组织能力和自学习能力是人工生命的两大主要特征。人工生命与遗传算法有着密切的关系，基于遗传算法的进化模型是研究人工生命现象的重要基础理论。虽然人工生命的研究尚处于启蒙阶段，但遗传算法已在其进化模型、学习模型、行为模型、自组织模型等方面显示出了初步的应用能力，并且必将得到更为深入的应用和发展。人工生命与遗传算法相辅相成，遗传算法为人工生命的研究提供了一个有效的工具，人工生命的研究也必将促进遗传算法的进一步发展。

8. **遗传编程**

Koza 发展了遗传编程的概念，他使用了以 LISP 语言所表示的编码方法，基于对一种树形结构所进行的遗传操作来自动生成计算机程序。虽然遗传编程的理论目前尚未成熟，工程应用也存在一些限制，但它已成功地应用于人工智能、机器学习等领域。

9. **机器学习**

学习能力是高级自适应系统所应具备的能力之一。基于遗传算法的机器学习，特别是分类器系统，在很多领域中都得到了应用。例如，遗传算法被用于学习模糊控制规则，利用遗传算法来学习隶属度函数，从而更好地改进了模糊系统的性能；基于遗传算法的机器学习可用来调整人工神经网络的连接权，也可用于人工神经网络的网络结构优化设计；分类器系统也在学习式多机器人路径规划系统中得到了成功的应用。

6.3.2 简单遗传算法的应用

1. **简单遗传算法求函数优化**

考虑下列一元函数最大值优化问题

$$f(x) = -x^2 + 31x + 10,\ x \in [0,30]$$

(1) 编码(决定初始化种群)

由于 x 的值在 0～30 之间变化，使用 6 位二进制编码，精度为 0.5。选择种群的大小要适中，太少了可能会增加迭代的次数，甚至无法得到结果，太大了会增加很多的计算量，降低效率。本例随机取 6 个 x 值：1，5，8，17.5，23，28.5，对应的基因型分别为

000010,001010,010000,100011,101110,111001

(2) 计算适应度

直接选择所要求解问题的函数作为计算适应度的计算公式，对应选择的 6 个个体，计算出的适应度值分别是：40，140，194，246.25，194，81.25，如表 6-4 所示。

表 6-4　种群的初始化和选择

序号	基因型	适应度	选中概率	选中次数
1	1=(000010)	40	0.045	0
2	5=(001010)	140	0.156	1
3	8=(010000)	194	0.217	2
4	17.5=(100011)	246.25	0.275	2
5	23=(101110)	194	0.217	1
6	28.5=(111001)	81.25	0.091	0
总计适应度		895.5		
平均适应度		149.25		
最大适应度		246.25		

(3) 选择操作

选择的原则是：适应度越高的个体，被选中的次数就会越多。首先依据下面的公式来计算每个个体被选中的概率

$$P_i = f_i(x) / \sum f_i(x)$$

采用轮盘赌的方式来计算每个个体会被选中的次数，通过随机产生 6 个 0～1 之间的随机数，落在哪个区间便选中哪个个体，最终选择情况如下：个体 1 被淘汰，个体 2 被选中一次，个体 3 被选中两次，个体 4 被选中两次，个体 5 被选中一次，个体 6 被淘汰。

(4) 交叉操作

交叉分两个步骤，第一步是选择两两匹配的对象，通常是随机选择的；第二步是确定交叉点和交叉规则，这里采用的是单点交叉法，选择第 4 个和第 5 个位置之间进行交叉。交叉存在交叉概率 P_c，即配对的个体之间不一定发生基因的互换，随机产生一个 0～1 之间的数，如果这个数小于 P_c，那么不发生交叉。在本例中，由于种群数目较少，因而采用配对就发生交叉，即 $P_c=1$。随机产生配对，此处得到 5 和 17.5、8 和 17.5、8 和 23 配对，其中 5 和 17.5 的交叉如下（另外两组与此类似，不再给出）

$$5=(001 \mid 010) \rightarrow (001 \mid 011)=5.5$$

$$17.5=(100 \mid 011) \rightarrow (100 \mid 010)=17$$

(5) 变异操作

在遗传算法中，若采用二进制编码，变异就是随机选择的串位的代码由 1 变成 0 或者由 0 变成 1，变异操作可以保证物种基因型的多样性，增强算法的搜索能力。

若变异概率 P_m 取为 0.001，则对于种群的 36 个基因位（6 个个体，每个个体有 6 位，所以总共有 36 位），期望的变异位数为 36×0.001=0.036（位），所以本例无变异位。

经过选择、交叉和变异后便得到了新的种群，共 6 个个体（见表 6-5），即为第一次迭代所得到的结果。

表 6-5 第一次迭代的结果

序号	父代	配对对象	交叉点	子代	适应度	选中概率	选中次数
1	5=(001010)	4	3、4	(001011)=5.5	150.25	0.114	0
2	8=(010000)	5	3、4	(010011)=9.5	214.25	0.162	1
3	8=(010000)	6	3、4	(010110)=11	230	0.174	1
4	17.5=(100011)	1	3、4	(100010)=17	248	0.188	1
5	17.5=(100011)	2	3、4	(100000)=16	250	0.189	2
6	23=(101110)	3	3、4	(101000)=20	230	0.174	1
适应度和					1322.5		
平均适应度					220.417		
最大适应度					250		

继续进行迭代，从而得到第二次迭代结果，如表 6-6 所示。

表 6-6 第二次迭代的结果

序号	父代	配对对象	交叉点	子代	适应度	选中概率	选中次数
1	9.5=(010011)	3	4、5	(010010)=9	208.00	0.148	
2	11=(010110)	5	4、5	(010100)=10	220.00	0.157	
3	17=(100010)	1	4、5	(100011)=17.5	246.25	0.176	
4	16=(100000)	6	4、5	(100000)=16	250	0.178	
5	16=(100000)	2	4、5	(100010)=17	248	0.177	
6	20=(101000)	4	4、5	(101000)=20	230	0.164	
适应度和					1402.25		
平均适应度					233.78		
最大适应度					250		

(6) 迭代的终止条件

种群经过多次选择、交叉、变异操作之后得到下一代种群的基因型，不断进化，使得其总的适应度和平均适应度不断增加，最终趋向最优解。这里设定迭代的终止条件是最大适应度不再变化，那么迭代终止，公式如下

$$E=\frac{\max(f_i^{k+1})-\max(f_i^k)}{\max(f_i^k)}<\varepsilon$$

式中，E 为两次迭代最大适应度的相对误差；$\max(f_i^{k+1})$ 和 $\max(f_i^k)$ 分别是第 k 次迭代和第 $k+1$ 次迭代各染色体的最大适应度；ε 为给定的评判标准，这里给出的是 $\varepsilon=0.01$。在迭代过程中，若相对误差小于给定的标准，则遗传算法就结束，输出最优解，否则继续迭代。这里可以明显看出，经过两次迭代，得到第三代种群时，种群的最大适应度不再变化，此时相对误差为零，满足要求，因而终止迭代。所以得到的最优个体为 4 号个体，基因型为 100000，表现型为 16，适应度为 250，以此为问题的近似最优解，即函数在 $x=16$ 处近似取得最大值。

经过简单的数学分析可以知道，这个函数的极值点是 $x=15.5$，最大函数值为

250.25。由上面的分析可以看出遗传算法的效率和精确性都是很不错的。

以上便是简单遗传算法的求函数优化的过程。

2. 与自适应遗传算法的比较分析

下面给出一种自适应遗传算法，并将其与传统的遗传算法进行比较分析。

在对遗传算法的研究中发现，种群数目 N、交叉概率 P_c 和变异概率 P_m 的相互作用对遗传算法有影响，算法的实际性能在很大程度上依赖于合适的种群大小的选取，而且交叉概率 P_c 对遗传算法性能的影响远比变异概率 P_m 小，因此，种群数目和变异概率这两个参数的调整对遗传算法性能有重要影响。

在一般遗传算法中，种群使用的是固定的全局变异概率，并且为了降低变异算子对模式的破坏作用，变异概率一般都很小（小于 0.1）。然而种群中的不同个体对整体进化的作用是不同的，优良个体之间的基因重组是群体进化的决定性力量，较差个体在种群中是一个不被淘汰的过程。因此，可以对种群中的不同个体采用不同的变异概率：一方面使种群中的优良个体具有较小的变异概率，从而能够得到较好的保持并通过交叉重组进行优良模式的累积；另一方面，对于种群中较差的个体能够通过较大的变异概率来增强种群的探索能力。为了使种群中个体变异概率的调整具有平滑的特性，调整曲线采用渐变的 Sigmoid 函数，即

$$P_m^i=\begin{cases}\dfrac{0.5}{1+e^{-\alpha_1(i-N_s)}} & i<N_s\\[2ex] \dfrac{0.5}{1+e^{-\alpha_2(i-N_s)}} & i\geqslant N_s\end{cases}$$

式中，P_m^i 为将种群个体按适应度值由大到小排列后第 i 个个体的变异概率；曲线形状有 2 个参数控制，α_i 为形状因子，N_s 为种群分界点，N_s 用于控制优良个体和较差个体的划分。这里分界点 N_s 的确定在算法中也是动态调整的，其调整原则是当种群具有足够的多样性时，N_s 取较大的值，使种群中的绝大部分个体具有较小的变异概率，并使种群中的个体能够通过交叉算子充分混合，而当种群趋于收敛时，减小 N_s 使种群中较多的个体具有大变异概率，能够增强种群探索能力。

实际应用遗传算法解决问题时，由于问题解的空间大小可能有很大差别，种群数目对遗传算法性能的影响也不同。在迭代时，种群连续数代内都没有最优个体更新，则可以将种群数目增大一倍继续运行，直至满足算法停止条件。这样既可以有效检测因为初始种群数目过小产生的遗传漂移而无法收敛的现象，同时自适应增大种群数目反过来又能避免该现象的继续存在。

在案例分析中，为了简便，以及此次种群的初始量较小，因而不再变化种群数目。对于变异概率 P_m 和种群分界点 N_s，也为了简便，所以第一代分界点为 4，第二代为 3，每一代较差的个体的变异概率分别为 $P_m=0.2$ 和 $P_m=0.35$，优良的个体不再变异。种群的交叉概率仍然保持原先的不变，即 $P_c=1$，始终发生交叉。自适应算法的初始化和选择、交叉与前面相同，不再表述。之后的迭代结果如表 6-7、表 6-8 和表 6-9 所示。

表 6-7　自适应算法第一次迭代的结果

序号	过渡子代	适应度 1	变异概率和分界点	子代	适应度 2	选中概率	选中次数
1	(001011)＝5.5	150.25		(001001)＝4.5	129.25	0.100	0
2	(010011)＝9.5	214.25		(010001)＝8.5	201.25	0.156	0
3	(010110)＝11	230	$P_m=0.2$	(010110)＝11	230	0.179	1
4	(100010)＝17	248	$N_s=4$	(100010)＝17	248	0.192	2
5	(100000)＝16	250		(100000)＝16	250	0.194	2
6	(101000)＝20	230		(101000)＝20	230	0.179	1
		适应度和			1288.5		
		平均适应度			214.75		
		最大适应度			250		

注：变异位随机，此次为第五位。

此次选中的个体为 1 号和 2 号个体，变异位为第五位，在变异之后分别得到的个体为(001001)＝4.5 和(010001)＝8.5，虽然之后的适应度计算使其被淘汰，也使得种群的平均适应度下降，但是增强了种群的探索能力。同时种群的最大适应度仍得以保留，仍然可以向最优解进行寻优。

表 6-8　自适应算法第二次选择和交叉

序号	父代	配对对象	交叉点	过渡子代	适应度	选中概率	选中次数
1	(010110)＝11	6	2、3	(011000)＝12	238	0.162	1
2	(100000)＝16	5	2、3	(100010)＝17	248	0.168	1
3	(100000)＝16	4	2、3	(100010)＝17	248	0.168	1
4	(100010)＝17	3	2、3	(100000)＝16	250	0.170	1
5	(100010)＝17	2	2、3	(100000)＝16	250	0.170	1
6	(101000)＝20	1	2、3	(100110)＝19	238	0.162	1
		适应度和			1472		
		平均适应度			245.333		
		最大适应度			250		

表 6-9　自适应算法第二次迭代

序号	过渡子代	适应度 1	变异概率和分界点	子代	适应度 2	选中概率	选中次数
1	(011000)＝12	238		(011011)＝13.5	246.25	0.166	
2	(100010)＝17	248		(100001)＝16.5	249.25	0.168	
3	(100010)＝17	248	$P_m=0.35$	(100010)＝17	250	0.169	
4	(100000)＝16	250	$N_s=3$	(100000)＝16	248	0.167	
5	(100000)＝16	250		(100000)＝16	248	0.167	
6	(100110)＝19	238		(100101)＝18.5	241.25	0.163	

续表

序号	过渡子代	适应度 1	变异概率和分界点	子代	适应度 2	选中概率	选中次数
	适应度和				1482.75		
	平均适应度				247.125		
	最大适应度				250		

注：变异位随机，此次为第五位和第六位。

此时可以发现最大适应度不再发生变化，因而终止迭代，算法结束。

由以上自适应遗传算法可以看出，在迭代过程中动态调整变异概率 P_m 以及种群分界点 N_s，可以有效加强算法的搜索能力。虽然在本次实例中两次得到的最大适应度没有变化，即得到的最优解一致，但是在种群的平均适应度上有了一定的提高。

经过比较传统的遗传算法和上述的自适应遗传算法可以看出，自适应变异概率方法通过区分种群中的不同个体较好地解决了遗传算法局部寻优与全局搜索的平衡，而自适应种群数目的方法能够解决遗传漂移现象带来的种群收敛判断失效以及大尺度问题（这里没有改变种群数目，所以没能看出来）。所以，这种自适应方法对于遗传算法寻优能力的改进效果是明显的。

第 7 章　其他现代智能设计方法简介

由于设计的发展与深化，特别是结合现代智能化设计技术、方法、模型及工程应用，设计方法得以长足发展，涌现出一系列的工程设计方法。现代设计方法出现百家争鸣的发展现状，并且从现代科学技术快速发展的角度而言，设计方法将会出现越来越多的新型设计方法。同时，在具体的工程应用领域，由于应用工况的不同，同样会出现具有典型工程应用价值的设计方法或者深化现有设计方法的新型设计方法、模型、算法、技术等的出现。本章将主要针对目前已有的现代设计方法、技术或者模型进行简要的介绍，以期能够对其后续的深化发展与工程应用起到启发性的作用。同时，在系统工程、管理工程、思维科学、信息科学、计算机技术、控制技术、人工智能技术等相关学科和技术快速发展的基础上，对基于产品设计规律、设计技术、设计工具、设计实施方法为研究基础的工程技术科学提供有力的支持。

7.1　反求工程设计

7.1.1　反求工程设计的相关概念

反求工程(RE，Reverse Engineering)也称逆向工程，是针对消化吸收先进技术的一系列工作方法和应用技术的组合。它是以设计方法学为指导，以现代设计理论、方法、技术为基础，运用各种专业人员的工程设计经验、知识和创新思维，对已有新产品进行解剖、深化和再创造。在此基础上发展起来的相关设计即为反求工程设计(或称反求设计、逆向设计等)，是一种十分有用的现代设计方法和技术，特别是在一些用传统设计方法无法有效解决工程设计问题的领域，有着广泛的应用。

反求工程设计采用一种逆向思维的工作方式，与传统的产品设计方法有着很大的区别。传统的产品设计一般是采用正向思维的工作方式，其设计过程是一种正向设计的过程，即遵循从收集市场信息进行需求分析，基于需求分析进行产品功能描述，然后进行产品概念设计→产品方案设计→产品结构设计(即总体设计)及详细的零部件设计→产品工艺设计(包括工艺流程制订，工装模具、夹具设计制造等)→零部件的加工制造以及装配分析→产品检验及性能测试→投放市场。其设计基本过程如图 7-1 所示。

而反求工程设计则是根据已经存在的产品或零件原型来构造产品的工程设计模型或概念模型，在此基础上对已有产品进行解剖、深化和再创造，是对已有设计的再设计。反求工程设计的基本过程如图 7-2 所示。

7.1.2　反求工程设计的应用特点

反求工程设计作为一种现代化的设计方法、设计理念和技术，在工程中有着广泛的应

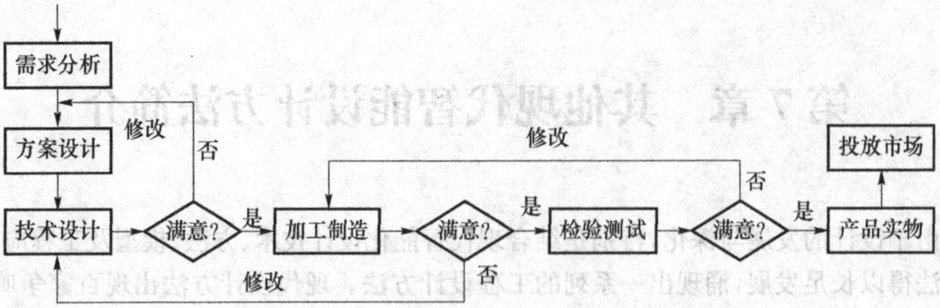
需求分析
方案设计
技术设计
满意?
加工制造
满意?
检验测试
满意?
产品实物
投放市场
修改
否
是
修改
否
是
否
是
修改

图 7-1　传统的产品正向设计过程

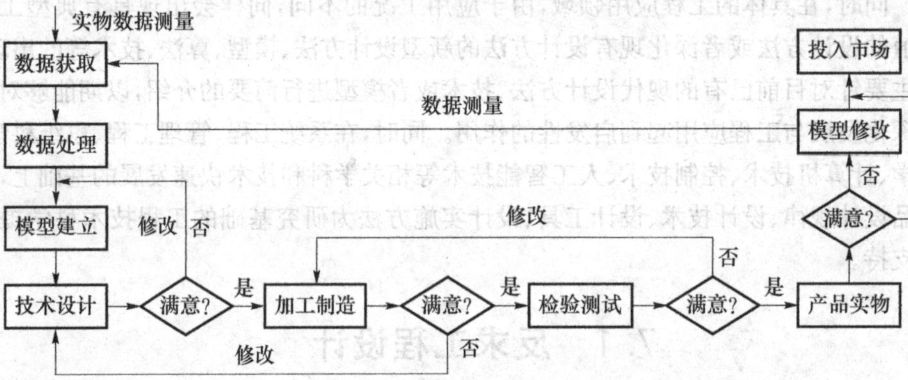
实物数据测量
数据获取
数据处理
模型建立
技术设计
满意?
加工制造
满意?
检验测试
满意?
产品实物
满意?
模型修改
投入市场
数据测量
修改
否
是
修改
否
是
否
是
修改
否
是
修改

图 7-2　反求工程设计的基本过程

用，并在一些工程应用领域中取得了不错的应用效果。如：①在计算机辅助设计领域，由于缺乏原始设计参数，往往需要将产品实物转化为计算机辅助设计的 CAD 模型，在融合利用计算机辅助分析、计算机辅助制造、计算机辅助测量、计算机辅助控制等先进技术的条件下，进行产品的再创新设计。②在一些比较特殊的工程领域中，由于对产品特性有着特殊的专业要求，无法通过计算机进行模型表达，往往需要先根据比例参数建立黏土、油泥原型模型，然后进行领域内的各种实验确定相应的外形，进而将其转化为计算机表达的 CAD 模型。如有美学、空气动力学、流体力学等特殊要求的产品零部件设计，由于设计理论的不完善性，往往需要采用上述反求工程设计思想。③在模具设计领域中，由于模具工艺过程的复杂性和严格的技术要求，如在汽车模具设计中，模具的设计涉及结构部门、工艺部门、测试部门及数据分析部门之间的协同设计工作，需要反复试冲和修改模具型面才能够获得高技术标准的模具产品，制造→检验→修正→建模→制造的快速建模手段和方法将具有重要的意义，反求工程设计为此提供了良好的借鉴和支持作用。④在生物医学工程领域中，通过数字化技术建立应用对象的模型，如人体几何模型、人体骨骼与关节模型、牙齿模型等，然后转化为计算机辅助设计的 CAD 模型，采用计算机辅助分析的相关手段和技术进行计算、分析和测试，获得适应度更好的医疗治疗和应用方案。除此之外，反求工程设计在工艺品设计、文物复制等方面也有着深入的应用，可以方便地生成基于实物模型的计算机动画等。

经过多年来的工程应用结果表明，反求工程设计具有如下特点：

(1) 能够比较迅速地响应市场的需求，有效地缩短产品的设计、加工、制造与销售的周期，降低企业开发新产品的成本与风险，提升产品的升级能力，增强产品的市场竞争力。

(2) 其应用范围比较广泛，但更加适合单件、小批量、形状不规则的产品零部件的设计与制造。

(3) 反求工程设计对于设计与制造技术相对落后的企业或者国家和地区提升其自身的设计与制造水平具有良好的借鉴和支持作用。

7.1.3 反求工程设计的基本内容

反求工程设计以先进产品的实物、软件(图样、程序、技术文件等)或影像(图片、照片、影像等)作为研究对象，研究的对象具有多样性，同时，应用现代设计理论方法、生产工程学、材料学和有关专业知识，进行系统的分析研究，其研究内容包括设计反求、工艺反求、管理反求等多个方面。一般而言，反求工程设计的研究内容可以分为3类。

(1) 实物类：主要是指先进产品或者系统的实物本身。

(2) 软件类：包括先进产品或者系统的图样、程序、技术文件、技术标准与规范等。

(3) 影像类：包括先进产品或者系统的图片、照片、影像等资料。

反求工程设计的首要任务是明确反求设计要解决的基本问题，然后进行反求分析，从功能、原理方案、零部件结构尺寸、材料性能、加工装配工艺等方面对反求对象进行全面深入的了解，明确其关键功能和关键技术，对设计中的特点和不足之处作出必要的评估，然后基于反求分析的结果进行反求设计，最后进行施工设计及试验试制。针对反求对象的不同形式，采用不同的反求设计方法。

实物反求设计的一般进程如下：准备工作→功能分析→实物性能测试→实物分解→测绘零件。其关键是利用合适的实测手段获取所需的反求设计参数和性能，需要重点关注产品或者系统的性能、材料、尺寸的测定及试验方法。

软件反求工程设计的一般进程是：准备工作→反求原理方案→反求结构方案。在此过程中，若是对已有的图样、技术文件、产品样本等软件反求，可直接基于产品或者系统的外形、零部件材料、尺寸参数和结构进行分析；若进行工艺、实用性能的软件反求，往往需要融合科学的合理计算分析和模拟试验。

影像反求设计的一般进程是：准备工作→确定基本尺寸→功能原理分析→结构分析。一般情况下，需要对已有的照片、图片、影视画面等进行细致的观察、合理的分析与推理，明确其对应的功能原理和结构特点，采用透视法、解析法、类比法等获取主要尺寸间的相对关系和相关控制尺寸，并在此基础上通过推理与推算分析等手段获得其他尺寸。

7.1.4 反求工程设计的基本实现步骤与关键技术

反求工程设计的基本步骤包括数据采样、数据分析、数据恢复及修补、原始零部件的分解、模型信息处理及CAD模型的建立、标准件库构建与零部件装配、产品功能模拟以及再设计等多个方面。

数据采样是指通过采用三维激光扫描仪、三维数字化仪、物体多角度照片等数字化方法，快速、准确地从已有的实物获取产品数据，此步骤是反求工程设计最基本的、必不可少的步骤。采样数据可以通过三维图形处理技术进行产品结构外形的直观、简略的显示。

数据分析是指基于采样数据对产品结构进行分析，包括产品逻辑结构、产品功能结构，产品标准件、产品材料、产品表面颜色分布、产品零部件控制尺寸、产品零部件装配方式及产品零部件几何约束等。

数据恢复及修补是指对采样过程中某些技术细节或者数据的丢失进行处理分析，可通过对采样数据的三维显示及结构分析来发现丢失的数据，进而进行恢复及修补。

原始零部件的分解是指通过数据分析步骤获得产品的大体结构模型，再通过人机交互的方法进行精确的分解、尺寸标注、链接定义、控制划分等，从而将一个产品分解成若干个标准的零部件。

模型信息处理及 CAD 模型的建立是指在获取构成产品基本零部件的逻辑结构及产品基本几何数据的基础上构造产品的三维 CAD 模型，在模型建立的基础上实现对模型信息的分析。

标准件库构建与部件装配是指在分析所涉及的各类产品结构的基础上，研究产品的基本组成单元，包括它们的形状尺寸、控制尺寸及性能参数等，进而建立产品的标准件库。标准件库的建立使得标准的零部件成为产品设计的基本单元，为此可以方便地对产品进行修改和组装。

产品功能模拟是指为能判断通过以上步骤设计的产品是否满足设计的要求，一般需要在产品虚拟装配工作完成后，在虚拟环境中对产品的各项功能进行模拟和分析。

再设计是指通过以上步骤获取产品的几何数据及产品的功能、结构知识，实现对原有产品的再现或者实现原有产品的创新设计。

通过上述步骤也可以看出，要想实现这些步骤，需要一些关键技术的支持，包括数字化测量、测量数据预处理、三维重构、坐标配准、误差分析等。

数字化测量：数字化测量是数字化测量反求工程的基础，在此基础上进行复杂曲面的建模、评价、改进和制造。数据的测量质量直接影响最终模型的质量。常用的数字化测量方法有很多，如图 7-3 所示。

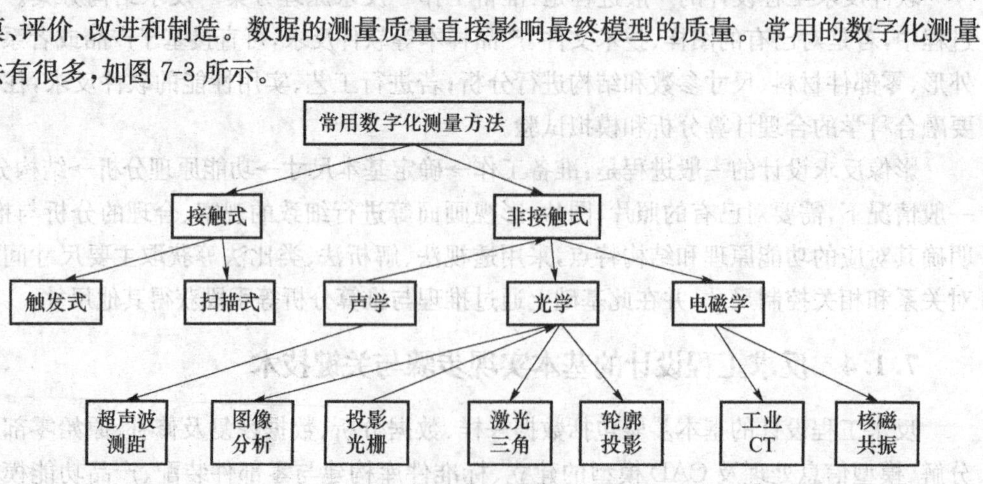
常用数字化测量方法
接触式
非接触式
触发式
扫描式
声学
光学
电磁学
超声波
测距
图像
分析
投影
光栅
激光
三角
轮廓
投影
工业
CT
核磁
共振

图 7-3　数字化测量方法

测量数据预处理：产品外形数据是通过坐标测量机来获取的。一方面，无论是接触式的数控测量机还是非接触式的激光扫描机，不可避免地会引入数据误差，尤其是尖锐边和产品边界附近的测量数据，测量数据中的坏点，可能使该点及其周围的曲面片偏离原曲面。另外，由于激光扫描的应用，曲面测量会产生海量的数据点，这样在造型之前应对数据进行精简。测量数据预处理主要包括坏点去除、点云精简、数据插补、数据平滑、数据分割等内容，常用方法有直观检查法、曲线检查法、弦高差法等。

三维重构：在反求工程中，实物的三维CAD模型重构是整个过程最关键、最复杂的一环，因为后续的产品加工制造、快速原型制造、虚拟制造仿真、工程分析和产品的再设计等都需要CAD数学模型的支持。这些应用都不同程度地要求重构的CAD模型能准确还原实物样件。目前成熟的三维模型重构方法可以根据数据类型、测量机的类型、造型方式和曲面表示方法来进行分类。按数据类型分为有序点和散乱点的重构；按测量机的类型分为基于CMM、激光点云、CT数据和光学测量数据的重构；按造型方式分为基于曲线的模型重构和基于曲面的直接拟合；按曲面表示方法分为边界表示、四边B样条表示、三角面片和三角网格表示的模型重构等。此外，在模型重构之前，应详细了解模型的前期信息和后续应用要求，以选择正确有效的造型方法、支撑软件、模型精度和模型质量。前期信息包括实物样件的几何特征、数据特点等；后续应用包括结构分析、加工、制作模具、快速原型等。

坐标配准：实现测量数据和被测物设计模型的坐标配准，为误差分析做准备，配准精度直接影响后续整体误差结果的可靠性。测量时，标定基准定位点，配准时，基准定位点和被测件上的设计点重合。

误差分析：误差分析是指计算、分析测量数据与设计模型的最大误差、平均误差及关键特征参数的误差，为后续的设计及加工工艺改进提供具体的量化参考数据。影响误差的主要要素有：①产品原型误差；②数据采集误差；③曲面重构时产生的误差；④模型配准误差。

7.2 模块化设计

7.2.1 模块化设计的相关概念

所谓模块，是指具有一定功能和特定结合要素的零件、组件和部件。它是模块化设计和制造的基本单元。所谓模块化，是指将一个产品整体分成若干设计模块，各个设计模块之间既相互独立又相互关联，相互独立是指不同的设计模块具有独立的功能，相互关联是指模块之间具有接口关联。所谓模块化设计，是指对一类产品而不是一个产品进行分析规划，划分并设计出一系列通用部件也就是设计模块，通过设计模块的灵活选择和组合构成不同的用户定制的产品，以满足市场的不同需求。模块化设计的内容主要包括设计模块的创建和组合，设计模块成为产品的有效组成部分，通过相应的输入/输出接口单元的连接与配合，进而形成复杂的产品系统。模块化设计是一种科学的设计方法，该设计方法不局限于某个具体产品，而是针对一个产品系列的设计方法。在模块化设计的过程中，首先对产品进行整体分析，确定产品所要实现的功能，然后对产品进行功能模块划分，进而设计出所需的功能模块，最后将这些不同的设计模块组合出这个系列的产品。产品的模块化设计遵循的原则是用最少的设计模块组成尽可能多的产品，各设计模块之间的关联简单可靠。同系列的不同产品拥有相同的基本设计模块，基于各个设计模块的不同组合配置可以构建出满足不同客户需求的产品。模块化设计也可以重新利用已有零部件、设计经验、设计知识或者设计实例等，进而能够减少复杂产品设计的工作量，减少复杂产品的开发周期，降低开发成本，提高复杂产品的设计效率。

模块化设计作为实现产品大规模生产的一种有效的方法，首先于20世纪初在欧洲出现并得到不断的发展，其思想和技术在各个领域都得到了应用和体现，包括机械产品设计加工领域、汽车制造领域、军事武器生产领域、建筑设计建造领域、计算机软硬件设计领域等。模块化设计思想是对传统设计思想的一种变革与突破，早期的产品由于功能结构简单，产品类型单一，对产品设计思想没有过高的要求，只需要一个人或几个人就可以设计出符合要求的产品。但随着社会的发展，人们面临的问题越来越复杂，越来越精细化、专业化，传统的设计方法不能应对这种复杂任务，设计工作中需要的设计人员越来越多，分工合作开始产生，需要不同的设计单位、设计部门、设计组别以及设计人员等分别设计同一产品的不同功能部件。在设计过程中进行模块化设计，可以应对复杂的工程技术，合理分配各部门的工作任务与工作量，使复杂问题简单化，适合于开发人员群体共同开发研究，进而提高企业的创新能力和核心竞争力。由此可以看出，模块化设计的核心思想是在功能分析的基础上，将系统根据功能分解为若干模块，通过模块的不同组合，可以得到不同品种、不同规格的产品。在机械产品中，所谓模块就是一组具有同一功能和结合要素(指连接部位的形状、尺寸、连接件间的配合或啮合参数等)，但性能和结构不同，却能互换的单元。模块化产品是由一组特定模块在一定范围内组成不同功能或功能相同而性能不同的产品。

模块化设计的原则是力求以少数模块组成尽可能多的产品，并在满足用户要求的基础上使产品精度高、性能稳定、结构简单、成本低廉。模块化系统的特点是便于发展变型产品，更新换代，缩短设计和供货周期，提高性能价格比，便于维修，但对于结合部位和形体设计有特殊要求。设计模块化系统产品，首先要建立模块系列型谱，按型谱的横系列、纵系列、全系列、跨系列或组合系列进行设计，确定设计参数，按功能分析法建立功能模块，设计基本模块、辅助模块、特殊模块和调整模块及其结合部位要素，进行排列组合与编码，设计基型和扩展型产品。为此，模块化设计需要遵循标准化、通用化和系列化的设计原则，进而在生产中分别对各设计模块进行批量化生产，有利于提高企业产能，满足企业规模化生产，降低企业生产费用。由于标准化、通用化的设计模块具有互换性，因此在产品维护阶段有利于企业对其产品维护和升级。而且，在模块化设计的支持下，企业还可以在不增加太多成本的情况下进行产品的系列化生产，对不同的设计模块进行组合，生产出满足不同客户需求的、功能有所差异的产品。在企业研发新产品时，也可以重用和继承上一代产品的功能特性，在基本设计模块的基础上研发新的功能模块，减少企业的研发费用。此外，遵循标准化、通用化和系列化的模块化设计可以促使不同企业间的合作，特别适合现代企业的发展，对于同一功能模块，制定相应的标准，可以交由不同的企业进行生产。比如台式计算机的生产，同一块 Intel CPU 可以安放在华硕主板上运行，也可以安放在技嘉主板上运行，都能实现相同的功能，因为这些厂商生产的主板遵循了由 Intel 制定的同一个标准。同样，在同一块主板上可以安装 Intel Core i3，也可以升级安装 Intel Core i5 和 i7，因为这是 Intel 公司生产的同一个系列的产品。

7.2.2 模块化设计方式

机械产品是最早应用模块化设计思路的，在机械产品中，模块化设计主要有横系列模块化设计、纵系列模块化设计、跨系列模块化设计以及全系列模块化设计等方式。

(1) 横系列模块化设计：是指在不改变产品主要参数的基础上，利用增加或者更换模块来发展变形产品。这种方式比较容易实现，应用最广。例如，更换端面铣床的铣头，可以加装立铣头、卧铣头、转塔铣头等，形成立式铣床、卧式铣床、转塔铣床等；在车床尾座加装尾座钻头，可以使车床完成转中心孔的工作。

(2) 纵系列模块化设计：是指在同一类产品中使用参数不同的模块来设计不同规格的产品，在此类产品中，产品功能及原理方案相同，结构相似，但是产品尺寸有变化，随着参数变化对系列产品划分合理区间，同一区间内模块通用，在同一类型中对不同规格的基型产品进行设计。例如同一系列的普通车床，车床的主要参数不同，动力参数也往往不同，进而导致机床的结构形式和尺寸不同，因此若把与动力参数有关的零部件设计成相同的通用模块，必然会影响机床的强度或刚度特性。因此，在设计与动力参数有关的模块时，通常需要划分使用区间，一种动力参数模块只能在相应的区间内使用。

(3) 全系列模块化设计：包括纵系列和横系列，例如德国某工厂生产的工具铣，除可改变立铣头、卧铣头、转塔铣头等横系列产品外，还能改变床身、横梁的高度和宽度，得到 3 种纵系列的产品。

(4) 跨系列模块化设计：是指综合横系列和纵系列模块化设计特点，使得改变某些模块就可得到其他系列的产品。又可分为横系列和跨系列模块化设计、全系列和跨系列模块化设计。横系列和跨系列模块化设计是指除发展横系列产品外，改变某些模块还能得到其他系列产品。德国沙曼机床厂生产的模块化镗铣床，除可发展横系列的数控及各种镗铣加工中心外，更换立柱、滑座及工作台，即可将镗铣床变为跨系列的落地镗床。全系列和跨系列模块化设计是指在全系列基础上用于结构比较类似的跨产品的模块化设计，例如，全系列的龙门铣床结构与龙门刨、龙门刨床和龙门导轨磨床相似，可以发展跨系列模块化设计。

7.2.3 模块划分

模块化设计中最重要的就是对产品的模块划分。依据不同的角度模块有不同的划分方式，最终得到不同的模块单元。从产品生命周期的观点看，这些不同的划分角度分别是面向产品生命周期中的不同阶段。因此，可以根据模块划分所面向的生命周期中的具体阶段，把模块划分为：

1. 面向设计的模块划分

当产品的市场需求种类较多或者需求的变化较快时，模块划分通常侧重于面向设计的模块划分，其划分依据主要是产品各个组成部分之间功能的相关程度。即对产品的功能进行逐级分解，得到若干个功能层级结构。这样既可以显示各功能模块单元，又可以看到各功能模块之间的关系以及各分功能与总功能之间的关系。功能模块的分解要适度进行，分解至哪一层级，要依据设计对象的具体情况而定。如果功能模块分解过细，则会导致各模块之间界限不够明确，系统层次不清晰，不能充分利用模块化优势。如果功能模块分解过粗，则不能充分简化系统的复杂性，不利于产品的生产和功能的创新。其功能分解过程如图 7-4 所示。

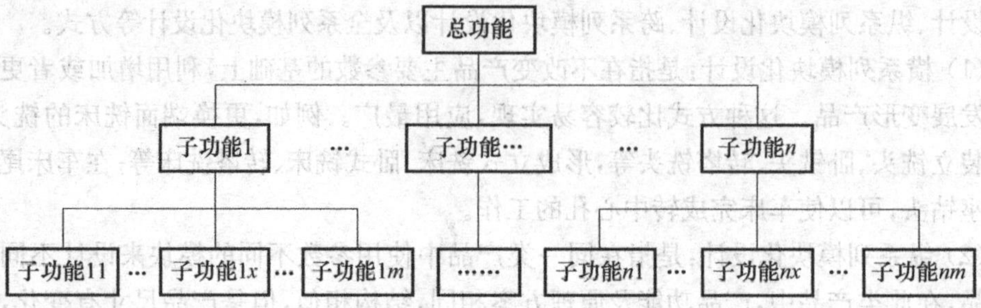

总功能
子功能1
…
子功能…
…
子功能n
子功能11
子功能1x
子功能1m
……
子功能n1
子功能nx
子功能nm

图 7-4 面向设计的模块划分

这种功能模块化划分具有如下特点。

(1) 有利于产品的更新和升级：产品的发展过程通常是逐步改进的过程，而改进过程通常是从局部改进开始的。一般而言，技术的全面进步通常不是同时进行的。若将先取得突破的新技术引进相应模块，比较容易实现局部改进，这就加快了产品的更新换代。例如，计算机可以分为主板、CPU、内存、显卡、硬盘、显示器等模块，我们对计算机进行性能升级时，通常只更换其中的一个或几个模块，而不需要全部更换就能明显提高计算机的性能。

(2) 缩短设计和制造周期：当客户有了新需求后，保持基础模块不变，只需在基础模块的基础上设计、制造特定的模块，即可获得满足需求的产品，这样就大大缩短了设计和制造周期。

(3) 降低生产成本：模块化后，同一个功能模块可用于多种产品，尤其是基础模块中的部分，增大了该模块的需求数量，还便于规模化、批量化生产，从而降低了产品成本，提高了产品质量。

(4) 维修方便：产品维修时，只需更换损坏的模块，维修方便、快捷。

(5) 适用于复杂系统的设计生产：系统比较复杂时，应用模块化思想将复杂问题分解，变成一个个相对独立的子问题，可使复杂系统简化，系统设计层次分明清晰。

2. 面向制造的模块划分

若市场对产品的功能需求比较稳定，而制造过程比较复杂，则在模块划分时应首先考虑制造方面的问题。模块划分应使模块内部简单，便于制造过程的实现。例如，智能手机的生产制造过程，在开始的设计阶段就要充分考虑制造过程的可操作性。手机的屏幕、处理器肯定不能划分为一个模块，它们之间最大的独立性在于生产过程基本没有相关性。

3. 面向使用、装配和维修的模块划分

如果需要经常对产品的某些模块进行拆卸或者要首先考虑维护方便时，模块的划分则要重点考虑装配和更换问题，在这个问题中应着重模块接口方面的处理。模块之间的接口越简单，模块之间的连接越简单，则越有利于不同模块之间的组装过程。这种划分方式在军事装备方面的应用比较广泛，因为军事装备在使用中比较注重维护的方便性，要满足在野外条件下不借助专业性和精密性的仪器对故障装备进行维护的工作条件。

4. **面向回收的模块划分**

如果产品在不能使用后对环境危害较大，模块划分则要充分考虑回收的问题。所以在这类模块划分中，应将造成污染的部分做成单独模块，有些还要考虑材料和可重用部件的问题。这些产品的环境属性及其回收利用性也是模块化设计的重要目标。进行这些设计时，可应用绿色模块化设计方法来指导模块的划分，使划分后的模块具有可重用性、可回收性和可处理性。

5. **面向整个生命周期的模块划分**

前面几种模块划分方式只是针对产品生命周期的某个阶段特点来划分的，并没有考虑到产品的整个生命周期。所谓产品的生命周期就是从市场需求调查开始，到产品的回收利用结束，涉及多个过程、多个方面的因素，这些过程和因素都会对模块的划分产生一些影响。为此，一些专家学者从产品的整个生命周期的角度来考虑多种因素影响下的模块划分问题，并提出了多种模块划分的方法。在理想的情况下，模块化产品应该同时达到生命周期各阶段的所有目标，但实际上产品生命周期中会涉及多个目标，而针对不同的目标有着不同的模块划分方式，所以，在考虑面向整个生命周期的模块划分时要进行多目标的协调，综合各种因素影响，合理选择模块划分方法。

需要注意的是，模块划分的目的是为了组合重用，因此，具有不同功能的模块需要能够相互独立并且相互配合形成一个整体，设计模块之间功能相互配合的实现需要依靠模块接口，因此，接口设计也是模块化设计的关键组成部分。在机械产品设计中，不同的机械模块通过接口实现连接，接口的几何形状的配合可实现模块间的特定相对运动，进而实现两模块之间的物质、能量和信息的传递。模块接口的几何特性（如形状）直接决定了模块之间的可组合性，进而影响整体的功能。在对接口各种信息进行分析与综合的基础上建立接口模型为

$$M=(N,T,S,P,F)$$

式中，N 表示模块接口标识信息，以序列号表示；T 表示模块接口的类型；S 表示模块接口的几何形状，如矩形平面、圆形截面等；P 表示模块接口的几何参数，如直径、长度、高度、宽度等控制尺寸；F 表示模块接口的功能流动方向，包括功能的输入和输出。

7.2.4 模块化设计流程

不同功能的产品要依据不同的方式进行模块化设计，因此在产品的模块化设计过程中应首先进行市场调研工作，做好市场调查与分析是模块化设计成功的前提。在调查结果中分析出用户需求和市场中类似产品的供应量，并准确预测出产品供应关系变化，应用模块化原理快速生产出符合用户需求而供求关系比较好的产品。在通过市场调查得出相应产品的基础上进行产品功能的分析，并依据产品功能明确产品功能系列。然后进行模块化总体设计，包括确定产品设计参数范围以及设计主参数。参数范围过高过宽将造成

产品结构上的不稳定，过低过窄可能会造成其性能不能满足要求。主参数是表示产品主要性能、规格大小的参数，主要依据产品功能和工作性质所确定。最后，在充分掌握产品特性的基础上再选择适当的模块划分方式、模块设计方式及模块接口设计等，进行模块设计生产实施，通过模块的组装设计并进行评价和优化分析，获得最终的设计结构。产品模块化设计流程如图 7-5 所示。

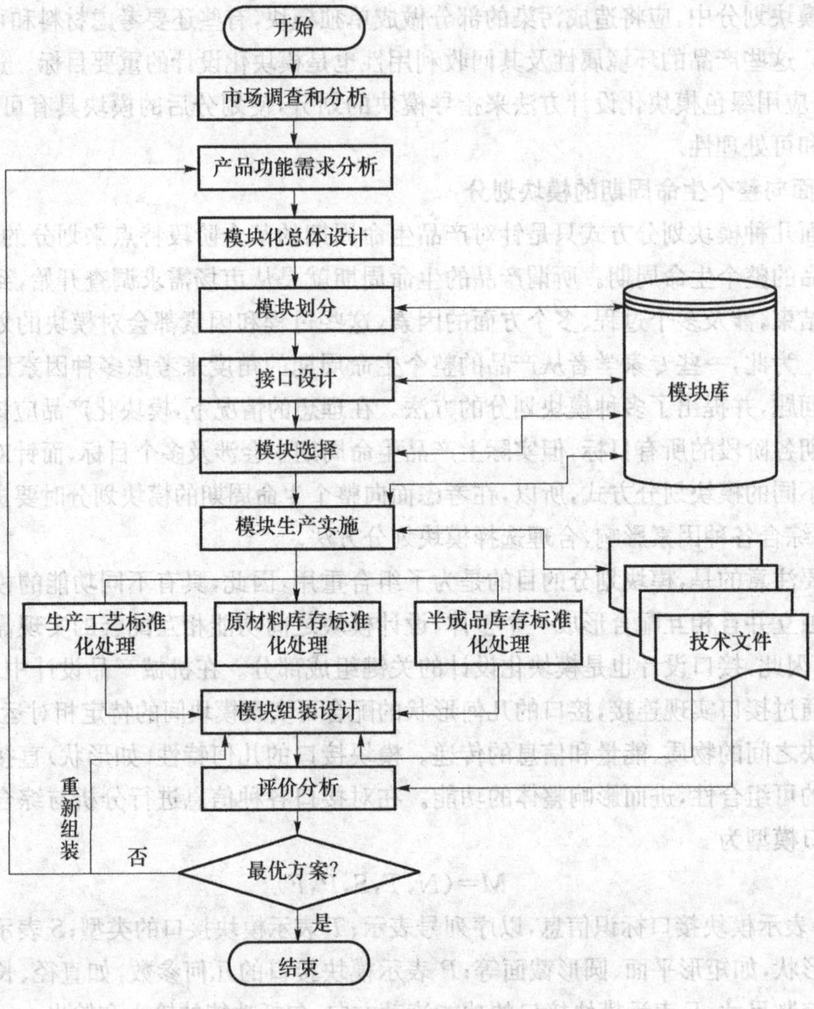

开始
市场调查和分析
产品功能需求分析
模块化总体设计
模块划分
接口设计
模块选择
模块库
模块生产实施
重新功能分析
生产工艺标准化处理
原材料库存标准化处理
半成品库存标准化处理
技术文件
模块组装设计
评价分析
重新组装
否
最优方案?
是
结束

图 7-5　产品模块化设计流程

7.3　绿 色 设 计

7.3.1　绿色设计的相关概念

绿色设计(Green Design)也称生态设计(Ecological Design)、环境设计(Design for Environment)、环境意识设计(Environment Conscious Design)等。类似于抗震设计，是一种概念设计。虽然叫法不同，内涵却是一致的，绿色设计是指在产品及其生命周期全过程的设计中，要充分考虑对资源和环境的影响，在充分考虑产品的功能、质量、开发周期和成本的同时，要优化各种相关因素，使产品及其制造过程中对环境的总体负影响降到最低，使产品的各项指标符合绿色环保的要求。绿色设计的基本思想是：在设计阶段就将环境因素和预防污染的措施纳入产品设计之中，将环境性能作为产品的设计目标和出发点，力求使产品对环境的影响最小。

就工业设计而言，绿色设计的核心是“3R1D”，即减少（Reduce）、回收（Recycle）、再利用（Reuse）和可降解（Degradable），不仅要减少物质和能源的消耗，减少有害物质的排放，而且要使产品及零部件能够方便分类回收并再生循环或重新利用。具体到机械产品的设计中，绿色机械产品设计还应遵循一些原则，如生态效益好原则、经济效益高原则、安全可靠原则、人机协调原则等。所谓生态效益好原则，是指要求在设计过程中尽量选择低污染的材料和零部件，避免选用有毒、有害和有辐射性的材料；设计能源消耗低的产品，减少对材料和资源的需求，保护地球的矿物资源；在产品的生产制造、使用过程中，减少噪声污染等。所谓经济效益高原则，是指机械产品设计既要满足客户的功能使用要求，又要成本低廉，需从设计和制造两个方面进行综合的考虑。所谓安全可靠原则，是指在对产品实施绿色设计的过程中，要使其具有一定的可靠性和安全系数，保证机械产品在强度、刚度、耐磨性、耐腐蚀性、稳定性、热平衡性等方面满足设计要求，同时还具备一定的安全保护装置。所谓人机协调原则，是指绿色设计应以人为本，进行人性化设计，实现对人体的良好保护，达到“人—机器—环境”的相互协调。

7.3.2 绿色设计的主要内容

绿色产品设计包括绿色材料选择设计、绿色制造过程设计、产品可回收性设计、产品的可拆卸性设计、绿色产品成本分析、绿色产品全生命周期设计、绿色包装设计、绿色物流设计、绿色服务设计、绿色回收利用设计等。在绿色设计中要从产品材料的选择、生产和加工流程的确定，产品包装材料的选定，直到运输等都要考虑资源的消耗和对环境的影响，以寻找并采用尽可能合理和优化的结构与方案，使得资源消耗和环境负影响降到最低。如绿色材料选择设计，在进行产品设计材料选择时，不仅要考虑产品的使用、性能要求，更要考虑到材料对环境的影响，应尽可能选用无毒、无污染、易回收、可再用或易降解的材料。产品可回收性设计，则需要在产品绿色设计的初期就充分考虑产品的各种材料组分的回收再用可能性、回收处理方法（再生、降解等）、回收费用等与产品回收有关的一系列问题，从而得到节约材料、减少浪费、对环境无污染或少污染的设计方法。产品回收性设计的主要内容包括可回收材料及标志、回收处理方法、回收性的技术经济评估以及回收性的结构设计等。绿色产品成本分析则是在产品设计的初期，就必须考虑产品的回收、再利用等性能，因此在成本分析时，就必须考虑污染物的替代、产品拆卸、重复利用成本以及特殊产品相应的环境成本等。绿色产品成本分析应在每一设计选择时进行，以便使设计出的产品更具“绿色”，且成本低。绿色产品全生命周期设计就是在产品概念设计阶段考虑产品生命周期的各个环节，包括设计、研制、生产、供货、使用直到废弃后拆卸回收或处理处置，以确定满足产品的绿色属性要求。总的来说，绿色产品全生命周期设计就是在产品生命周期的全过程中，综合考虑和全面优化产品的功能性能、生产效率、品质质量、经济性、环保性和能源资源利用率等目标函数，以求其最佳平衡点。产品的可拆卸性设计是指在设计时将可拆卸性作为结构设计的一个评价准则，使设计的产品易于拆卸，使不同的材料可以很方便地分离开，以利于循环再用、再生或降解。设计更易拆卸的产品、设计最佳的拆卸规则和拆卸系统的设计与应用等是提高产品的可拆卸性能的常用手段。

7.3.3 绿色设计的实施过程

绿色设计的过程是针对产品整个生命周期进行的，是对传统设计的发展与完善。一般而言，绿色设计的过程大致可分为绿色设计的前期准备、绿色设计的需求分析、绿色设计的策略分析、绿色设计方案制订、产品详细设计、绿色设计的评价分析、绿色设计的改进与完善等7个环节，并且在设计的具体实施过程中还要将各种设计方法、技术及工具有针对性地应用到设计流程的不同阶段。

绿色设计的前期准备是指在启动一个绿色设计项目时前期所要做的准备工作，如获得绿色设计许可、组建设计团队或者小组进行绿色设计的规划与实施，提出评估项目预算的建议，以及作出绿色设计的预算等工作。

绿色设计的需求分析是指确定绿色设计的目标和产品对象选择，对其可能影响的范围进行研究，对对象产品的状况进行详细的分析以及对产品在未来市场的发展形势分析等。进行产品绿色设计的需求分析，是成功实施绿色设计的关键步骤。

绿色设计的策略分析是指确定绿色设计中所需要遵循的技术路线。绿色设计策略的确定是绿色设计的核心内容之一，其目标是确定对象产品的绿色设计策略，并作为产品设计人员进行绿色设计的指导原则。确定绿色设计策略一般需要分析产品的环境状况，分析绿色设计的内外部动力，形成改进方案，从环境价值、技术可行性、组织可行性、经济可行性、市场竞争力等方面研究改进方案的可行性以及最终确立绿色设计策略等关键步骤。

绿色设计方案制订是指在相关策略和原理的指导下，运用一些绿色设计的方法和工具，并借助于绿色设计关键技术的支持，包括材料选择、结构设计、拆卸回收设计、节能设计及包装设计等，将产品的绿色设计要求转化为更为具体的产品设计特征，从而制订出对应于绿色设计策略的绿色设计方案。

产品详细设计是指基于制订的产品设计策略和设计方案，确定产品的设计规范，完成产品的具体结构设计。根据产品类型、市场需求和生产设备情况等因素，将抽象的设计策略转化为具体的设计方案，完成产品的材料选择、结构及其尺寸的确定、生产工艺选择等，并对方案进行可行性评估，评估的内容主要包括环境方面、技术可行性方面、经济与财务方面等。当产品的详细设计完成后，设计结果将提供给管理部门及相关生产部门。

绿色设计的评价分析是指对绿色设计过程、方案及其涉及的标准等进行选优分析，以使其更加符合设计要求或者需求。由于产品的设计是一个循序渐进的过程，不可能在某一时刻确定一个最完善的设计方案和设计参数，在绿色设计的实施工程中要不断对设计进行分析与评估。随着与绿色设计有关的国家、行业或地区标准的出台及其不断完善，绿色设计中的分析与评估越来越有针对性，其相应的绿色产品认证也越来越得到企业与政府的关注。绿色设计的评价分析包括评价数据获取、评价指标体系建立、评价数据分析、评价方法选择、绿色评价报告生成以及建立一个完善的系统数据库等关键步骤。在数据库的构建过程中，除了应包含大量国家与行业的环境标准数据、产品的评价指标、能耗标准数据等，还应包含大量的绿色设计知识原则。

绿色设计的改进与完善是指企业或者设计单位针对获得的绿色设计方案，结合企业或者设计单位的实际情况进行综合性的改进分析，从而获得最优的绿色设计产品。

综上所述，绿色产品设计的基本框架如图 7-6 所示。

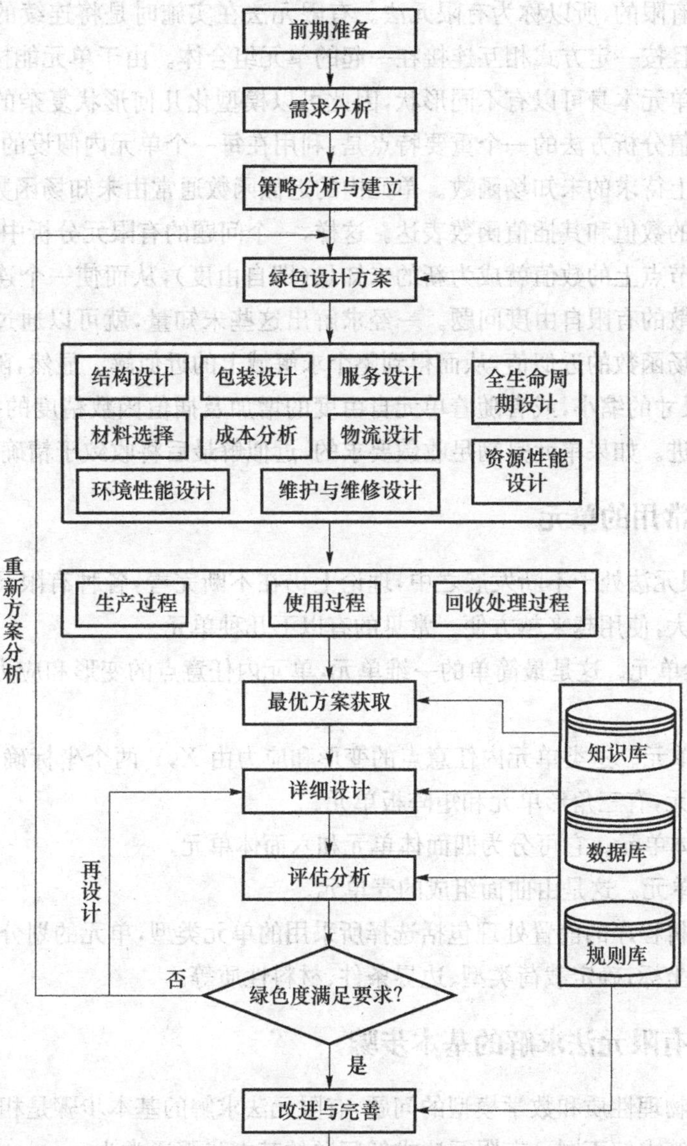
前期准备
需求分析
策略分析与建立
绿色设计方案
结构设计
包装设计
服务设计
全生命周期设计
材料选择
成本分析
物流设计
资源性能设计
环境性能设计
维护与维修设计
生产过程
使用过程
回收处理过程
重新方案分析
最优方案获取
知识库
详细设计
数据库
评估分析
再设计
规则库
否
绿色度满足要求?
是
改进与完善
最终绿色设计产品

图 7-6　绿色产品设计的基本框架图

7.4 有限元法

7.4.1 有限元法的基本思想

有限元法的基本思想是将结构离散化，用有限个容易分析的单元来表示，单元之间通过有限个节点相互连接，然后根据变形协调条件综合求解。由于单元的数目是有限的，节点的数目也是有限的，所以称为有限元法。有限元法在实施时是将连续的求解区域离散为一组有限个且按一定方式相互连接在一起的单元组合体。由于单元能按不同的连接方式进行组合且单元本身可以有不同形状，因此可以模型化几何形状复杂的求解区域。有限元法作为数值分析方法的一个重要特点是：利用在每一个单元内假设的近似函数，分片表示全求解域上待求的未知场函数。单元内的近似函数通常由未知场函数或其导数在单元的各个节点的数值和其插值函数表达。这样，一个问题的有限元分析中，未知场函数或其导数在各个节点上的数值就成为新的未知量（即自由度），从而使一个连续的无限自由度问题变成离散的有限自由度问题。一经求解出这些未知量，就可以通过插值函数计算出各个单元内场函数的近似值，从而得到整个求解域上的近似解。显然，随着单元数目的增加，即单元尺寸的缩小，或者随着单元自由度的增加及插值函数精度的提高，解的近似程度将不断改进。如果单元是满足收敛要求的，近似解最后将收敛于精确解。

7.4.2 常用的单元

目前，有限元法处于不断发展之中，理论上仍在不断完善，各种有限元分析程序包的功能越来越强大，使用越来越方便。常见的有以下几种单元。

(1) 杆、梁单元。这是最简单的一维单元，单元内任意点的变形和应力由沿轴线的坐标确定。

(2) 平面单元。这类单元内任意点的变形和应力由 X，Y 两个坐标确定，这是应用最广泛的基本单元，有三角形单元和矩阵板单元。

(3) 多面体单元。它可分为四面体单元和六面体单元。

(4) 薄壳单元。这是由曲面组成的壳单元。

有限元分析程序的前置处理包括选择所采用的单元类型，单元的划分，确定各节点和单元的编号及坐标，确定载荷类型、边界条件、材料性质等。

7.4.3 有限元法求解的基本步骤

对于不同物理性质和数学模型的问题，有限元法求解的基本步骤是相同的，只是具体公式推导和运算求解不同。有限元法求解问题的基本步骤通常为：

(1) 问题及求解域定义。根据实际问题近似确定求解域的物理性质和几何区域。

(2) 求解域离散化。将求解域近似为具有不同大小和形状且彼此相连的有限个单元组成的离散域，习惯上称为有限元网络划分。显然，单元越小网络越细，则离散域的近似程度越好，计算结果也越精确，但是计算量及误差都将增大，因此求解域的离散化是有限元法的核心技术之一。

(3) 确定状态变量及控制方法。一个具体的物理问题通常可以用一组包含问题状态变量边界条件的微分方程表示，为适合有限元法求解，通常将微分方程化为等价的泛函数形式。

(4) 单元推导。对单元构造一个适合的近似解，即推导有限单元的列式，其中包括选择合理的单元坐标系、建立单元函数、以某种方法给出单元各状态变量的离散关系，从而形成单元矩阵(结构力学中称为刚度阵或柔度阵)。为保证问题求解的收敛性，单元推导有许多原则要遵循。对工程应用而言，重要的是应注意每一种单元的解题性能与约束。例如，单元形状应以规则为好，畸形时不仅精度低，而且有缺值的危险，将导致无法求解。

(5) 总装求解。将单元总装形成离散域的总矩阵方程(联合方程组)，反映对近似求解域的离散域要求，即单元函数的连续性要满足一定的连续条件。总装是在相邻单元节点处进行的，状态变量及其导数(可能的话)的连续性建立在节点处。

(6) 联立方程组求解和结果解释。有限元法最终导致联立方程组。联立方程组的求解可用直接法、迭代法和随机法。求解结果是单元节点处状态变量的近似值。对于计算结果的质量，将通过与设计准则提供的允许值比较来评价并确定是否需要重复计算。

概括起来，有限元法可分成3个阶段：前处理、处理、后处理。前处理是建立有限元模型，完成单元网格划分；后处理用来自动处理分析结果，并根据操作者的要求以各种方式将结果显示出来。

7.5 其他智能设计方法

7.5.1 人机工程

人机工程从系统论的观点研究“人机系统”中人、机(操作者的工作对象和环境)之间的交互作用，研究人的生理和心理特征，合理分配人与机器的功能，正确设计人机界面，使人机相互协调，发挥最大的潜力。人机工程研究的主要方向，因各国科学和工业基础的不同而各有侧重，如美国侧重工程和人际关系、法国侧重劳动生理学、俄罗斯注重工程心理学、保加利亚侧重人体测量、印度注重劳动卫生学等。人机工程研究的层次：首先是从人体测量、环境因素、作业强度和疲劳等方面着手研究的，随着这些问题的解决，才转到感官知觉、运动特点、作业姿势等方面的研究；然后再进一步转到操纵、显示设计、人机系统控制以及人机工程学原理在各种工业与工程设计中应用等方面的研究；最后则进入人机工程学的前沿领域，如人机关系、人与环境关系、人与生态、人的特性模型、人机系统的定量描述、人际关系直至团体行为、组织行为等方面的研究。人机工程研究的范围包括人体特性的研究、人机系统的总体设计、工作场所和信息传递装置的设计以及环境控制与安全保护设计等。人机工程常用的研究方法有观察法、实测法、模拟和模型试验法、分析法等。

7.5.2 相似性设计

人们在长期探索自然规律的过程中，逐渐形成了自然界和工程中各种相似现象的“相似方法”“模化设计方法”和相应的相似理论、模拟理论。解决相似问题的关键是找出相似系统各尺寸参数的相似比。根据各种物理现象的关系式推导出由物理量组成的无量纲数群为相似准则。与相似准则各参数对应，相似比组成的关系式称为相似指标。在基本相似条件和相似定律的基础上，用相似准则、方程分析、量纲分析列出相似比方程，可求得相似比。模化设计是在开发新产品时，在相似的模拟工作条件下设计相似的模型进行试验，通过测定模型性能，预测产品原型性能，分析设计的可行性并进行必要的修改，进一步取得最优参数和结构。例如，产品系列设计是在基型设计的基础上，通过相似原理求出系列中其他产品的参数和尺寸。相似性设计的步骤是先设计基型产品，确定产品系列是几何相似还是半相似，选择计算级差，求得扩展型产品的参数尺寸，确定系列产品的结构尺寸。

7.5.3 建模和仿真技术

模型包括物理模型和数学模型，物理模型包括原型的形象模型(按原型的比例放大或缩小)和模拟模型(利用一组易于制作和调整各参数、结构的物理系统去模仿另一组要研究的真实系统)。数学模型是用字母、数字和各种数学符号去描述研究对象的本质，可以定量求解、分析，是关于部分现实世界和为一定目的而建立的一个抽象的和简化的数字结构，构建数字结构的过程称为建模。

仿真包括物理仿真和数学仿真。利用物理模型进行的仿真称为物理仿真，利用数学模型进行的仿真称为数学仿真。仿真是模仿原型的客观行为，具有定量性、规律性、实时性、动态性、灵活性和高精度等特点，仿真技术已成为当代设计与研究的重要手段之一。仿真技术中的主要问题是科学合理地建立仿真模型，使仿真模型与原型具有相似性、代数性和外推性，能比较逼真地模仿原型的结构、功能和行为，动态描述参与系统控制者——人的思维过程和行为。仿真技术的发展应与优化和智能化结合。

建模和仿真的关系：建模和仿真技术既是密不可分的整体，又各有延伸领域。建模是在更广泛意义上去研究客观事物，而仿真技术一般是在特定条件下去研究客观事物。提高仿真精度、效率和降低成本是仿真技术发展的目标。

7.5.4 疲劳设计

疲劳设计综合应用材料力学、断裂力学、弹塑性力学研究零件疲劳裂纹的萌生与扩展机理，预估零件的疲劳强度和寿命，使设计的产品可靠性高、寿命长。目前已提出 4 种疲劳设计方法：名义应力疲劳设计法，局部应力应变分析法，损伤容限设计法和疲劳可靠性设计法等。

名义应力疲劳设计法是以名义应力为基本设计参数，以 S-N 曲线为主要设计依据的疲劳设计法。这种方法也称为常规疲劳设计法。根据使用寿命的不同，又可分为无限寿命设计法和有限寿命设计法。

局部应力应变分析法是在低周疲劳的基础上发展起来的一种疲劳寿命估算方法，基本设计参数为应力集中处的局部应变和局部应力。

损伤容限设计法是在断裂力学基础上发展起来的一种疲劳设计方法，其设计思想与前面两种设计方法不同，该方法认为材料内具有初始缺陷或裂纹是不可避免的，只要正确估算其剩余寿命，采取适当的防裂措施，确保零件在使用期限内能够安全使用，则这样的缺陷是可以允许的。

疲劳可靠性设计法是概率统计方法与疲劳设计方法相结合的产物，也称为概率疲劳设计法。

7.5.5 人工神经网络

人工神经网络是由大量简单的基本元件——神经元相互连接而成的自适应非线性动态系统。人工神经网络反映了人脑功能的若干基本特征，但是并非生物系统的逼真描述，只是某种模仿、美化和抽象。人工神经网络具有大规模并行处理、分布式存储、自适应学习等特征，人们利用这些特征，通过构造各类网络，以实现某种特定的目的。

人工神经网络主要的研究工作集中在如下多个方面：①生物原型研究方面，主要从生物科学方面研究神经细胞、神经网络、神经系统的生物原型结构及其功能机理；②理论模型研究方面，其根据对生物原型的研究，建立神经元、神经网络的理论模型，用于神经网络功能和结构分析；③技术模型研究方面，其在理论模型研究的基础上，构造具体的神经网络模型，以实现计算机模拟或硬件制作，包括网络学习算法的研究；④应用系统与具体实现研究方面，其在技术模型研究的基础上，利用人工神经网络组成实际的应用系统。目前人工神经网络在机械工程中的机电控制、设备故障诊断、智能设计与制造、结构优化设计等方面有着较为广泛和深入的应用。

参考文献

[1] 陈定方,卢全国．现代设计理论与方法．武汉:华中科技大学出版社,2012.
[2] 秦现生．并行工程的理论与方法．西安:西北工业大学出版社,2008.
[3] 李思益,任工昌,郑甲红,等．现代设计方法．西安:西安电子科技大学出版社,2007.
[4] 陈屹,谢华．现代设计方法及其应用．北京:国防工业出版社,2004.
[5] 杨现卿,任济生,任中全．现代设计理论与方法．徐州:中国矿业大学出版社,2010.
[6] 李春书．现代设计方法及其应用．北京:化学工业出版社,2013.
[7] 来可伟,殷国富．并行设计．北京:机械工业出版社,2003.
[8] 熊光楞,徐文胜,张和明,等．并行工程的理论与实践．北京:清华大学出版社,2001.
[9] 江帆．TRIZ 与可拓学比较及融合机制研究．北京:北京理工大学出版社,2015.
[10] 赵锋,高必征,王汀．TRIZ 理论及应用教程．西安:西北工业大学出版社,2010.
[11] 王传友,欧阳怡山,王国江．创新方法 TRIZ 解读 改进 补充 完善．西安:陕西科学技术出版社,2015.
[12] 王传友．TRIZ 新编创新 40 法及技术矛盾与物理矛盾．西安:西北工业大学出版社,2010.
[13] (美)艾萨克·布柯曼著,李晟,李荒野译．TRIZ:推动创新的技术．北京:中国科学技术出版社,2016.
[14] 李梅芳,赵永翔．TRIZ 创新思维与方法:理论及应用．北京:机械工业出版社,2016.
[15] 潘承怡,姜金刚．TRIZ 理论与创新设计方法．北京:清华大学出版社,2015.
[16] 李海军,丁雪燕．经典 TRIZ 通俗读本．北京:中国科学技术出版社,2009.
[17] (美) Nam Pyo Suh 著,谢友柏等译．公理设计:发展与应用．北京:机械工业出版社,2004.
[18] 朱龙英．公理化设计理论及其应用研究．南京航空航天大学博士论文,2005.
[19] 王平．基于公理化的产品设计理论及应用研究．南京航空航天大学博士论文,2006.
[20] 王体春．大型水轮机方案设计中的知识重用技术及其应用研究．哈尔滨工业大学博士论文,2009.
[21] 刘悦,容芷君,但斌斌．公理设计在产品设计中的研究综述．机械设计,2013,30 (2):1～9.
[22] 肖人彬,蔡池兰,刘勇．公理设计的研究现状与问题分析．机械工程学报,2008,44 (12):1～11.
[23] 程贤福．公理设计理论研究现状．机械科学与技术,2009,26 (5):3～8.

[24] 蔡文．可拓逻辑初步．北京:科学出版社,2003.
[25] 杨春燕．可拓创新方法．北京:科学出版社,2017.
[26] 杨春燕,蔡文．可拓学．北京:科学出版社,2014.
[27] 赵燕伟,苏楠．可拓设计．北京:科学出版社,2010.
[28] 姚瑶．基于可拓理论的机械设备故障诊断方法研究．南京航空航天大学硕士论文,2013.
[29] 赵赛．可拓关联规则在产品概念设计中的研究与应用．南京航空航天大学硕士论文,2012.
[30] 陈小义．协同设计中任务规划与可拓知识推送方法的研究．南京航空航天大学硕士论文,2014.
[31] 胡欣欣．基于B/S的轴承知识管理系统设计与实现．南京航空航天大学硕士论文,2017.
[32] 韩瑞锋．遗传算法原理与应用实例．北京:兵器工业出版社,2010.
[33] 李敏强,寇纪淞,林丹,等．遗传算法的基本理论与应用．北京:科学出版社,2002.
[34] 周明,孙树栋．遗传算法原理及应用．北京:国防工业出版社,1999.
[35] 王小平,曹立明．遗传算法——理论、应用与软件实现．西安:西安交通大学出版社,2002.
[36] 刘志峰．绿色设计方法、技术及应用．北京:国防工业出版社,2008.
[37] 许彧青．绿色设计．北京:北京理工大学出版社,2007.
[38] 康兰．反求工程技术及应用．北京:中国水利水电出版社,2012.
[39] 蔡勇．反求工程与建模．北京:科学出版社,2011.

反侵权盗版声明